Hanns Hatt | Regine Dee

Das Maiglöckchen-Phänomen

Hanns Hatt | Regine Dee

Das Maiglöckchen-Phänomen

Alles über das Riechen und
wie es unser Leben bestimmt

Piper
München Zürich

Mehr über unsere Autoren und Bücher:
www.piper.de

FSC
Mix
Produktgruppe aus vorbildlich bewirtschafteten Wäldern und anderen kontrollierten Herkünften
www.fsc.org Zert.-Nr. GFA-COC-1223

ISBN 978-3-492-05224-5
2. Auflage 2008

Satz: Satz für Satz. Barbara Reischmann, Leutkirch
Druck und Bindung: CPI – Clausen & Bosse, Leck
Printed in Germany

Inhalt

Einleitung

Jeder riecht anders. Während wir den Duft einiger Menschen als angenehm, betörend und sogar verführerisch empfinden, rümpfen wir bei anderen die Nase. Manche Menschen wecken Lust und Liebe in uns, beflügeln unsere Phantasie und gute Laune, manche finden wir abstoßend oder sogar ekelhaft. »Ich kann ihn nicht riechen«, sagen wir, und manchmal wissen wir gar nicht so genau, warum. Jeder riecht auch etwas anderes – und zwar unabhängig davon, ob er oder sie eine kleine Stupsnase oder ein markantes Adlermodell im Gesicht trägt. Die eine steht am Meer, atmet die frische Brise und fühlt sich in sorglose Kinderzeiten zurückversetzt, als die Familie an sonnigen Stränden glückliche Ferien verbrachte. Den anderen erinnert der Geruch des salzigen Wassers an jene grausamen Tage, als er seekrank und dem Sterben nah auf einem erbarmungslos schaukelnden Segler lag.

Düfte sind flüchtige Wesen – sie wehen heran, und schon sind sie wieder weg. Sie lassen sich weder einfangen noch vernünftig kategorisieren, was die Wissenschaftler ärgerte und ein Grund dafür ist, dass wir über diesen ältesten der menschlichen Sinne lange Zeit am allerwenigsten wussten. Erst moderne molekular- und zellbiologische Methoden erlauben uns in jüngster Zeit erstaunliche Einblicke in seine Geheimnisse. Doch eigene Namen haben Düfte noch immer nicht. »Wie eine Rose«, riechen sie, »wie eine Meeresbrise« oder auch »wie das Paradies«, wenn der Dichter vom zarten Hauch schwärmt, der dem Dekolleté einer Tänzerin entströmt. »Wenn nichts als einzig der Geruch mir bliebe, Die Liebe zu dir würde doch nicht kleiner.« schmachtet Romeo seine Julia an. »Denn von den Dünsten deines Angesichts Steigt Atemdunst, der Lieb' erzeugt durch Riechen.« Hübsch gesagt, aber wie steht's um meinen eigenen Atemdunst?, mögen Sie sich fragen. Wie rieche ich eigentlich? Blumig? Frisch? Süß? Oder doch eher säuerlich und streng? Schwer zu sagen, denn so intensiv wir auch schnuppern, wir können uns selbst nie so wahrnehmen, wie andere es tun. Eine Ehefrau registriert das Parfüm der Anderen an ihrem Mann sofort, während er sein Alibi noch für perfekt hält. Von Goethe ist bekannt, dass er Frau von Stein ein Mieder entwendete, um nach Lust und Laune daran riechen zu können. Denn auch unsere körpereigenen Düfte sind ganz individuell – und können uns verraten. So wittert ein Hund, dass wir Angst vor ihm haben, weshalb er uns für leichte Beute hält und wie der Blitz auf uns zu schießt. Ein beunruhigendes Gefühl: Wir senden intime Nachrichten aus, die wir noch nicht einmal selbst kennen? Wo bleibt da die Kontrolle des modernen Individuums über seine Welt?

Doch Körperdüfte stehen für das Gegenteil: Sie sind Teil unserer nicht zivilisierten Vergangenheit – unbezähmbar und wild. Gerade das macht sie so faszinierend. Als »Sinn der Animalität« bezeichnete der französische Naturforscher Buffon den Geruchssinn im 18. Jahrhundert, und tatsächlich ist er noch heute anrüchig. »Riechen, das gehört sich eigentlich nicht, in beiden Bedeutungen«, schreibt der Journalist Dieter E. Zimmer. »Man verbreitet besser keinen Geruch, man nimmt besser keinen wahr. Und wenn, dann spricht man wenigstens nicht darüber.« Obwohl wir uns manchmal heimlich nach hemmungslosem Schnuppern sehnen. »Amüsiert oder verstohlen beobachten wir den Hund, der gar nicht mehr vom Hinterteil seiner Artgenossin lassen kann«, stellt die Wissenschaftlerin Ingelore Ebberfeld fest, aber »was dem Tier erlaubt ist, untersagt sich der Mensch, nämlich nach Herzenslust zu stinken und nach Herzenslust zu schnüffeln.« Und sie fragt sich: Wie sähe es wohl mit unseren Umgangsformen aus, wenn wir uns nicht hinter zivilisierten Höflichkeiten verstecken könnten oder müssten?

Die triebhaften Geruchsbotschaften von Schweiß und anderen Körpersäften haben die Menschheit schon immer zu delikaten Erkenntnissen angespornt. Jungvermählte, so schrieb Sokrates, brauchen keine Parfüms, da von ihnen die süßesten Düfte ausgehen. Hingegen, so stellten Naturforscher späterer Zeiten fest, gebe es Flüssigkeiten, die nicht nur schlecht röchen, sondern auch Krankheiten bärgen. Allen voran das Menstruationsblut, mit dem unsichtbare Fäulnisdünste ausgeschieden würden. Dagegen erzeuge die Samenflüssigkeit – bekanntermaßen die Substanz des Lebens selbst – jenen »strengen Geruch, der von kräftigen, gesunden Männern ausgeht« und der einer Frau auch erst eine echte Duftmarke aufpräge. Weil dieser Geruch ebenso das Gewebe eines Mannes durchdringen könne, wie es hieß, werden der Samengeruch des enthaltsamen Pfarrers oder des ehelosen Studienaufsehers einer Erziehungsanstalt zu Leitmotiven der Literatur des 18. Jahrhunderts. Zur Steigerung des Geruchserlebnisses trug nicht zuletzt die Gewohnheit bei, sich so selten wie möglich zu waschen. Denn Bäder, so waren selbst Ärzte überzeugt, schwächten die Animalisierung und damit die sexuelle Lust und machten kräftige, »stark riechende Individuen« zu Opfern der Hygiene.

Bis zum Bekanntwerden von Pasteurs Untersuchungen über Mikroorganismen, um 1880, wird in Europa den schlechten Gerüchen ein direkter Effekt auf Gesundheit und Lebenserwartung zugeschrieben. Die ekelerregenden Ausdünstungen von Abfällen, Aborten, Gräbern und Sümpfen werden für viele tödliche Krankheiten verantwortlich gemacht. Dies betraf vor allem die Pest, deren Ursache in der Aufnahme von seuchentragender, verdorbener Luft gesehen wurde. Gerade die Krankenhäuser von Paris wurden während der Pestepidemie als einzige große Kloake beschrieben: überfüllte Krankensäle, stinkende Betten, in denen die Kranken übereinander getürmt werden, zu kleine, mit Fäkalien und Urin verdreckte Latrinen, Fußböden, die mit dem Blut und dem Eiter der Erkrankten bespritzt sind, und heiße widerliche Dämpfe, die von den verwesenden Leibern und modrigen Matratzen ausgehen. Ein mörderisches Gebräu, von dem man fast ohnmächtig wird. Kein Wunder, dass man seit dieser Zeit von verpesteter Luft und höllischem Gestank spricht. Schlimmer konnte es auch mit dem bestialischen Schwefelgeruch des Teufels nicht mehr kommen!

Heute will niemand mehr stinken. Schon mit dem alltäglichen Geruchspegel jener Zeit wären unsere Nasen zweifellos überfordert. Dennoch haben sich Millionen Zuschauer vor einiger Zeit begeistert den Film »Das Parfum« angesehen, dessen Romanvorlage jene Zeit in Paris schildert, als die Dünste brodelten und die Abwässer zum Himmel stanken. Seine Hauptfigur ist ein Mann, der selbst über keinerlei Körpergeruch verfügt und deshalb von anderen nicht als Mensch wahrgenommen wird. Jener wird zum Mörder, weil er über eine höchst sensible Nase verfügt, die ihn antreibt, den absoluten Duft zu finden. Er tötet rothaarige Frauen, deren Geruch – »faulig und faszinierend zugleich, als hätte ein gestörter Zyklus sie zu immerwährender Menstruation verdammt« – ihm die Essenzen zu einem einzigartig betörenden Menschenduft-Parfüm liefern soll.

Ein wohlig-wollüstiger Ekel befällt den Betrachter. All die ungewaschenen Körper und überquellenden Kloaken, der stinkende Fischmarkt, zwischen dessen widerlichen Abfällen das Neugeborene seinen ersten Atemzug tut, die Gassen, in denen sich Unrat und Abfälle türmen, und die grauenhaften Unterkünfte der Armen. Dieser bestialische Gestank! Dieser schauerliche Dreck! Andererseits: Welche Frau hätte nicht gern einen Hauch von Hexenweib? Und welcher Mann wollte noch nie das Rasierwasser mit der schwülstigen Moschusnote probieren, auf die die Frauenwelt angeblich so wild ist?

So ganz verleugnen können wir unser evolutionäres Erbe

eben nicht. Vielleicht verfügen tatsächlich auch Menschen noch über die unsichtbaren Verführungskräfte von Pheromonen? Pheromone sind jene Geruchsstoffe, die bei Tieren zur eigenen chemischen Sprache geworden sind und Auskunft geben über Alter, Stärke und Paarungswillen. Ihr betörender Reiz lässt Männchen verrückt spielen und Weibchen willenlos dahinschmelzen. Unlängst haben Forscher einen heißen Kandidaten für solch einen menschlichen Lockduft entdeckt. In umfangreichen Experimenten war danach gesucht worden – vorzugsweise in den Achselhöhlen von Männern. Und siehe da: Wenn Frauen Männerschweiß riechen, werden Hirnareale erregt, die mit Sexualität und der Partnerwahl in Verbindung gebracht werden. Erliegen Frauen also unbewusst dem Duft der Natur? Männer jedenfalls, so fand man heraus, spüren die drängende Duftwerbung von Frauen sogar noch im Schlaf und reagieren mit unruhigem Hin- und Herwälzen. Wovon sie wohl träumen? Dass solche Untersuchungen überhaupt angestellt wurden, liegt einerseits am stetig wachsenden Interesse, dem immer noch geheimnisvollen Sinn auf die Spur zu kommen. Und womöglich seiner Faszination zu erliegen. Hätte man es für möglich gehalten, dass ein Buch über die »Feuchtgebiete« einer Frau mit detailreichen Schilderungen von all den Gerüchen, denen man »untenherum« so begegnen kann, die Spitze der Bestsellerlisten erobert?

Und es liegt an den Möglichkeiten modernster Forschung, die zum ersten Mal in der Geschichte der Naturwissenschaften in der Lage ist, die physiologischen Prozesse des Riechens tatsächlich zu erklären. Wer hätte vor einigen Jahren gedacht, dass man die Duftwahrnehmung im Gehirn eines lebenden Menschen sichtbar machen kann? Dank klinischer Verfahren wie Kernspintomografie oder PET (Positronen-Emissions-Tomografie) kann der Forscher dem Gehirn inzwischen regelrecht bei der Arbeit zusehen, denn sie zeigen ihm millimeter- und millisekundengenau die im Moment aktiven Teile des Gehirns an. Dadurch haben die Wissenschaftler herausgefunden, welche Gehirnareale beim Riechen erregt sind, und sie wissen jetzt auch, dass beim Verarbeiten von Gerüchen – anders als bei anderen Sinneswahrnehmungen – die Hirnbereiche für Wortfindung und Sprechen kaum aktiviert sind. Das könnte erklären, warum es so schwierig ist, Gerüche zu benennen und zu identifizieren. Jeder kennt den hilflosen Ehemann, der vor Weihnachten in letzter Minute das Lieblingsparfüm seiner Frau kaufen will und einer geduldigen Verkäuferin dessen Duft zu beschreiben versucht, weil er den Namen alle Jahre wieder vergisst. Frisch? Süß? Blumig? Womit er nahezu das gesamte Sortiment beschreibt – was die Sache nicht einfacher macht.

Sie werden in den folgenden Kapiteln das Neueste zum Thema Riechforschung erfahren. Nicht nur, wie Düfte in der Nase erkannt werden und von dort ihren Weg in unser Gehirn finden und welche Botschaften sie überbringen, sondern auch, warum wir bei bestimmten Gerüchen plötzlich in Panik verfallen, unser Herz zu flattern beginnt oder uns bei manchen ein Wohlgefühl durchrieselt. Die aktuellen wissenschaftlichen Erkenntnisse, unter anderem unseres Labors an der Ruhr-Universität Bochum, beweisen gar, dass Duftstoffe unser Leben schon bestimmen, wenn wir noch nicht einmal existieren. Denn nicht allein die Nase besitzt riechende Zellen. Auch andere Organe und Körperzellen können riechen, allen voran die Spermien. In tiefster Dunkelheit folgen sie einer Duftspur auf ihrem Weg zum weiblichen Ei. Fehlt der Lockduft oder sind die Spermien nicht in der Lage, ihn wahrzunehmen, kommt es zu keiner Befruchtung. Bevor Sie also Ihrem Vater zürnen, der Ihnen seine mächtige Hakennase vererbt hat, danken Sie seinen Spermienzellen für ihre gute Nase. Denn Ihnen wären sonst sämtliche Wohlgerüche dieser Welt entgangen – ganz zu schweigen von all den anderen Abenteuern des Lebens.

DIE MACHT
DER DÜFTE

Von der Geruchswerkstatt zur Traumfabrik

Die Nase ist der Mittelpunkt unseres Gesichts. Sie ragt hervor, fällt sofort jedem auf und lässt sich nicht verleugnen. Wir gehen immer der Nase nach, stecken sie gern in anderer Leute Angelegenheiten, obwohl uns deren Nasen oft nicht passen; wir verdienen uns goldene Nasen oder laufen Gefahr, auf sie zu fallen, worauf wir sie gestrichen voll haben. Ungern lassen wir uns was aus der Nase ziehen, weil wir schon drei Meilen gegen den Wind riechen können, dass uns da nur jemand auf der Nase herumtanzen will. Dass die Nase nicht nur körperliche Funktionen erfüllt, sondern unverzichtbarer Teil unserer Gefühle und Instinkte ist, hat der Volksmund deutlich formuliert. Eines wird klar: Die Nase hat viele gute Eigenschaften.

Wir brauchen die Nase zum Atmen, sie erwärmt täglich 10 000 Liter Atemluft auf körpergerechte 34 Grad, feuchtet sie mit dem Nasenschleim an, filtert gleichzeitig den Dreck heraus und transportiert ihn mit ihren Flimmerhärchen ab. Sie ermöglicht uns das Riechen und liefert zusammen mit dem Rachen einen Resonanzraum für die Stimme. Sie kann sogar Leben und Gesundheit retten: als Warnsystem vor Feuer, giftigen Gasen oder verdorbenem Fisch. Tiere verlassen sich fast ausschließlich auf ihre Nase, wenn es um Beutesuche und Nahrungsaufnahme, Witterung von Gefahren und Partnerwahl geht. Welcher Katzenbesitzer hat sich nicht schon über das mangelnde Vertrauen seines geliebten Vierbeiners geärgert, der selbst am fünften Stück vom selben Schinken noch argwöhnisch schnuppert.

Auch beim Menschen war die Nase einst für die Nahrungssuche und die Gefahrenabwehr unerlässlich. Als chemische Antenne stellte der Geruchssinn Millionen Jahre lang die wichtigste Informationsquelle über die Umwelt dar und garantierte das Überleben der Art. Mit zunehmender Intellektualisierung jedoch geriet die Nase in Misskredit. Wissenschaftler fanden den »chemischen Sinn« allzu primitiv und widmeten sich deshalb lieber den vermeintlich klügeren Augen und Ohren.

Diese Krise hat die Nase inzwischen endgültig überwunden. Mehr noch: Seit es wieder angesagt ist, sich von Bauchgefühlen leiten zu lassen und auf Kraftquellen im Inneren unseres Körpers zu vertrauen, ist sie als Ausdruck natürlicher Intuition rehabilitiert und führt einen Siegeszug um die Welt. In Wellness-Centern und Ayurveda-Kliniken schwelgen die Erholungssuchenden in Wohlgerüchen von Bädern, Dämpfen und Massageölen. Kein Produkt der Körperpflege bleibt unbeduftet, und bei all den konkurrierenden Düften der Deos, Körperlotionen, Eau de Toilettes und Haarsprays weiß niemand mehr so genau, ob der Mix am Ende überhaupt noch attraktiv ist.

Fast täglich findet man in der Presse Meldungen über neue Duftsensationen und darüber, was Menschen- und vor allem Tiernasen alles können. Von Hunden, die Krankheiten erschnüffeln, über Fliegen, die Bomben finden, bis hin zum findigen japanischen Einbrecher mit dem richtigen Riecher: Eine clevere Idee und seine empfindliche Nase verhalfen dem Mann zu beachtlichem Wohlstand, denn er suchte sich seine Opfer nach dem Parfüm aus. Er roch an den Türen alleinstehender Frauen und achtete dabei auf teure Düfte. 200 Wohnungen konnte er ausräumen, bevor ihn die Polizei schnappte.

Ebenfalls in Japan bekommen Filmfans seit einiger Zeit das Kino für alle Sinne geboten. 2005 lief dort der Tim-Burton-Film »Charlie und die Schokoladenfabrik« mit Schokoduftuntermalung. Ein Jahr später wurden in Colin Farrells Blockbuster »The New World« sogar sechs verschiedene Gerüche verströmt. »Dadurch fühlt sich der Zuschauer, als ob er wirklich im Wald steht«, sagte eine Sprecherin. In zwei Filmsälen wurden dafür die Sitze mit einem speziellen Computersystem ausgerüstet, das für das rechtzeitige Freisetzen der verschiedenen Aromen sorgte und ein 3D-Kino zu einem 4D-Filmerlebnis machte. Ein US-Unternehmen, das durch seine ungewöhnlichen Geruchsschöpfungen bekannt wurde, beglückt die Amerikaner nicht nur mit ihren Lieblingsdüften Tomate, Schnee oder Zuckerwatte, sondern auch mit nostalgischen Erinnerungen an die Kindheit: »Play-Doh« heißt eine Kreation des Hauses. Das Parfüm in der knallgelben Flasche riecht nach der bunten Modelliermasse gleichen Namens, aus der man in glücklichen Kindertagen Tiere und Männchen formte.

Hierzulande nutzt der ADAC schon seit Langem die Botschaft von Gerüchen. Mithilfe von »Duftzäunen« gelang es, die Zahl der Wildunfälle an Bundesstraßen zu senken. An bekannten Unfallschwerpunkten wird dafür Polyurethanschaum mit einem Duftgemisch aus Wolf, Bär, Mensch und Luchs versprüht. In den Nasen des Wildes offenbar eine extrem gefährlich riechende Mixtur, denn sobald durch die Verwitterung des Schaums die Duftmoleküle freigesetzt werden, wandern die Tiere zwar am »Zaun« entlang, überqueren aber die Straße nur noch dort, wo der ADAC gezielt eine duftfreie Zone eingerichtet hat. Bundesweit sind 20 000 Straßenkilometer mit 50 Düften präpariert, was zur Folge hat, dass die Zahl der Wildunfälle um 80 Prozent zurückging. Dasselbe Prinzip rettete schon Elche in Skandinavien. Zu den Olympischen Spielen in Lillehammer fand man die roten Blutlachen im weißen Schnee wenig passend und beauftragte eine deutsche Firma mit dem Aufstellen von Duftbarrieren.

Dass wir in Handtaschengeschäften mit Lederduft empfangen oder am Frankfurter Flughafen zwischen Terminal A und B mit Aromen angstfrei durch den Transittunnel geschleust werden, nehmen wir vielleicht nicht einmal wahr. Aber die alltägliche Duftberieselung in Supermärkten, Hotels oder gar

Schulen stört manche Verbraucher, und das Umweltbundesamt sah sich schon genötigt, vor Luftauffrischern und Parfümstoffen zu warnen. In Florida und Kanada gehen Behörden heute so weit, nicht nur das Rauchen, sondern sogar das Tragen von Parfüm in öffentlichen Gebäuden zu verbieten. Man kann es auch übertreiben, denn aus wissenschaftlicher Sicht geht von Parfümduft in geringen Konzentrationen keine größere Gefahr aus als vom Geruch nach Aktenordnern, Achselschweiß und Kragenfett des Beamten in der Amtsstube. Vorsicht ist allerdings angebracht bei häuslichen Unstimmigkeiten in Sachen Duft. Hier könnte ein Fall aus Kairo Schule machen: Eine Ägypterin, die von ihrem Mann ständig zum Versprühen von Duftspray angehalten wurde, durfte sich scheiden lassen, weil sie von Aloe und Alkohol einen allergischen Husten bekam.

Tatsache ist: Düfte polarisieren, und zwar allein durch ihre Existenz. Wo nichts riecht, beschwert sich niemand. Sobald aber ein Geruch entsteht, haben Menschen dazu ihre Meinungen, Vorlieben und nicht zuletzt ihre ganz persönlichen Erinnerungen. Düfte sind nie neutral, immer emotional und werden stets subjektiv bewertet. Denn wie kein anderer Sinn kann das Riechen längst vergessen geglaubte Gefühle und Erlebnisse herbeizaubern und uns wie aus heiterem Himmel in vergangene Zeiten zurückversetzen. Als wir anfingen, über dieses Buch nachzudenken, und unseren Freunden davon erzählten, berichteten viele spontan von ihren ganz persönlichen Geruchserlebnissen. »Stell dir vor, neulich habe ich Michael getroffen«, fiel es Britta sofort ein, die nach 30 Jahren ihren Jugendfreund wieder gesehen hatte. »Ich umarmte ihn, und du wirst es nicht glauben: Er riecht wie DAMALS!« Eine sehr lebendige Erinnerung offenbar, die ihre Nase da der Versenkung entrissen hatte. Natürlich sind frühere Erlebnisse nicht immer so beglückend. »Nie kann ich eine Schule betreten, ohne ein mulmiges Gefühl im Magen und Herzbeklemmungen zu bekommen«, erzählte Stefan, ein erfolgreicher Anwalt. »Bei dieser Mischung aus Reinigungsmitteln, Bohnerwachs, feuchten Jacken und alten Büchern, die durchs ganze Gebäude wabert, fühle ich mich sofort wieder klein und verunsichert.«

Einen nützlichen Tipp lieferte eine Maklerin: »Egal, ob du ein Haus verkaufen oder nur vermieten willst: Back einen Apfelkuchen vor der Besichtigung. Dann fühlen sich die Interessenten sofort an Omas Küchentisch versetzt und finden die Atmosphäre wunderbar.« Unversehens werden auch Urlaubsreisen zu nostalgischen Trips in die Kindheit. Als wir im Sommer in Frankreich waren, roch es überall nach Lavendel, da musste ich (Regine) dauernd an meine Großmutter denken. Sonntags war sie oft mit mir in die Kirche gegangen. Dazu hatte sie sich ihr Wollkostüm angezogen, den schwarzen Hut aufgesetzt und ein frisches Taschentuch eingesteckt. Blütenweiß, mit Monogramm. Wenn sie sich dann vornehm schnäuzen wollte oder die Augen tupfen, weil der Pastor wieder einmal so ergreifend predigte, holte sie das Tüchlein heraus, und alles duftete nach Lavendel.

Besonders eindrucksvoll geraten solche Erinnerungen bei Menschen, die auf Augen und Ohren verzichten müssen, um ihre Umgebung wahrzunehmen. Die Amerikanerin Helen Keller, die nach einer schweren Krankheit im zweiten Lebensjahr blind und taub wurde, lernte mithilfe eines sehr geduldigen Lehrers, sich vom Riechen, Schmecken und Tasten leiten zu lassen. »Der Geruchssinn ist ein mächtiger Zauberer, der uns über Tausende von Kilometern und über alle Lebensjahre hinwegzutragen vermag«, schreibt sie. »Obstduft bringt mich unter die Pfirsichbäume zurück, wo ich als Kind gespielt habe; ich kenne Gerüche, bei denen sich mein Herz erinnerungsselig weitet, und andere, bei denen es sich erinnerungsweh verkrampft.« Helen Keller lernte einen Zimmermann oder einen Eisenwarenhändler von einem Künstler zu unterscheiden, weil ihr Handwerk so unterschiedlich roch. Und »wenn ein Mensch von einer Stelle zur anderen eilt, hinterlässt er mir einen duftenden Eindruck des Ortes, von dem er kommt – eine Küche, ein Garten oder ein Krankenzimmer«. Intensiv riechende Menschen erzeugten bei ihr deshalb einen stärkeren Eindruck als Menschen mit weniger Körpergeruch.

Einem anderen Blinden, Lothar Hermann, soll es mit seiner Nase sogar gelungen sein, einen Menschen zu finden, den selbst der israelische Geheimdienst Mossad jahrelang vergeblich gesucht hatte: den Kriegsverbrecher Adolf Eichmann. Hermann, der das KZ Dachau überlebt hatte und nach dem Krieg nach Argentinien ausgewandert war, erkannte den ehemaligen SS-Obersturmführer an seinem immer noch gleichen Rasierwasser. Die rechtsradikalen Sprüche von Eichmanns Sohn Klaus, der mit Hermanns Tochter bekannt war, hatten den Verdacht aufkommen lassen, er entstamme einer geflohenen Nazifamilie. Doch erst sein charakteristischer Duft überzeugte Hermann: Er meldete seine Entdeckung an den ermittelnden hessischen Generalstaatsanwalt Fritz Bauer, der Jahre brauchte, um die israelische Regierung von der Identität Eichmanns zu überzeugen.

Die Last der Wissenschaftler und die Lust der Dichter

Düfte selbst sind unstete und vergängliche Eindrücke, an die man sich nicht erinnern kann wie an eine Melodie oder ein Bild, dafür leuchten vergangene Empfindungen umso klarer vor unserem geistigen Auge – und manchmal spüren wir sie sogar körperlich –, wenn ein damit verbundener Duft uns wieder begegnet. »Der flüchtigste aller Sinne vermag es, durch die Erinnerung, die er hervorruft, die Zeit zu besiegen«, resümiert Alain Corbin. »Das ist die Essenz des Geruchssinns: Er ist paradox und zweideutig. Er ist der Sinn der Verfeinerung und des Animalischen.«

Diese Zweideutigkeit verwirrte Wissenschaftler früherer

Jahrhunderte, die sich mühten, eindeutige Antworten zu erhalten. Stand nicht auch die Emotionalität des Geruchssinns im Gegensatz zum Intellekt? Seine Intuition im Gegensatz zur Logik? Dieser Sinn ließ sich weder definieren noch domestizieren, nicht einmal in vernünftige Kategorien wollte er passen. Schon Aristoteles hatte sich gedanklich mit verschiedenen Duftnoten herumgeplagt und schließlich mit den Kategorien stechend, süß, herb, ölig, bitter und scharf beholfen. Einer seiner Nachfolger war der Arzt und Botaniker Carl von Linné, ein fleißiger Sammler von Pflanzen und Tieren aller Art, der »Erfinder des Blümchensex«, wie ihn eine Zeitung nannte. Er teilte im 18. Jahrhundert nicht nur die Pflanzen in 24 Arten ein, sondern mühte sich auch um die Klassifizierung von Düften. Dabei unterschied er aromatische, wohlriechende, ambrosianische, knoblauchhafte, schweißige, faulige und Übelkeit erregende.

Wie man es auch immer anpackte: Die Vielfalt der Düfte war nicht einzufangen, und gereizt gestanden die Forscher die »Unschärfen« der Klassen ein. »Meist handelt es sich um sprachlich bezeichnete Qualitäten, die nicht durch chemische oder physikalische und somit messbare, quantitative Eigenschaften erfasst werden können. Eine Zuordnung zur jeweiligen Kategorie ist besonders ›an den Rändern‹ bei nicht ganz eindeutigen Geruchsreizen schwierig«, beschreibt Wissenschaftler Jürgen Gschwind die bis heute diffizile Einordnung. Zu subjektiv sind offenbar die individuellen Dufterlebnisse, zu unterschiedlich die Fähigkeiten von Versuchspersonen, diese Düfte sprachlich zu fassen, als dass eine allgemein gültige empirische Klassifikation vorgenommen werden könnte. Die bis heute anerkannte und zumeist verwendete stammt von dem berühmten Riechforscher John Amoore, der die Düfte Mitte des letzten Jahrhunderts in blumig, ätherisch, moschusartig, kampferartig, faulig und minzig unterteilte.

Seit Aristoteles und Plato waren sich die Wissenschaftler immerhin lange Zeit darin einig, dass der Geruchssinn zu den sogenannten »niederen Sinnen« zähle – neben Schmecken und Tasten –, im Gegensatz zu den »höheren Sinnen« Sehen und Hören. Wer seine Sinneseindrücke mit der Schnauze am Boden sammeln muss, kann weder über viel Geist verfügen, noch eine reflektierende Distanz zum Objekt seiner Betrachtung aufbauen, so die verbreitete Meinung. Für den Menschen spricht, dass er sich das Kriechen auf allen vieren abgewöhnt hat und die Nase inzwischen weiter oben trägt. Doch was den Geruchssinn angeht, bedeutet diese Entwicklung einen Minuspunkt: Der Mensch kann nicht mehr so gut riechen wie die Tiere. Ein Mikrosmatiker ist er geworden, ein Nasenzwerg im Vergleich zu seinen Verwandten aus der Tierwelt, allesamt super riechende Großnasen, auch Makrosmatiker genannt. Der »chemische Sinn«, der für Tiere nützlich sein mag, verschwendet an eine Kreatur, die damit zweifelhafte Dinge anstellt – welcher Forscher wollte sich mit einem solchen Thema ernsthaft befassen?

Die Philosophen hatten über die Jahrhunderte hinweg ebenfalls ein gespaltenes Verhältnis zu Gerüchen und deren Einflüssen auf unser Dasein. Alle Sinne, fand der Philosoph Descartes, seien nur für eines gut: das menschliche Denken zu fördern. Der Spiritualismus verachtete alle Sinne, von denen der Geruch als einer der gefährlichsten galt, weil er den Menschen unversehens beschleicht, »um die Seele zu schwächen, sie zu den Lüsten der Sinne hinzulocken durch etwas, das die Scham nicht geradewegs zu verletzen scheint und darum mit verminderter Furcht aufgenommen wird«. Die Trennung von Körper und Geist war vollzogen, die Verurteilung der Sinne währte dagegen nur, bis Diderot und Rousseau das Gegenteil behaupteten. Für Diderot besaßen alle Sinne ihre speziellen Qualitäten: »Und ich fand, dass das Auge von allen Sinnen der oberflächlichste war, das Ohr der stolzeste, der Geruch der wollüstigste, der Geschmack der abergläubischste und unbeständigste, der Gefühlssinn der tiefste und philosophischste.« Rousseau hielt den Geruchssinn für einen »unserer ersten Lehrer der Philosophie«, fähig, dem zivilisierten Menschen und seiner Einbildungskraft zu dienen. Über die Einbildungskraft spielen Gerüche auch in der Liebe eine große Rolle, »weniger durch das, was sie bieten, als durch das, was sie erwarten lassen«.

Doch es herrschte keine Einigkeit unter den Philosophen der Aufklärung. Immanuel Kant identifizierte den Geruchssinn ebenso wie den Geschmack als »Sinn des Genusses«, nicht der Wahrnehmung, weil er subjektive, keine objektiven Eindrücke liefere. Damit sei er der »undankbarste« und »entbehrlichste« aller Sinne, zudem er den Menschen zu Empfindungen und Handlungen zwinge und damit seine Freiheit einschränke. Und das ist natürlich sehr lästig, denn bekanntlich gibt es in der Welt »mehr Gegenstände des Ekel (vornehmlich in volkreichen Orten) als der Annehmlichkeit, die er verschaffen kann.« »Selten«, so merkt die Geruchsforscherin Le Guérer an, »wurde in der ganzen Geschichte der Philosophie ein herablassenderes Urteil über den Geruchssinn abgegeben. So viel Strenge ist schon überraschend bei einem für Gerüche hypersensiblen Denker, der jeden Tag mehrere Stunden mit Freunden bei Tisch zubrachte.« Ob dahinter die Haltung des Moralisten steckt, das Misstrauen des »Weisen« gegen den sinnlichsten aller Sinne, darüber mag sich die Forscherin kein Urteil erlauben.

Deutlich entspannter als die um wissenschaftliche Korrektheit bemühten Wissenschaftler und die ideologisch gefärbten Denker konnten seit jeher Dichter und Schriftsteller mit Wohlgerüchen und ihren verführerischen Kräften umgehen. Verlangte ihr leidenschaftliches Wesen nicht geradezu nach melodramatischer Würze? Duftsignale nutzen die Schöngeister aller Kulturen deshalb oft, gern und reichlich für ihre – manchmal vielleicht etwas holprig übersetzte – romantische Lyrik und lebhafte Herz-Schmerz-Poesie.

»Sie ging an mir vorbei, und ich sah ihr Gesicht nicht,
aber ihr Duft entfachte mein Begehren.
Bilder der Lust, die ich mit ihr erleben möchte«,

dichtete schon vor über 1000 Jahren Ti Fung, Poet der Tung-Dynastie, die das chinesische Reich 300 Jahre lang regierte.

In Europa wird der Franzose Charles Baudelaire, Bohème-Dichter und Dandy des 19. Jahrhunderts, berühmt für »Les Fleurs du Mal«, eine Sammlung von 100 Gedichten voller Schönheit, Melancholie und Desillusion. Er schwelgt in Düften, schwärmt von Tamarinden, von Sonnenglut und Himmelslüften, weiten Meeren und sumpfigen Gebreiten. »Düfte gibt es, wie die Jugend klar und kühl, ... Und üppig andere, wild, gebieterisch und schwül.«

Einige Jahrzehnte später erschien – ebenfalls in Frankreich – der zehnbändige Roman »Auf der Suche nach der verlorenen Zeit« von Marcel Proust. Fast möchte man es als Standardwerk in Sachen Dufterinnerung bezeichnen, denn der »Proust-Effekt« ist zum stehenden Begriff geworden. Wir verdanken ihn einer Passage, in der der Erzähler einen kleinen Madeleine-Kuchen isst, dessen Geschmack – zusammen mit Lindenblütentee – ihm den Ort seiner Kindheit, sinnliche Eindrücke und detaillierte Erinnerungen ins Gedächtnis zurückruft.

Auch die deutsche Literatur ist voller Beispiele von subjektiven Geruchswahrnehmungen, vergänglichen Genüssen und wiederkehrenden, geheimnisvollen Erinnerungen. Von Goethe über Thomas Mann, bei dem »an feucht-warmen, zum Gewitter neigenden Junitagen ganze Schwaden, Wolken erwärmten Wohlgeruchs beinahe betäubend« emporquellen, bis hin zu Bernhard Schlink, der die ehemalige Geliebte im Gefängnis besucht und aus dem Gedächtnis eine detaillierte Beschreibung des Geruchs sämtlicher Körperteile der Dame liefert. Einige dieser Schriftsteller werden Sie im Lauf des Buches wieder treffen. Sofern sie denn über ihre Geruchsleidenschaften berichteten und nicht schwiegen – so wie Friedrich Schiller. Aber dessen Vorliebe war zum Glück so skurril, dass sie der Nachwelt trotzdem überliefert wurde. Schiller liebte Äpfel. Nicht zum Essen wohlgemerkt, sondern zum Riechen. Und keine frischen, sondern faule. Eine Anekdote berichtet, einst sei er unter einem Apfelbaum inmitten fauligen Fallobstes eingeschlafen und mit einem fertigen Gedicht im Kopf aufgewacht. Seitdem glaubte er an die Kraft des Aromas modriger Äpfel. Seinem Freund und Kollegen Goethe soll diese Quelle der Inspiration so gestunken haben, dass ihm übel wurde. Aber Schillers Frau Charlotte habe ihm entgegnet, dass »die Schieblade immer mit faulen Äpfeln gefüllt sein müsse, indem dieser Geruch Schillern wohl tue und er ohne ihn nicht leben und arbeiten könne«.

Göttliche Düfte und die Verlockungen des Parfüms

Bevor teure Essenzen, seltene Kräuter und kostbare Gewürze zum Luxusartikel wurden, dienten ihre Wohlgerüche dazu, die Götter gnädig zu stimmen. Noah und die anderen Überlebenden verbrannten nach ihrer Rettung vor der Sintflut Zedernholz und Myrte als Zeichen ihres Dankes. Die Heiligen Drei Könige überbrachten dem Jesuskind Weihrauch und Myrrhe als wertvolles Geschenk. Weihrauch gilt der katholischen Kirche noch heute als Symbol der Reinigung und Verehrung sowie als Zeichen der Anwesenheit des Heiligen Geistes. Im alten Ägypten konnte man an ihm die Gegenwart Gottes erkennen, noch bevor er sich in seiner Gottesgestalt zeigte. Duftgefäße und Inschriften zeugen von seiner Bedeutung, zum Beispiel beim Geburtszyklus von Ramses II., 1279 vor Christus: »Dein Geruch erfreut mich, dein Duft ist der des Gotteslandes, dein Wohlgeruch ist der von Weihrauch.«

Den göttlichen Pharao begleitete er von der Geburt bis zum Tod und bewahrte ihn bei der Einbalsamierung vor Verwesung. Da Weihrauch als Eigengeruch der Götter galt, wurde der Tote so duftmäßig in deren Gemeinschaft aufgenommen. Auch das Weihrauchgeschenk der Heiligen Drei Könige an das Jesuskind ist ein Hinweis auf dessen Göttlichkeit. Myrrhe hingegen, ein bitterer Duft, wird meist als ein Bezug zum Begräbnis gedeutet, denn die Pflanze gehört zu den klassischen Salbungsaromen.

Wird Weihrauch in der Kirche verströmt, ist er wärmer als die umgebende Luft und schwebt nach oben in himmlische Bereiche, ein Sinnbild für das Emporsteigen der Gedanken zu Gott. Sein Duft wirkt nicht nur beruhigend, sondern auch leicht benebelnd. Katholischen Gläubigen ist er von Kindheit an vertraut und vermittelt ihnen ein Gefühl von Heimat. Schließlich verlassen sie mit einem gemeinsamen »Stallgeruch« nach dem Gottesdienst die Kirche. Dieser Duft hängt noch lange in den Kleidern und kennzeichnet die Gläubigen als Kinder Gottes.

Die Ägypter benutzten zur Einbalsamierung ihrer Toten nicht nur Weihrauch, sondern auch andere aromatische Harze und Öle. »Per Fumum« – durch duftenden Rauch, dessen Rezeptur nur die Priester kannten – überbrachten die Römer ihre Bitten an die Götter und gaben damit dem Parfüm seinen Namen. Ob Etrusker oder Sumerer, Ägypter, Griechen, Chinesen, Perser oder Hebräer, sie alle verwendeten duftende Substanzen aus der Natur, die sie in Tiegeln und Töpfen aufbewahrten, wie wir noch heute auf Fresken und Wandtafeln sehen können.

Schon zu alttestamentarischen Zeiten, so beschreibt es die Bibel, eroberte die Ehebrecherin Judith den Jüngling Holofernes mit Wohlgerüchen: »Ich habe mein Lager mit Myrrhe, Aloe und Zimt besprengt, komm lass uns die Liebe pflegen.« Und ihr Erfolg ist legendär: Das jüdische Volk konnte sich aus der Unterdrückung durch die Assyrer befreien. Auch die schöne und kluge Kleopatra soll ihre Romanze mit dem römischen Feldherrn Marc Antonius mit einer Fülle verführerischer Düfte vorbereitet haben. Den Boden ihres Zimmers habe sie mit Rosenblättern bestreut, so lautet die Überlieferung, und ihren Körper mit einer Mischung aus Jasminöl, Rosenöl und Honig gesalbt. Unter 200 Düften konnte die Königin damals schon auswählen. Jahrtausendelang zogen Karawanen durch Berge und Wüsten, überquerten Schiffe die Weltmeere, um die wertvollen Rohstoffe für den Luxus des Wohlgeruchs zu liefern. Wer es sich leisten konnte, gut zu riechen, hatte zweifellos Geld, Macht und Ansehen.

Im Islam verheißen gute Gerüche himmlische Freuden: »Die Frommen trinken im Paradies aus einem Pokal, in den hinein Kampfer gemischt ist«, heißt es im Koran, Vers 76.5, und zwar Wein, »der mit Moschus versiegelt ist«. In der zwölften Sure »Joseph« versuchen dessen eifersüchtige Brüder dem alten Vater weiszumachen, sein Sohn sei tot. Joseph aber – in Ägypten zu Reichtum und Ansehen gekommen – schickt dem Vater sein Hemd als Lebenszeichen. Der nimmt schon aus der Ferne den Geruch seines Sohnes wahr, und als man ihm das Hemd auf sein Gesicht legt, wird seine Blindheit geheilt (Vers 92–96).

Sogar Gott selbst ist mit Wohlgerüchen ausgestattet, wenn man sie denn riechen kann: »Würde der Sucher diese hehre, erhabene Stufe erreichen, so würde er tausend Meilen weit den Duft Gottes empfinden und den strahlenden Morgen der göttlichen Fügung wahrnehmen, der sich über der Dämmerung aller Dinge erhebt. Wenn in den fernsten Winkeln des Ostens die süßen Düfte Gottes wehen, so wird er sicherlich ihren Duft erkennen und einatmen, und weilte er auch im äußersten Westen.« Im islamischen Ritus werden keine Düfte verwendet – wohl um sich vom christlichen Pomp zu unterscheiden. Weihrauch hielt man eher für vulgär, stattdessen parfümierte man sich mit kostbaren Aromen aus dem Fernen Osten.

Als Erfinder der Destillierkunst gelten die Araber. Parfüms wie wir sie heute kennen werden seit dem 14. Jahrhundert hergestellt, eine Mischung aus ätherischen Ölen und Alkohol, die oft gleichzeitig als Heilmittel eingesetzt wurde. Die Zutaten kamen oft von weit her, gelangten mit den Handelsschiffen aus dem Orient nach Europa und begründeten den Reichtum von

Städten und Heimatländern. Zentrum des Seehandels war damals die Republik Venedig, deren wohlhabende Bürger schon bald einen Sinn für die Verfeinerung der Sitten entwickelten. Ihr verschwenderischer Umgang mit Parfüm überraschte die Besucher der Stadt: »Alles war parfümiert: Handschuhe, Schuhe, Strümpfe, Hemden und sogar Münzen. Als wäre das nicht genug, trugen die Leute auch Gegenstände aus parfümierter Paste auf sich und hielten Ambrakronen in den Händen, Elfenbeinschalen mit Parfüm … nicht aus Frömmigkeit, sondern zum Vergnügen.«

Katharina von Medici, die 1533 Heinrich II. heiratete, brachte die Parfümerie nach Frankreich mit. Aber erst unter dem Sonnenkönig, Ludwig XIV., stieg das Interesse für Wohlgerüche sprunghaft an, denn er war höchst geruchsempfindlich und ließ sich von seinem Parfümeur jeden Tag einen anderen Duft mischen, um die oft unfeinen »Vapeurs« des Palastes und die Miasmen der Umwelt zu bekämpfen. Zum Zentrum der Parfümherstellung wurde die südfranzösische Stadt Grasse, in deren Umgebung schon seit Jahrhunderten Duftpflanzen wuchsen. Obwohl allmählich auch die Seifenproduktion stieg, glaubte man noch immer, dass Wasser dem Körper die Lebensgeister entzöge, und war entsprechend sparsam damit. Mangelnde Sauberkeit versuchte man durch Wohlgerüche zu kaschieren und benutzte für die tägliche Toilette statt Wasser ein Duftwasser – das Eau de Toilette nämlich, das bis heute seinen anrüchigen Namen trägt.

Legendär ist der Parfümverbrauch der königlichen Mätresse Madame de Pompadour, die sich am Hof Ludwigs XV. um die Förderung von Musik, Theater und zivilisiertem Lebensstil verdient machte. Unter ihrem Einfluss entstand eine ganze Industrie von Luxusartikeln, die sich neben der Parfümproduktion vornehmlich mit der Herstellung parfümierter Handschuhe beschäftigte. Ihre eigenen Ausgaben für Parfüm und wohlriechende Essenzen müssen so hoch gewesen sein, dass der königliche Finanzminister große Mühe hatte, sie im Budget unterzubringen. In England frönte dann sogar ausgerechnet die sittenstrenge Königin Elizabeth I. dem Luxus kostbarer Duftstoffe und Kosmetika. Sie schwärmte wie die Pompadour für parfümierte Handschuhe, trug um den Hals verzierte Gefäße mit den anregenden Aromen von Zimt und Nelken und ließ den gesamten Palast samt Tapeten und Mobiliar beduften. Sogar ihre Lieblingstiere wurden stets parfümiert – eine Unsitte, denen die Luxustierchen von heute auch wieder ausgesetzt sind. Natürlich reagierte der herrschende Protestantismus auf solcherlei Exzesse überhaupt nicht »amused«, zumal sich die Passion der Königin schnell in ganz London zu verbreiten begann. Zunächst wurden die verwöhnten Nasen der besseren Kreise nur in den Spottgedichten von Schriftstellern verhöhnt, später erließen die Sittenwächter eine Verordnung, nach der Jungfrauen und Witwen der Hexerei bezichtigt wurden, sobald sie jemanden mithilfe von Parfüms, falschen Haaren oder anderen »unfairen« Mitteln zur Ehe überlisteten. In viktorianischer Zeit schließlich durften anständige Frauen überhaupt kein schweres Parfüm mehr benutzen: Derlei Gerüche waren der Halbwelt vorbehalten.

Das Geheimrezept für den berühmtesten deutschen Duft, der jemals gemischt wurde, soll von der italienischen Einwandererfamilie Farina stammen: *Eau de Cologne* nannten sie ihn, denn sie lebten in Köln, im Haus des bekannten Kaufmanns Wilhelm Mühlens, in der Glockengasse 4711. Dort startete ihr gleichnamiges Wasser aus Zitrusölen, Bergamotte, Zeder, Pampelmuse und diversen Kräutern im 18. Jahrhundert einen sensationellen Siegeszug um die Welt. Sein reinlicher und frischer Geruch überzeugte die Menschen von seiner gesunden und belebenden Qualität. Schon früh blühte der Export, denn die Versprechungen des Herstellers waren vollmundig. Das Wasser sollte nicht nur als Duftstoff, sondern sogar als Heilmittel wirken: »Es ist ein wunderbares Gegengift gegen allerhand Gift, und ein vortreffliches Präservativ wider die Pest … die Gelbsucht, Catharren, Ohnmachten, stinkenden Atem … vertreibt die Kolik und stillet das Magenwehe, zertheilet das Seitenstechen und Brustkrankheiten, so von aufsteigenden Winden und kalten Füßen herrühren … es heilet den Brand … ist vortrefflich wider die Zahnschmerzen …«

Der berühmteste Anhänger des Kölner Wassers war übrigens Napoleon Bonaparte, der sich vielleicht auch eine Linderung seines Magenleidens davon versprochen haben mag. Am liebsten waren ihm – wie in seinen Briefen nachzulesen – die natürlichen Ausdünstungen seiner Frau Joséphine, die er bekanntlich immer rechtzeitig vor seiner Ankunft schriftlich informierte und bat: »wasche Dich nicht, ich komme«. Und Joséphine, »eine wahre Meisterin der olfaktorischen Verführungskünste«, soll das Geruchserlebnis noch mit schweren Moschusdüften zu unterstreichen gewusst haben.

Bis Mitte des 20. Jahrhunderts blieben Parfüms ein Luxusartikel, obwohl sie durch die Herstellung synthetischer Duftstoffe viel preiswerter geworden waren. Der erste synthetische Duft war das berühmte *Chanel No. 5* von 1920 – aus 80 Ingredienzien zusammengesetzt und ebenso zeitlos wie Coco Chanels Kleines Schwarzes. Inzwischen gibt es Parfüms für jedes Alter und jede Gelegenheit, für Männer, Frauen und sogar für Kinder. Denn je mehr wir zur Desodorierung tun, desto mehr bemühen wir uns auch um den richtigen Duft. Einen Erfolgsduft selbstverständlich, der vermittelt, wie wir sind: jung, frisch und energisch. Oder: wohlhabend, selbstbewusst und verführerisch. Dass sich mit dem richtigen Duft nebenbei auch andere Stilfragen beantworten, wie zum Beispiel die nach der adäquaten Bekleidung, bewies Filmstar Marilyn Monroe: Statt eines Pyjamas, so ließ die Schönheit die interessierte Öffentlichkeit wissen, trage sie des Nachts nichts als ein paar Tropfen *Chanel No. 5* am Leib.

WUNDERWERK NASE: WIE DAS RIECHEN FUNKTIONIERT

Aus dem Urmeer aufs Land: Die Evolution des Riechsystems

Im Urmeer, wo alles Leben begann, herrschten Dunkelheit und komplette Stille. Kein Lichtstrahl erreichte die schwarzen Tiefen, kein Geräusch drang bis zum Meeresboden vor, der unendliche Ozean verschluckte sämtliche Signale. Weder Augen noch Ohren konnten den entstehenden Lebewesen helfen, sich zu orientieren, Nahrung zu suchen, Feinde zu erkennen oder gar einen Partner zu finden, den schon zweigeschlechtliche Zellen brauchten, um sich fortzupflanzen. Ihre einzige Chance bestand darin, das Medium, das sie so vollständig umspülte und gefangen hielt, für sich zu nutzen. Deshalb begannen die ersten Tiere chemische Botschaften auszusenden. Das Wasser trug sie fort, hin zu den Chemosensoren ihresgleichen, wo sie wahrgenommen und verstanden wurden. So kam es, dass Lebewesen Geruchssignale aufnahmen, lange bevor sie hören oder sehen konnten, und so erhielt das Riechen seinen Namen als »chemischer Sinn«.

Wie die Wahrnehmung chemischer Substanzen funktioniert, lässt sich gut nachvollziehen, denn einige dieser primitiven Tiere leben immer noch in unseren Meeren und Flüssen, beispielsweise der Schleimaal. Der sieht zwar aus wie ein Aal, ist aber keiner und lebt als Zwitter bis zu 2000 Meter tief im Meer. Er hat Knorpel und Skelettelemente und gehört damit zu den primitivsten Wirbeltieren. Der Schleimaal hat keine Augen – sie würden ihm in der Dunkelheit ohnehin nichts nützen – und benutzt sein Gehirn, wie wir heute wissen, überwiegend, um chemische Reize zu analysieren. Das reicht ihm, um Futter zu finden, Feinde zu wittern und willige Geschlechtspartner aufzuspüren. Was braucht ein Schleimaal mehr? Interessant ist, dass ihm dafür nur etwa zehn Typen von Sensoren zur Verfügung stehen: Eiweiße, die auf das Riechen spezialisiert sind und deshalb Riechrezeptoren heißen. Verglichen mit dem schlichten Gehirn dieses Urtiers sind einige Fischarten schon richtig hoch entwickelt, etwa Forellen, Welse oder Zebrafische, die mit 100 bis 150 verschiedenen Arten von Riechrezeptoren für die komplexere Duftwelt der oberen Meeresschichten viel besser ausgerüstet sind. Die meisten dieser Rezeptoren sind weitgehend unverändert an die Säugetiere und auch den Menschen vererbt worden, man nennt sie darum auch »fischähnliche« oder »Wasserrezeptoren«.

Als das Leben aus dem Wasser an Land stieg, wurde die Luft das Medium, das die Moleküle eines Duftstoffes weitertrug. Um diese kleinsten Bestandteile der herbeigewehten Informationen optimal auffangen zu können, bildeten die Tiere spezielle vorstehende Organe aus – die Nasen. Wo lauert Gefahr? Wo wartet die leckerste Beute? Und wo die schönste Braut? Lange bevor man sie alle sieht, kann man sie riechen und ihre Witterung aufnehmen. Als Mittel der Fernwahrnehmung war das Riechen dem Hören und Sehen weit überlegen. Ob Rivale oder Sexpartner – mit einer gut funktionierenden Nase wusste man zuverlässig, wohin man sich wenden musste. Schnell entwickelte sich der Geruchssinn deshalb zu höchster Leistungsfähigkeit. So kann ein Seidenspinnermännchen (eine Schmetterlingsart) mit seiner äußerst empfindlichen Riechantenne ein einzelnes Molekül vom Lockduft eines Weibchens über Kilometer hinweg wahrnehmen – ungeachtet all jener Reize, die sonst durch die Luft schwirren. Fairerweise muss man sagen, dass diese hoch spezialisierte Antenne einzig und allein auf Sex ausgerichtet ist und nahezu ausschließlich Sensoren für den weiblichen Lockduft besitzt.

Die Umwelt der höher entwickelten Lebewesen wurde immer komplizierter. Ihr Gehirn musste mehr Düfte unterscheiden können und sich gleichzeitig vielen neuen Aufgaben widmen. Das Vorderhirn – bis dahin für nichts anderes als die Geruchsrezeption zuständig – musste zunehmend auch das Sehen und Hören verarbeiten, denn diese Reize nahmen an Bedeutung zu. Die Folge davon war, dass die Wirbeltiere immer weniger Kapazität ihres Gehirns für das Riechen benutzten. Stattdessen wurden im Lauf der Evolution die Größe und die Komplexität des Neocortex – des neueren Teils des Gehirns – erhöht und das Riechhirn (Bulbus olfactorius) zurückgedrängt. Trotzdem entwickelten sich immer mehr verschiedene Riechrezeptoren für das Leben auf dem Land, die Experten heute anhand ihrer charakteristischen Strukturmerkmale von den Wasserrezeptoren der Fische unterscheiden können. Manche Tiere besitzen sogar beide Rezeptoren getrennt voneinander in zwei verschiedenen Nasen, zum Beispiel der Frosch. Auf dem Trockenen benutzt er seine Landnase, aber sobald er ins Wasser eintaucht, verschließt er sie und verwendet die Wassernase.

Über die besten und leistungsfähigsten Nasen verfügen die höheren Säugetiere. Mäuse, Ratten, Katzen und Hunde finden nicht nur ihre Nahrung und einen willigen Sexpartner per Nase, sie haben auch eine perfekte Duftsprache entwickelt. Ob Rangordnung oder Reviergrenzen, Familienzugehörigkeit, allgemeine Orientierung oder Warnung vor Gefahren – die »chemische Sprache« ist eine unerlässliche Informationsquelle.

Die Topnasen unter den Säugetieren haben die Ratten und die Mäuse mit bis zu 1200 verschiedenen Riechrezeptoren, gefolgt von Hunden und Katzen mit ca. 800 bis 900. Stammesgeschichtlich alte Affenarten (sog. Neuweltaffen) kommen auf ähnlich hohe Zahlen. Bei jüngeren Arten, den Altweltaffen, zu denen auch der Mensch gehört, ging's riechtechnisch kontinuierlich bergab. Bei den Menschenaffen (Primaten), wie Gorillas, Schimpansen und Bonobos – den engsten Affenverwandten des Menschen –, sank die Zahl auf 500 aktive Riechrezeptoren. Beim Menschen sind sogar nur noch 350 in Benutzung – nicht besonders viel, wenn man bedenkt, dass unser Genom ungefähr eine Million Gene enthält. 97 Prozent davon haben wir allerdings stillgelegt. Wie in einem Keller Umzugskartons, alte Erinnerungen und Erbstücke längst verstorbener Tanten lagern, horten wir Genmaterial aus grauer Vorzeit. Wir brauchen es nicht mehr, denn wir leben in einer Umwelt voller Konservendosen. Ein Blick aufs Etikett genügt, und wir wissen, was wir ernten werden. Ganz und gar geruchsneutral, aber zweifellos Tomate, Erbsen oder Ananas. Kein Mensch braucht mehr seine Nase, um Beeren oder Fleisch aufzustöbern. Höchstens der Pilzsammler lässt sich gelegentlich noch von ihr durch den Wald leiten. Mit anderen Worten: Das Riechen ist für uns nicht mehr überlebenswichtig. Sollten sich die Umweltbedingungen eines Tages wieder ändern, können wir die stillgelegten Rezeptoren zur Not ja wieder anschalten. Falls überhaupt nötig, denn in der Wissenschaft wird gerade diskutiert, ob der Mensch nicht mit seinem höher entwickelten Gehirn die Duftinformationen viel raffinierter analysieren kann und damit die geringe Zahl von Riechrezeptoren kompensiert.

Angesichts von nur 350 aktiven Riechrezeptoren mutet es erstaunlich an, dass sie dennoch die größte Genfamilie im menschlichen Genom darstellen. Warum leisten wir uns dieses enorme Potenzial? Wozu brauchen wir unsere Nase, und haben wir sie womöglich bisher vollkommen unterschätzt? Erst allmählich beginnen wir zu ahnen, wie tief das Riechen tatsächlich in unser Leben eingreift, wie sehr wir bestimmt sind von Düften, die wir wahrnehmen, und sogar von solchen, die wir gar nicht als Geruchsbotschaft erkennen. Die Forschung über das menschliche Riechen hat in den letzten Jahren atemberaubende Fortschritte gemacht. Hoffen wir, dass die Wissenschaftler bei ihren Experimenten weiterhin eine gute Nase beweisen.

Rosenduft und Fischgestank: Die Entdeckung der menschlichen Riechrezeptoren

Wieso können wir eine wohlriechende Rose von einem stinkenden Fisch unterscheiden? Wie wirken Duftmoleküle in der Nase, und wie erkennt das Gehirn diese Reize? Die Lieblingsthese der Forscher lautete lange Zeit: durch Entzug von Energie. Der Duftstoff absorbiert, so glaubte man, einen Teil der von den Riechzellen ausgesandten Infrarotstrahlung. Diese Abkühlung der Sinneszelle sollte den Reiz für die Erregung darstellen. Doch dann erkannte man die Notwendigkeit des direkten Kontakts zwischen Duftmolekül und Riechzelle, und die These war widerlegt. Schließlich fand man heraus: Die Duftstoffe interagieren mit Rezeptoren, die in der Außenhülle der Riechsinneszelle, der Zellmembran, liegen. Dabei spielt nicht nur die Form des Duftmoleküls (Schloss-Schlüssel-Prinzip), sondern auch seine elektrische Ladung eine wesentliche Rolle. Dieses Prinzip hatten die Pharmakologen unter den Forschern schon oft gesehen: bei Rezeptoren, die kleinste Mengen eines Stoffes – zum Beispiel eines Hormons – erkennen können, weil sie dessen Signale sehr wirksam verstärken.

Sollte es für das Riechen ähnliche Rezeptoren geben? Dann müssten ihre Baupläne, also die Geninformation für ihren Aufbau, denen der Hormone gleichen. Wieder machten sich die Forscher auf die Suche und sollten diesmal – nach jahrelangen Experimenten – tatsächlich erfolgreich sein: Im Jahr 1991 fand die amerikanische Forscherin Linda Buck im Labor von Richard Axel in New York die Genfamilie der Riechrezeptoren. Diese sensationelle Entdeckung rückte die Nase in ein ganz neues Licht. Endlich durfte sie das Schattendasein verlassen, das sie unter den Sinnesorganen fristete, und stand im Mittelpunkt des wissenschaftlichen und öffentlichen Interesses. 2004 bekamen Linda Buck und Richard Axel für ihre Forschung den Nobelpreis für Medizin. Eine großartige Belohnung für lange Jahre harter Arbeit.

Linda Buck hatte Psychologie und Mikrobiologie studiert, promovierte und kam als junge Assistentin 1984 an die Columbia University nach New York. Richard Axel, Professor für Pathologie und Biochemie und ein Pionier der Molekularbiologie, übernahm gerade die Leitung des Howard-Hughes-Labors. Unter den Professoren war er bereits ein Star. Nicht nur, weil er ein großartiger Biochemiker war, sondern auch, weil seine Patente der Universität bereits viele Millionen Dollar an zusätzlichen Einnahmen beschert hatten. Richard Axel hatte sich bis dahin wissenschaftlich nicht mit dem Riechen beschäftigt, ließ sich aber von Linda Bucks Konzept, wie die lang gesuchten Baupläne für die Riechrezeptoren zu finden sein könnten, begeistern und stellte sie als Mitarbeiterin ein.

Linda wusste: Sie suchte Rezeptoren, die in ihrer Struktur denen für Hormone ähnelten. Weiter stellte sie die These auf: Wie bei den Hormonen sollten die Rezeptoren Kopplungsstellen an Proteine haben, die den chemischen Reiz verstärken. Dass sie in der Nasenschleimhaut vorkommen mussten, war klar, denn sie sollten ja für das Riechen zuständig sein. Außerdem ging Linda wegen der großen Vielfalt von riechbaren Düften davon aus, dass es viele verschiedene solcher Rezeptoren geben müsste. Schöne Vorgaben, dennoch: Die legendäre Suche nach der Stecknadel im Heuhafen hätte nicht komplizierter sein können. Kein einziges Genom eines Tieres war damals entschlüsselt, geschweige denn, dass es für eine Computeranalyse zur Verfügung stand. Mit anderen Worten: Alles musste per Handarbeit analysiert werden, Gen für Gen, und etwa eine Million davon gibt es bei der Maus!

Ich (Hanns) traf Linda Buck zum ersten Mal im Frühjahr 1990 bei einem Internationalen Riechkongress in Sarasota, Florida. Sechs Jahre lang arbeitete sie damals schon in Richard

Axels Labor und hatte immer noch keine Spur eines passenden Rezeptors gefunden. Wir verbrachten einen Nachmittag zusammen am Strand, lagen auf einem Handtuch in der Sonne und sprachen über Gott und die Welt, vor allem über die Wissenschaft und das Riechen. Linda war etwas frustriert, nach all den Jahren enormer Arbeit, Begeisterung und Engagement noch immer keine Aussicht auf Erfolg zu haben. Sie sagte mir fast wörtlich: »Hanns, ich habe sechs wichtige Jahre meines Lebens gegeben für diese Vision, doch langsam kommen mir Zweifel, ob es jemals klappen kann. Ich mache bis Ende des Jahres weiter, dann höre ich auf.« Das konnte ich verstehen! Fand ihre Geduld und Besessenheit sowieso grandios. Inzwischen wurde auch Richard Axel ungeduldig. Doch dann gelang Linda der große Durchbruch. Nur wenige Wochen nach unserem Gespräch entdeckte sie eine riesige Genfamilie mit über 1000 Mitgliedern im Genom der Ratte, die alle postulierten Eigenschaften hatten und nur in der Nase vorkamen. Ein Meilenstein für die Zukunft der Riechforschung. Wie sehr gönnte ich Linda diesen Erfolg! Es war einfach phänomenal, wie sie fast sieben Jahre lang immer an sich geglaubt hatte! Seit dieser Zeit sind wir gute Freunde, treffen uns regelmäßig am Strand von Florida und erinnern uns oft an unser damaliges Gespräch zurück.

Das Wettrennen um den wissenschaftlichen Beweis

Nun hatte Linda Buck also eine Genfamilie für potenzielle Riechrezeptoren gefunden, damit war aber nicht eindeutig klar: Funktionieren diese Gene überhaupt noch? Und stellen sie tatsächlich die lang gesuchten Rezeptoren her? Zur Lösung dieser Fragen entwickelte sich ein spannender Wettkampf unter den Forschern. Zum besseren Verständnis vorab ein kurzer

Exkurs in die Genetik: Jedes intakte Gen enthält den Bauplan für ein bestimmtes Protein (Eiweiß). Der Mensch besitzt ca. 30 000 funktionierende Gene (davon 350 für das Riechen), deshalb stehen für den Aufbau seines Körpers entsprechend viele Proteine zur Verfügung. Erst zehn Prozent davon sind in ihrer Funktion bekannt. Den Rest zu entschlüsseln wird eine der wichtigsten Aufgaben des, wie man im Fachjargon sagt, postgenomischen Zeitalters sein.

Ob die von Buck gefundenen Gene tatsächlich Proteine erzeugen, die riechen können (also Riechrezeptor-Proteine, die wir auch Riechrezeptoren nennen), daran zweifelten manche Kollegen und sprachen deshalb nur von »Kandidatengenen«. Um den endgültigen Beweis anzutreten, galt es von einem der Genkandidaten das entsprechende Protein zu erzeugen und nachzuweisen, dass es wirklich Düfte erkennen, also riechen kann. Wem würde dies als Erstem gelingen? Jeder versuchte es mit herkömmlichen Techniken, doch keiner war erfolgreich. Tatsächlich sollten noch sieben Jahre vergehen, bis unser Team an der Ruhr-Universität Bochum – zeitgleich mit dem von Stuart Firestein in New York – im Jahr 1998 die ersten Riechrezeptoren erfolgreich identifizieren konnte. Wobei die amerikanischen Kollegen sich zunächst mit Rezeptoren bei Ratten beschäftigten, wir mit denen von Fischen. Jedes Labor entwickelte dabei seine ganz eigenen Methoden.

In Bochum hatten wir die Idee, sämtliche bis dahin fehlgeschlagenen Versuche könnten daran gescheitert sein, dass die Gene zwar Rezeptoren herstellen, diese aber nicht richtig in die Zellmembran eingebaut werden, um das Duftmolekül zu erkennen. Dann kam uns eine Entdeckung zu Hilfe: Zellen besitzen ein raffiniertes Transportsystem, das alle Proteine in einer Art Güterzug an ihre Bestimmungsorte fährt. Wo und wie das Protein in der Zelle abgelegt werden soll, zeigt dabei ein »Adressaufkleber« mit »Postleitzahl« an, eine Markierung also mit dem genauen Ort und der Art der Anlieferung. Für einen

Hormonrezeptor, der auch in der Zellmembran sitzt, hatten wir gerade eine solche Postleitzahl entschlüsselt. Damit markierten wir unseren Riechrezeptor, in der Hoffnung, dass er dann ebenfalls richtig in die Zellmembran eingebaut wird. Dieses Konstrukt pflanzten wir in eine Kultur von menschlichen Nierenzellen ein. Nierenzellen deshalb, weil sie selbst nicht riechen können. Würden sie jetzt auf Duftmoleküle reagieren, wäre das eindeutig auf unseren Rezeptor zurückzuführen.

Weil man Zellen schlecht fragen kann, ob sie etwas riechen, benutzten wir das Wissen um ein Grundprinzip aller Zellen, dass sich nämlich bei Erregung die Kalziumkonzentration erhöht. Wir schleusten den Kalziumfarbstoff (Fura 2) als Indikator – vergleichbar einem Lackmuspapier – in die Zellen ein, der seine Farbe ändern würde, wenn die Zelle erregt ist. Blau würde eine niedrige Konzentration und damit Ruhezustand bedeuten, Rot dagegen eine Zellerregung.

Der liebe Gott hat die Gene für die Riechrezeptoren wie mit der Gießkanne über alle unsere Chromosomen verteilt. Nur für zwei war keines mehr übrig: für das Chromosom Nr. 20 und das exklusiv den Männern vorbehaltene Y-Chromosom. Männer müssen sich deshalb damit abfinden, dass sie alle Riechrezeptoren mit den Frauen teilen und es keinen Duft gibt, den nur sie wahrnehmen können. Aus der großen Zahl von 350 potenziellen Rezeptor-Genen wählten wir nach dem Zufallsprinzip den Rezeptor Nummer 40 vom menschlichen Chromosom 17 aus und nannten ihn entsprechend OR17-40. Unser Kandidat im spannenden Laborwettkampf! Wir verpflanzten ihn in die menschlichen Nierenzellen und hofften, dass diese auf unsere Duftmischung aus 100 verschiedenen Stoffen ansprechen würden. Blieb alles blau oder reagierten die Zellen? Und wie sie reagierten! Live und in Echtzeit konnten wir beobachten, wie die Nierenzellen knallrot wurden (Abbildung 6)! Als wir die Düfte in der Mischung einzeln untersuchten, erlebten wir eine weitere große Überraschung: Nur ein einziger Duftstoff in der

Mischung war aktiv, die anderen 99 nicht. Das stimulierende Duftmolekül identifizierten wir als Helional, das wie frische Meeresbrise riecht. Zugegeben: Es ist nicht immer nur hoch spezialisiertes Wissen, das zum Erfolg führt. Der Wissenschaftler muss auch eine Portion Glück haben. Oder den Chemiker bei der Firma Henkel, der ausgerechnet diesen Duft der uns zur Verfügung gestellten Duftmischung hinzugefügt hatte! Sonst würden wir heute noch suchen.

Im Rausch des Erfolgs testeten wir gleich einen weiteren menschlichen Rezeptor, wieder eine zufällige Wahl: Nummer 4 von Chromosom 17, also OR17-4. In Nierenzellen einschleusen, Indikatorfarbumschlag beobachten: Inzwischen wussten wir ja, wie es geht. Der Jubel war groß, als wir sahen, dass unsere Mischung auch dieses Mal wirkte. Wieder aktivierte nur einer der 100 Duftstoffe in der Mischung, nämlich Cyclamal, der Duft nach Maiglöckchen. Wahrhaftig: eine echte Sensation! Wir hatten die ersten beiden menschlichen Riechrezeptoren entdeckt. Die Fachwelt reagierte begeistert, überall wurden wir zitiert, und wir selbst sind immer noch mächtig stolz auf unsere Arbeit.

Nun stellte sich eine weitere Frage: Kann jeder Rezeptor nur ein spezifisches Duftmolekül riechen? Wie sollte man dann aber mit nur 350 Rezeptortypen die gesamte Breite dessen, was der Mensch riechen kann, abdecken? So testeten wir den Rezeptor OR17-4 mit Cyclamal strukturell ähnlichen Duftmolekülen, und es zeigte sich, dass ihn viele von ihnen auch erregen konnten. Die meisten allerdings schlechter, einige wenige besser – am besten Bourgeonal und Lilial, zwei industriell produzierte und in großen Mengen als Maiglöckchen-Imitat verwendete Duftsubstanzen. Jeder Rezeptor reagiert also auf eine bestimmte molekulare Teilstruktur, die zwingend vorhanden sein muss. Der Rest des Duftmoleküls kann variieren. Zu starke Änderungen werden jedoch mit Duftentzug bestraft. Bis heute, zehn Jahre später, sind außer OR17-40 und OR17-4 nur zwei weitere menschliche Rezeptoren erforscht, alle anderen 346 gilt es erst zu entschlüsseln. Viel Arbeit, noch mehr Kosten, aber wir finden: Es lohnt sich.

Wie Düfte ins Gehirn wandern

Das Riechgenie Batiste Grenouille, so erzählt uns Patrick Süskind in seinem Roman »Das Parfum«, war ein Mann mit feinster Nase. Wo andere Leute bloß Holz rochen, konnte er schon als kleiner Junge Ahornholz von Eichenholz, Ulmenholz von Birnbaumholz, altes von jungem Holz und morsches von modrigem oder moosigem Holz unterscheiden. Ähnlich ging es ihm mit dem weißen Getränk, das er im Waisenhaus morgens bekam. Wie konnte man es durchweg als Milch bezeichnen, wo es doch jeden Morgen anders schmeckte: »je nachdem wie warm es war, von welcher Kuh es stammte, was diese Kuh gefressen hatte, wie viel Rahm man ihm belassen hatte und so fort …«

Was Grenouille wahrnimmt, sind jene kleinsten Moleküle, die jeder Gegenstand in die Luft abgibt, die dort wie feine Staubkörnchen herumfliegen und die wir dann beim Einatmen aufnehmen. Dass wir als Normalriechende zwar notfalls warme Milch von Kakao, aber nicht unbedingt Ahorn- von Ulmenholz unterscheiden können, liegt an der unterschiedlichen Menge von freigesetzten Molekülen. Je kompakter ein Material ist, desto weniger Moleküle gelangen in die Luft. Steine riechen überhaupt nicht, sie nehmen höchstens den Geruch ihrer Umgebung an. Alles andere, sei es die wohlriechende Veilchenblüte oder der miefige Fußballschuh, dampft stetig vor sich hin und zwingt sich jedem auf, der in seiner Umgebung atmet. Die Augen können wir schließen und uns notfalls die Ohren zustopfen, um uns vor grauenvollen Anblicken und betäubendem Lärm zu schützen; die Luft können wir aber nur kurzfristig anhalten. Vom ersten bis zum letzten Atemzug umgeben uns

Duftmoleküle und drängen auf Wahrnehmung. Kein Wunder, dass sensible Nasen oft gereizt reagieren.

Der Philosoph Immanuel Kant wirft dem Geruchssinn vor, dass er dem Menschen keine Freiheit lasse, eben weil der Mensch sich dem Geruchseindruck nicht dauerhaft entziehen könne. Wieso können wir uns eigentlich gegen Gerüche nicht wehren? Und wie muss man sich die Invasion der Düfte vorstellen? Alle Duftmoleküle wandern durch unsere Nasenlöcher in die linke oder rechte Nasenhöhle. Die beiden Nasenhöhlen, die bis ganz oben in Schädelmitte durch eine Scheidewand, das Septum, voneinander getrennt sind, münden über einen Kanal im Rachen und von dort in der Mundhöhle. Durch diese Verbindung können Duftmoleküle von Speisen und Getränken »hintenherum« in die Nase gelangen.

Ein Weinkenner oder ein Gourmet wird sich deshalb auch nie allein auf seine Nase verlassen, sondern nimmt, um den kompletten Dufteindruck zu bekommen, einen Schluck Wein oder einen Bissen Essen in den Mund. Erst in der Wärme und Feuchtigkeit des Mund- und Rachenraums erschließt sich jene Gesamtheit der Dufteindrücke, die wir Geschmack nennen. Umgekehrt können wir uns einfach die Nase zuhalten, wenn wir scheußliche Medizin schlucken müssen. Als Kinder nutzten wir diesen Trick, wenn es galt, im Zuge einer Wette einen lebenden Regenwurm zu essen. Als ich (Hanns) vor einigen Monaten in China war, habe ich mich bei offiziellen Einladungen oft daran erinnert und wäre bei so manchem Gericht dankbar gewesen, wenn ich mir unauffällig die Nase hätte zuhalten können.

Jede Nasenhöhle ist – abgesehen vom Eingang – mit Schleimhaut ausgekleidet. Diese dient hauptsächlich zum Erwärmen und Befeuchten sowie der Reinigung der Atemluft. Um die Oberfläche zu vergrößern und möglichst viele Geruchseindrücke aufnehmen zu können, liegen in jeder Nasenhöhle drei muschelartige Gebilde übereinander. Nur die obere, im Nasendach, beinhaltet Riechsinneszellen. Sie wird Riechschleimhaut (Regio olfactoria) genannt. Während bei normaler Atmung der größte Teil der Luft durch den unteren Bereich der Nase strömt, werden durch intensives Schnuppern beträchtlich mehr Moleküle durch die Riechspalte ganz nach oben zur Riechschleimhaut geleitet. Man sollte deshalb, wie Hunde oder Katzen, ruhig ungeniert schnüffeln, um alle Duftinformationen zu ergattern.

Beim Menschen ist die Riechschleimhaut auf beiden Seiten etwa so groß wie eine Euromünze. Auf dieser Fläche beherbergt sie unser gesamtes Geruchspotenzial: jene 20 Millionen Sinneszellen, die auf die Wahrnehmung von Duftmolekülen spezialisiert sind. Ganz ordentlich, finden Sie? Nicht, wenn man die Spürnase eines Jagdhundes zum Vergleich heranzieht. Sie enthält das Zehnfache an Riechsinneszellen. Spitzenreiter aller Tiere sind übrigens die Bären, allen voran der Eisbär. Er bringt es auf über eine Milliarde Riechsinneszellen und kann es sich deshalb sogar leisten, zum Jagen unter Wasser seine Augen zu schließen.

Bei Frauen schwillt die Schleimhaut während der Menstruation beträchtlich an. Schon vor über 100 Jahren nannte sie deshalb der Berliner Arzt Wilhelm Fließ die »Genitalstelle der Nase«. Sie zeigt Erektionen des Gewebes, fand Fließ, wie sie sonst nur an Penis oder Vagina vorkommen. Alle Zellen der Schleimhaut sind – wie der Name schon andeutet – von einer Schleimschicht bedeckt, und lange Zeit rätselten die Forscher: Schützt der Schleim nur die Zellen oder hilft er auch beim Riechen?

In neuerer Zeit verdichten sich die Hinweise, dass es sich bei diesem Schleim um eine großartige Komposition und hochgesättigte Lösung von speziellen Proteinen handelt, darunter vor allem sogenannte olfaktorische Bindeproteine (OBP), die am Transport der Duftstoffe zu den Sinneszellen beteiligt sein könnten. Duftmoleküle sind nämlich meist schwer wasserlöslich, sollen aber trotzdem durch den wässrigen Schleim zu den Riechsinneszellen gelangen. Nicht zwei oder drei Bindeproteine hat die Natur entwickelt, sondern angepasst an die Vielzahl der Duftmoleküle gleich über 100, wobei jedes auf eine bestimmte Gruppe von Duftstoffen spezialisiert ist.

Warum einem dann so schnell das Riechen vergehen kann? Weil das Ganze nur funktioniert, wenn alle die Spielregeln beachten. Sobald sich der Nasenschleim durch Krankheiten verändert, gerät das komplizierte Zusammenspiel aus dem Gleichgewicht. Da reicht schon ein Schnupfen, um den eigentlich unauffälligen Schleim in eine zähe Masse zu verwandeln, die – im Überfluss produziert – alle Sinneseindrücke unter sich begräbt. Aber auch das Gegenteil ist nicht erwünscht: Eine zu trockene Nase lässt die Eiweißlösung über den Riechsinneszellen verkrusten. Immer schön feucht muss die Nase sein. Wie die legendäre Hundeschnauze. Denn da ergeht es uns Menschen ähnlich: Nur mit feuchter Nase können wir unser optimales Riechvermögen entfalten.

Haben Sie schon einmal bewusst eingeatmet? Wahrscheinlich haben Sie aber nicht bemerkt, dass der Mensch eigentlich immer nur durch ein Nasenloch Luft aufnimmt. Die andere Nasenseite ist nämlich durch leichte Schwellungen des Gewebes weitgehend blockiert. Im Lauf des Tages wechselt die benutzte Seite mehrmals, so können sich die Riechzellen erholen und neuen Eindrücken frisch entgegenschnuppern. Dabei gibt es ähnlich wie »rechtshändige« auch »rechtsnasige« Menschen, also solche, die den größten Teil des Tages die rechte Nasenhälfte benutzen, und »linksnasige«, die überwiegend links atmen.

Bei intensivem Schnüffeln, wenn für Momente eine besondere Riechleistung erzielt werden muss, können wir kurzfristig beide Nasenlöcher aktivieren. Da zwischen dem linken und dem rechten Riechhirn ein intensiver Informationsaustausch stattfindet, spielt es jedoch keine Rolle, mit welcher Nasenhälfte wir einen Duft wahrnehmen. Wir riechen mit beiden Seiten gleich gut, und die Düfte werden identisch im Gehirn verarbeitet. Deshalb können wir Düfte, die wir zum Beispiel mit dem rechten Nasenloch aufgenommen haben, später genauso mit dem linken wiedererkennen, wie jüngste wissenschaftliche Experimente gezeigt haben. Allerdings gelingt es aufgrund dieser Einseitigkeit nicht, räumlich zu riechen; die genaue Richtung einer Duftquelle kann die Nase – anders als das Ohr die Töne – nicht seitenspezifisch lokalisieren.

Doch nun zur entscheidenden Frage: Wie verarbeitet die Nase all die Eindrücke, und wie wandert ein *Chanel No. 5* ins Gehirn? Unsere Riechschleimhaut setzt sich aus drei verschiedenen Zelltypen zusammen: den Stütz-, den Basal- und den ca. 20 Millionen eigentlichen Riechsinneszellen.

Die Riechsinneszellen bestehen aus einem ovalen Zellkörper mit einem langen Fortsatz (Dendrit), an dessen Ende sich eine köpfchenförmige Verdickung befindet. Daraus ragen etwa 20 bis 30 fingerförmige Fortsätze (Zilien) in den Nasenschleim hinein. In Richtung Gehirn wächst aus dem Riechzellkörper eine zentimeterlange Nervenfaser (Axon) hervor (Abbildung 3). Sie leitet Informationen von der Nase zum Riechhirn weiter. Das klappt nur deshalb, weil der Schädelknochen hier Löcher hat wie ein Sieb, weshalb dieser Teil folgerichtig Siebbein heißt. Riechsinneszellen besitzen eine Lebensdauer von lediglich etwa einem Monat, dann werden sie von den Basalzellen, echten adulten neuronalen Stammzellen, erneuert. Ähnliches geschieht mit den Stützzellen, die ansonsten tun, was ihr Name schon sagt. Ob sie auch eine Funktion für das Riechen haben – und wenn ja, welche – ist noch nicht 100-prozentig erforscht. Spekuliert wird, dass die Beseitigung überzähliger Duftmoleküle in ihr Ressort fällt, also eine Art (Duft-)Müllentsorgung. Die neu gebildeten Riechsinneszellen senden ihre Fortsätze wieder durch das Siebbein zum Riechhirn. So bleibt unser Riechvermögen erhalten, selbst wenn wir schädliche Substanzen einatmen.

Eine beeindruckende Leistung unserer Nase, wer hätte das von ihr erwartet? Sie müssen sich vorstellen, dass in jeder Minute Ihres Lebens – auch jetzt, während Sie gerade in diesem Buch lesen – etwa 1000 Nervenfasern durch Ihr Siebbein wachsen und punktgenau bestimmte Kontaktstellen im Riechhirn treffen. Wir spüren kein Kribbeln und Krabbeln, nichts davon. So eine Regenerationsfähigkeit ist für Nervengewebe sensationell. Noch dazu bleibt sie uns fast lebenslang erhalten. Erst wenn wir über 70 Jahre alt werden, verlieren wir allmählich unseren Geruchssinn. Bis dahin schafft es die Nase, ihn selbst nach Infektionen innerhalb einiger Monate vollständig wiederherzustellen. Oft sogar, wenn der Geruchssinn zeitweise vollständig verschwunden war.

Manchmal jedoch, wenn es Viren nämlich gelingt, Stammzellen zu zerstören, wird der Mensch anosmisch: Er verliert seinen Geruchssinn für immer – ohne jede Chance auf Heilung.

Wie Schloss und Schlüssel: Rezeptor und Duftmolekül

Was passiert nun in den Riechsinneszellen? Wie gelingt es ihnen, die chemischen Duftinformationen ans Gehirn weiterzugeben? Die genaue Antwort kennen die Forscher erst seit etwa zehn Jahren. Sie wussten, dass unser Gehirn ausschließlich die Sprache elektrischer Impulse versteht. Die Aufgabe der Riechsinneszellen musste es also sein, die chemische Struktur des Duftmoleküls in elektrische Nervenimpulse zu übersetzen. Doch die molekularen Komponenten dieser »Signaltransduktion« wurden erst vor kurzer Zeit entdeckt. Die Natur hat nämlich ein sehr schlaues und effizientes System entwickelt, die ankommenden Reize zu erkennen und zu verstärken: Aus dem Meer von Duftmolekülen fischen sich die Rezeptorproteine der Riechsinneszellen nur solche heraus, deren Form und chemische Eigenschaften zu ihnen passen (vgl. Kap. »Das Wettrennen um den wissenschaftlichen Beweis«). Bei Duftmolekülen und Rezeptoren gilt also das Schloss-Schlüssel-Prinzip, wobei allerdings eher simple Hausschlösser mit altertümlichen Bartschlüsseln zum Einsatz kommen als Hochsicherheitsschlösser von Tresoren, zu denen es nur einen Spezialschlüssel gibt.

Wenn die zwei sich gefunden haben, Rezeptor und Duftmolekül, schalten die Rezeptorproteine in der Zelle einen lawinenartigen Verstärkungsmechanismus an. Das Ergebnis: Die Zelle produziert einen zweiten Botenstoff (das z(c)yklische Adenosinmonophosphat cAMP), und zwar massenhaft. Inzwischen gehen die Forscher davon aus, dass ein einziges Duftmolekül ausreicht, um bis zu 2000 solcher Botenstoffmoleküle zu erzeugen. So schaffen es auch geringste Mengen eines Duftstoffes, unsere Riechzellen zu erregen. Denn die Heerscharen von zweiten Botenstoffen öffnen ihrerseits wieder viele winzige Poren in der Zellmembran der Riechzelle, die Ionenkanäle, durch die positiv geladene Teilchen (Natrium und Kalzium) aus dem Nasenschleim in die Zelle strömen und sie dadurch positiver machen, das heißt die Zelle erregen. Solche Kanäle sehen aus wie kleine Röhren, sind meist in Außenmembranen der Zellen eingebaut, und nur durch sie kann der Ionenstrom in die Zelle fließen (Abbildung 3). Man findet sie überall im menschlichen Körper. Sie sind für die Erzeugung von elektrischen Signalen in allen Nerven- und Sinneszellen notwendig. Moderne elektrophysiologische Methoden erlauben heute sogar, den Strom durch einen einzelnen Ionenkanal zu messen. Für die Entwicklung dieser Technik haben zwei deutsche Wissenschaftler, Erwin Neher und Bert Sakmann, 1991 den Nobelpreis erhalten.

Wir konnten mit dieser Technik, damals noch im Labor an der TU München, erstmals zeigen, dass solche Kanäle unvorstellbar schnell durch chemische Substanzen geöffnet werden können, nämlich in weniger als einer Tausendstel Sekunde (Millisekunde). Dies erlaubt den Zellen, extrem rasch zu reagieren.

Die in den Riechzellen erzeugten elektrischen Antworten sind allerdings analog, nehmen schnell ab und würden niemals das Gehirn erreichen. Deshalb muss die erregte Zelle noch eines leisten: Sie muss die Signale wie ein Analog/Digital-Wandler in eine digitale Information umwandeln. Die wird dann – in Form von sogenannten Aktionspotenzialen – über den langen Nervenfortsatz der Riechzelle ohne Verlust bis ins Riechhirn geleitet, das direkt hinter der Nase sitzt. Hier findet die Analyse der einlaufenden Signale statt, von hier werden die Ergebnisse an unser Großhirn (Neocortex) weitergeleitet, und endlich ist es soweit: Wir realisieren den aktuellen Duft in unserer Nase.

Sie merken, die Sache ist ziemlich kompliziert. Es sollte noch Jahre dauern, bis die Forscher ein weiteres Rätsel lösten: Wenn es beim Menschen etwa 900 verschiedene Gene für Riechrezeptoren gibt, von denen aber nur 350 aktiv sind, wie schaffen es dann die wenigen Rezeptoren, Millionen von Düften zu unterscheiden? Im Jahr 1999 erklärte Linda Buck diesen wesentlichen Teil des Geheimnisses unserer Nase so: »Jeder Rezeptor wird immer wieder benutzt, um einen Geruch zu definieren, ähnlich wie Buchstaben immer wieder dazu dienen, verschiedene Wörter zu bilden.«

Unser Duftalphabet hat aber nicht nur 26, sondern 350 Buchstaben. Und wie wir nicht nur Wörter, sondern auch Sätze mit Buchstaben formen, lassen sich aus den Informationen der Rezeptoren ganze Duftsträuße binden. Immer neu und immer wieder anders. Wenn wir nach Bangkok reisen und auf dem Markt Gerüche wahrnehmen, die wir vorher überhaupt nicht kannten, dann passen sie trotzdem in unsere Rezeptorenschlösser. Denn jeder Mensch, ob Thai, Indianer oder Hutu, hat die gleichen 350 Rezeptortypen, die nach dem gleichen Muster und symmetrisch in beiden Nasenhälften verteilt sind. Wir sind daher auf alle denkbaren (und in der Welt vorkommenden) Duftstoffe vorbereitet.

Je nachdem, ob wir einen chemisch reinen Duft wie Vanillin aufnehmen oder ein ganzes Duftbouquet, arbeitet unsere Riechschleimhaut demnach unterschiedlich. Jede der vorhandenen 20 Millionen Riechsinneszellen stellt, wie wir wissen, nur einen der 350 Rezeptoren her, das heißt, für einen speziellen Duft wie Vanillin, Moschus oder Buttersäure existieren je fast 60 000 Sinneszellen.

Wenn ein Vanillinmolekül also am richtigen Riechrezeptor andockt, startet in der Zelle die Signalverstärkung. Und zwar nahezu zeitgleich in allen Sinneszellen, die das »Vanillin«-Rezeptorprotein tragen und ein Duftmolekül aufgefangen haben. Damit nicht genug. Von überall in der Nase kommend, enden die Nervenfortsätze aller Zellen mit der Vorliebe für Vanilleduft wie von Geisterhand geführt in einer bestimmten kugelförmigen Zellansammlung des Riechhirns (genannt Glomerulus). Diese sieht wie eine große Lottotrommel aus, allerdings ausgestattet mit 350 statt mit nur 49 Kugeln (Abbildung 2). Die »Vanillekugel« sammelt also die elektrischen Signale aller Vanillezellen ein. Wird sie aktiviert, weiß unser Gehirn: chemisch reiner Vanillinduft war in der Luft. Wie die Nervenfasern der Vanilleriechzellen es allerdings schaffen, »ihre« Kugel unter all den 350 herauszufinden, kann bisher niemand sagen. Ob sie mit dem passenden Duft angelockt werden? Denkbar wäre es, aber noch gibt es keine Daten dafür.

Richtig unübersichtlich wird es, wenn sich ein Geruch aus mehreren Duftstoffen zusammensetzt – und die meisten Gerüche im Alltag und in der Natur sind komplexe Mischungen. Das Aroma einer echten Vanilleschote zum Beispiel setzt sich aus mehr als 100 verschiedenen Duftstoffen zusammen, Vanillin ist nur einer davon, wenn auch ein sehr wichtiger. Kaffeearoma ist ein Mix aus über 300 Duftstoffen, von denen sich allerdings viele chemisch ähneln, sodass sie den gleichen Rezeptor aktivieren. Ein Parfümeur verwendet für ein edles Parfüm weit mehr als 100 Duftstoffe (Abbildung 7), und auch mancher Blütenduft bringt es auf erstaunlich viele Einzelkomponenten, die Narzisse zum Beispiel auf nahezu 900.

Solche Gerüche aktivieren ein ganzes Netzwerk von Riechzelltypen und entsprechend viele verschiedene Glomeruli unterschiedlich stark. Dadurch entsteht ein mehrdimensionales Muster, ähnlich einem Sternbild mit hell und schwach leuchtenden Sternen. Weil die Zusammensetzung der Duftstoffe einer Rose sich aber von der eines Fisches erheblich unterscheidet, werden auch die Aktivierungsmuster sehr unterschiedlich sein, ungeachtet einzelner Komponenten (Kugeln), die Rose und Fisch vielleicht sogar gemeinsam haben. Es kommt nicht auf den einzelnen Buchstaben an, sondern auf das Wort. Und dabei können Wörter mit 100 Buchstaben und mehr entstehen, die wir uns merken müssen, um den Duft wiederzuerkennen. Beim nächsten Mal, wenn wir an einer Rose riechen, wird wieder ein Muster erzeugt, im Gehirn mit den abgespeicherten verglichen und dann als Rose identifiziert.

Hat das Gehirn einmal gelernt, wie eine Rose riecht, kann es den Duft sogar erkennen, wenn die Informationen gar nicht vollständig sind. Wie immer, wenn wir einmal etwas begriffen haben, müht sich unser fleißiges Gehirn, selbst karge Erinnerungsfetzen zu einem sinnvollen Ganzen zu ergänzen. Dieses Prinzip kennen die Liebhaber von Kreuzworträtseln längst: Wer gelernt hat, dass die Orange eine Südfrucht ist, wird bei der Frage nach einer Südfrucht mit sechs Buchstaben und der Vorgabe »Ora« kein Problem haben, aus dem Gedächtnis den Rest zur »Orange« zu ergänzen. Auf ähnlicher Basis arbeiten viele künstliche Nahrungsmitteldüfte, die nur einen Teil der Inhaltsstoffe des echten natürlichen Lebensmittels enthalten und damit auch nur einen Teil der Musterkombination erzeugen. Das Gehirn ergänzt den Rest, und wir glauben, Trüffel, Steinpilze oder Pfifferlinge zu riechen, dabei sind es nur einige wenige Komponenten aus dem komplexen Aroma von Trffln, Stnplzn und Pfffrlngn. Nasentäuschung oder einfach nur preisgünstiger Genussersatz?

Der direkte Draht und die Ausschaltung der Vernunft

»Grünschnabel und Naseweis wussten es besser und gingen aufs Eis«, reimt Steffi Bluhm in einem Kindergedicht. »Das Eis war nicht fest, sie brachen ein und plumpsten ins kalte Wasser hinein.« War ja klar. Wer seiner Nase folgt, diesem vorwitzigen Ding, das es längst verlernt hat, Gefahren zu wittern, dem kann es übel ergehen. So eine Nase denkt einfach nicht nach, sondern stürzt sich Hals über Kopf ins Abenteuer.

Warum lächelt jemand verzückt beim Duft einer gemähten Wiese? Wieso ergreift ein anderer die Flucht vor einem Geruch, der eigentlich harmlos anmutet? Heute kennen wir die Lösung für viele Rätsel des Riechens. Wie die Nase reagiert, ist dennoch oft genug eine Überraschung. Sie bleibt widerspenstig und geheimnisvoll, gerade das macht sie so sexy. In einer Welt, in der alles kontrolliert abläuft, jeder nach Fahrplan funktioniert und wir in gläsernen Büros nicht einmal in Ruhe in ihr bohren dürfen, hat die Nase sich eine unverschämte Freiheit bewahrt. Beharrlich weigert sie sich, unserem Willen zu folgen. Im Gegenteil, oft bestimmt sie sogar über uns. Wenn wir nach unauffälligem Geschiebe und Gedränge endlich neben dem verdammt gut aussehenden Kerl an der Bar sitzen, bringt ein unangenehmer Körpergeruch plötzlich alles durcheinander. Während die Augen noch wehmütig an seinem Gesicht hängen, hat die Nase längst entschieden: Vergiss es! Weit verwirrender ist es umgekehrt. Was finde ich eigentlich an ihr?, mag sich der dahinschmelzende Verehrer angesichts einer mittelmäßigen Schönheit fragen, nicht ahnend, dass es ihr kaum wahrnehmbarer Körperduft ist, der ihn an seine Jugendliebe erinnert. Ihn? Wahrscheinlich nicht sein Bewusstsein, aber immerhin sein Gehirn.

Gerüche können uns völlig aus dem Konzept bringen, denn die Nase ist das einzige Sinnesorgan, das seine Impulse unmittelbar und ungefiltert tief in unser Gehirn leitet, zum Beispiel in den sogenannten Mandelkern, den Mediziner Amygdala nennen. Die Amygdala ist ein Wunder der Evolution. Klein wie eine Nuss – zwei Nüsse, um genau zu sein, eine auf jeder Hirnseite –, birgt sie alle unsere Emotionen, Instinkte und Triebe. Sie kann blitzschnell reagieren, wenn ein Duftreiz ankommt, sodass wir Angst oder Erregung empfinden, noch ehe wir wissen, wie uns geschieht. Das Wiedererkennen und die Bewertung von Situationen und Reizen ist ihre Spezialität. Wut? Aggression? Flucht? Sobald die Amygdala die angemessene Reaktion bestimmt hat, leitet sie unwillkürliche, vegetative Reaktionen ein. Entsprechend kann die Zerstörung beider Amygdalae zum Verlust solcher Empfindungen und damit wichtiger Warn- und Abwehrreaktionen führen. Dies deutet darauf hin, dass die Amygdala an der Wahrnehmung jeder Form von Erregung und Empfindung, auch unserer Lust und Sexualität beteiligt ist.

Die Amygdala zählt zum entwicklungsgeschichtlich ältesten Areal des Gehirns, dem Limbischen System, das wie ein Ring um den Hirnstamm liegt, daher sein Name (limbus: griech. Saum). Zum Limbischen System gehören außerdem der Hypothalamus und der Hippocampus, der an Lernprozessen und an der Speicherung von Erinnerungen beteiligt ist. Hier produziert unser Gehirn die Emotionen zu unseren Dufterinnerungen, kein Wunder also, dass wir beim Duft von Lavendel sofort die heitere Unbeschwertheit des letzten Provence-Urlaubs vor uns haben. Natürlich klappt das nur bei einem Menschen, der dort schon mal entspannte Ferien verlebt hat und von dem Duft hingerissen war (Abbildung 14).

Besonders beeindruckend schildert Tomasi di Lampedusa diesen Effekt – mit sprachgewaltiger Begeisterung für Düfte aller Art – in seinem berühmten, einzigen Buch »Der Leopard«. Darin lustwandelt Fürst Fabrizio Salina in seinem Garten, der »ölige, fleischige, leicht faule Düfte aus(hauchte), etwas wie die würzigen Balsam-Flüssigkeiten, die von den Reliquien gewisser heiliger Jungfrauen tropfen; die Nelken übertönten mit ihrem Pfeffergeruch den protokollmäßigen der Rosen und den öligen der Magnolien …« Den Garten nennt er »Garten für Blinde«, weil er für die Augen längst zu verwildert, aber für die Nase noch eine wahre Freude ist und die schönsten Erinnerungen wachruft. Die Rosen, die er selbst einst aus Paris mitgebracht hatte, »verströmten einen dichten, fast schamlosen Duft … Der Fürst hielt eine von ihnen unter die Nase, und er meinte, den Schenkel einer Tänzerin von der Oper zu riechen«. Die sinnlichen Bilder und das sexuelle Verlangen, das Düfte in ihm auszulösen vermögen, tauchen im Buch immer wieder auf, so beim Tanz mit der jungen Angelica – »Aus Angelicas Ausschnitt stieg ihr Parfum auf« – und lässt ihm einen Satz in den Sinn kommen: »Ihre Bettlaken haben sicher den Duft des Paradieses.«

Doch zurück zum Gehirn, das solch kraftvolle Bilder und verführerischen Erinnerungen in uns freisetzen kann. Düfte wirken auch über den direkten Draht des Riechhirns zum Hypothalamus, der das Zentrum für Emotionen und Triebe ist, das wichtigste Schaltzentrum des unwillkürlichen – oder »autonom« oder »vegetativ« genannten – Nervensystems und zugleich eine Hormonzentrale für den ganzen Körper. Der Körper verfügt auch über ein willkürliches Nervensystem, das seine Befehle aus einem anderen Teil des Gehirns, der Großhirnrinde, erhält. Es setzt unseren Willen in bewusste Handlungen um, steuert das Gehen, das Greifen oder unsere Sprache.

Die meisten Nervensignale laufen jedoch über das unwillkürliche Nervensystem, das man in sympathisches (erregendes) und parasympathisches (beruhigendes) untergliedert. Es kontrolliert den Herzschlag, regelt Körpertemperatur und Atmung, beeinflusst die Verdauung und die Sexualorgane, ohne dass wir uns um all diese Vorgänge nur im Geringsten kümmern müssten. Damit stellt der Körper sicher, dass alle lebenswichtigen Abläufe jederzeit zuverlässig funktionieren, unabhängig vom Bewusstsein des Menschen und seinen Befehlen. Auf das vegetative Nervensystem hat unser Willen keinen Einfluss, deshalb können wir nichts dagegen tun, bei Scham zu erröten oder vor Aufregung Herzklopfen zu bekommen, wenn wir verliebt sind.

Die vielen Hormone, die im Hypothalamus produziert werden, werden anschließend von der Hirnanhangdrüse, der Hypophyse, verteilt. Der Hypothalamus regelt neben Herz- und Nierenfunktion auch Hunger- und Durstgefühle, unser Schlafen und Wachen und unsere Lust auf Sex. Kein Wunder also, dass wir bestimmte Düfte stimulierend oder abstoßend finden.

Aber wie kommt der Duft dort oben an? Die Glomeruli des Riechhirns, wo der Duft aus den Riechsinneszellen der Nasenschleimhaut gelandet ist, speichern die komplizierten Aktivierungsmuster der verschiedenen Duftmischungen in spezialisierten Empfängerzellen, den Mitralzellen, ab. Und die sind die eigentlichen Manager der Nasen-Erfolgsstory. Denn sie sichern allein der Nase – nicht den Augen und nicht den Ohren – die begehrte Backstage-Karte zu den Stars des Gefühlslebens, dem Limbischen System und dem Hypothalamus. Über eine einzige Nervenbahn schicken die Mitralzellen ihre elektrischen Impulse direkt ins Triebzentrum von Mensch und Tier (Abbildung 4). Kein anderer Sinn kann deshalb so unmittelbare Veränderungen in unserem Hormonhaushalt und unserem Verhalten bewirken wie das Riechen.

Adaptation: Wenn die Nase einen Geruchsreiz ausblendet

Jeder kennt die olfaktorischen Herausforderungen des öffentlichen Nahverkehrs zur Feierabendzeit. Kantinenmief mischt sich derart mit Bürofrust und verschwitztem Hemd, dass Übelkeit garantiert und eine Ohnmacht fast unabwendbar scheint. Doch nach einigen flachen Atemzügen, mit denen man möglichst gar keine Luft aufzunehmen versucht, wird es nach und nach etwas besser. Bis man schließlich die leidenden Blicke zusteigender Fahrgäste eigentlich etwas anmaßend findet. Die sollen sich mal nicht so anstellen! Nur: Sobald wir beim Umsteigen etwas frische Luft abbekommen, beginnt das Spiel von vorn.

Mit Anstellerei hat es dagegen selbstverständlich gar nichts zu tun, wenn man den Partner, der mit Freunden mal wieder beim Griechen gegessen hat, am liebsten für die Nacht auf die Couch verbannen möchte. Dieser Knoblauchgeruch! Nicht auszuhalten. Dagegen hilft bekanntlich nur eines: selbst Tsatsiki essen und kräftig mitstinken. Schon fällt einem der Geruch des anderen überhaupt nicht mehr auf.

Die Wissenschaftler nennen dieses Phänomen Adaptation, was soviel bedeutet wie: Man gewöhnt sich an alles. Auch an wohlriechende Düfte. »Hast du dir die Parfümflasche über den Kopf geschüttet?«, fragt etwa der sensible Ehemann, wenn seine Frau für den abendlichen Theaterbesuch noch mal ein wenig nachgesprüht hat. Sie selbst, die das Parfüm schon den ganzen Tag lang um sich hatte, konnte es kaum mehr riechen. Dafür gibt es mehrere Gründe.

Unser Labor in Bochum hat schon vor einigen Jahren herausgefunden, dass eine der wichtigsten Ursachen für das Abstumpfen gegenüber einem Duftreiz das Abschalten des Ionenkanals ist, jener kleinen Röhre, die den Strom durch die Riechsinneszellen leitet. Als Stromträger benutzt der Kanal Natrium- und Kalziumionen aus dem Nasenschleim. Die positiv geladenen Kalziumionen verursachen die Zellerregung und leiten damit die Duftwahrnehmung überhaupt erst ein. Je intensiver und länger man so einen Kanal durch Riechen offen hält, desto mehr Kalzium strömt ein und reichert sich von innen an. Mit zunehmender Konzentration jedoch »kleben« sich die Kalziumionen von innen an den Ionenkanal und verschließen ihn mit der Zeit wie ein Korken die Weinflasche. Ein permanenter Duftreiz schaltet sich also selbst ab. Bei technischen Geräten würde man das als Rückkopplungshemmung (Feedback-Hemmung) bezeichnen. Alle unsere Sinnesorgane können sich im Übrigen vor Überreizung schützen. So bemerken wir nach kurzer Zeit nicht mehr das grelle Sonnenlicht oder dass wir einen Hut, Kleider oder eine Brille tragen, da die Sehzellen oder die Berührungsrezeptoren adaptiert sind.

Erst vor einigen Jahren fanden wir zwei weitere zusätzliche Mechanismen, die zur Adaptation beitragen. Der Botenstoff cAMP, eigentlich für das Öffnen der Ionenkanäle zuständig, kann seine eigene Arbeit zunichte machen, indem er über ein Vermittlerprotein (Proteinkinase) bei den Riechrezeptoren andockt und sie außer Gefecht setzt. Oder er sabotiert die Umwandlung des analogen Stroms in ein digitales Aktionspotenzial. Auch damit wird die Duftwahrnehmung unterbrochen, weil eine Weiterleitung der Riechzellerregung zum Gehirn nicht mehr möglich ist.

Solche Adaptationsprozesse wurden früher benutzt, um die Zahl möglicher Riechzelltypen abzuschätzen. Der Forscher John Amoore ließ bereits in den 50er-Jahren Menschen so lange an einem Duftstoff riechen, bis sie ihn nicht mehr wahrnehmen konnten, also vollständig adaptiert waren. Danach testete er, welche anderen Düfte sie nun ebenfalls nicht riechen konnten und welche sehr wohl. Auf diese Weise konnte er schon damals mehr als sechs verschiedene Duftklassen erkennen.

Worüber man noch wenig weiß: Wie hilft das Gehirn bei diesem Prozess mit? Wann sagt das Gehirn: Jetzt reicht's? Und vor allem: bei welchen Stoffen? Es gibt nämlich Gerüche, an die man extrem schnell und intensiv adaptiert, wie viele Frische- und Zitrusnoten. Bei manchen reicht es, sie ein einziges Mal zu riechen, schon ist man für 24 Stunden blockiert. Schwere orientalische und schweflige Düfte hingegen hängen einem stundenlang in der Nase. Sie bewirken offenbar keinerlei Adaptation.

Auch Hundenasen kennen den Mechanismus der Adaptation. Sie wenden deshalb einen Trick an: Statt direkt in der Duftspur des Hasen oder des Fasans zu laufen, schlagen sie einen Zickzackkurs ein. Raus aus dem Beuteduft, einige Atemzüge frische Luft schnuppern, dann wieder zurück (Abbildung 1). So befreien sie ihre Nase permanent von zu vielen Duftmolekülen und beugen einer Adaptation vor. Vielleicht haben sie sich diesen Trick von den Nachtfaltern abgeschaut: Die folgen im Zickzackflug der Duftspur des weiblichen Sexualpheromons, um zwischen Bäumen und Sträuchern ihre Traumnachtfalterin aufzuspüren.

Riechen ohne Nase

Nach unserem großen Erfolg mit der Entschlüsselung menschlicher Riechrezeptoren beschäftigte uns eine weitere Frage: Wenn jede Zelle im Prinzip dieselbe genetische Ausstattung hat, kann dann auch jede Zelle auf die Riechrezeptor-Gene zugreifen und sie aktivieren? Dabei sollte man nicht nur an Duftstoffe denken, sondern an jede Art von Molekülen, so etwas wie einen Universal-Chemosensor. Gibt es also womöglich außerhalb der Nase Zellen, die Riechrezeptoren benutzen?

Nun galt seit den 90er-Jahren ein Dogma von Linda Buck und Richard Axel: »Riechrezeptoren werden exklusiv nur in den Riechsinneszellen der Nase hergestellt.« Natürlich widerspricht man zwei Nobelpreisträgern nur ungern, andererseits sind Wissenschaftler von Natur aus neugierige Menschen. So wanderte die Riechforschung allmählich abwärts im menschlichen Körper, bis tief in olfaktorische Niederungen. Dort unten, fernab der Nase, hatte der belgische Molekularbiologe Marc Parmentier schon 1992 Hinweise für aktive Riechrezeptor-Gene im Hodengewebe entdeckt. Unklar war, ob sie tatsächlich funktionieren und für den Menschen noch eine Rolle spielen oder nur ungenutzte Erinnerungen an vergangene Existenzen darstellen.

Wir wollten es aber wissen. In welchen Zellen des Hodengewebes findet man die Riechrezeptoren, und was machen sie dort?, fragten wir uns im Bochumer Team. Reagieren sie wirklich auf Duftreize, oder haben sie womöglich ganz andere Aufgaben? Vielleicht bei der Produktion und Gestaltung der Spermien? Oder bei der chemischen Verständigung zwischen Spermien und Eizellen? Tatsächlich ist das ja eine äußerst spannende Frage: Wie schaffen es die winzigen Spermien, den langen Weg von der Vagina durch den Uterus bis hin zum Eileiter zu schwimmen und dort die winzige Eizelle zu finden? Noch dazu in vollständiger Dunkelheit, ohne irgendetwas sehen oder hören zu können? Unsere Vermutung war: Sie können zumindest riechen. Wir machten uns also mit denselben Methoden wie bei den Nasen-Rezeptoren daran zu prüfen, ob das stimmt.

Wieder kam uns das Glück zu Hilfe – und der Geistesblitz einer Diplomandin. Das Glück, weil wir zu dieser Zeit gerade den zweiten menschlichen Riechrezeptor in der Nase, Nummer 4 vom Chromosom 17 (OR17-4), als Maiglöckchenrezeptor identifiziert hatten, und der Geistesblitz, weil es Alexandra, die im Rahmen ihrer Diplomarbeit nochmals menschliches Hodengewebe nach Riechrezeptoren durchforstete, auffiel, dass ein unter einem anderen Namen gefundener und bearbeiteter Riechrezeptor der Maiglöckchenrezeptor OR17-4 aus der Nase war. Wenn die Befunde von Alexandra stimmen, dann müssten die Spermien eigentlich Maiglöckchen riechen können, sagten wir uns und testeten welche. Wir nahmen frische, lebende Spermien von jungen gesunden Spendern und benutzten wieder unseren Kalziumfarbstoff als Indikator, der uns anzeigt, ob eine Zelle erregt ist.

Was passierte, war die nächste Sensation in unserem Labor: Der Indikator änderte seine Farbe, als wir den Maiglöckchenduft Bourgeonal zugaben. Das Spermium reagierte also darauf:

Es konnte tatsächlich riechen. Und zwar den Duft von Maiglöckchen (Abbildung 5). Damit wurde das Labor in Bochum wirklich berühmt, und die richtige Antwort auf die Frage »Was können menschliche Spermien riechen?« war in Günter Jauchs »Wer wird Millionär« immerhin 36000 Euro wert. Ob die Riechrezeptoren nun von der Nase in die Spermien gewandert sind oder umgekehrt, bleibt bis auf Weiteres ein Geheimnis der Evolution. Zu vermuten ist allerdings, dass die Urnase in den Spermien liegt, weil die Fortpflanzung schon immer wichtiger war als das Riechen.

Wenn es sie in der Nase und in Spermien gibt, wo mögen sich Riechrezeptoren im menschlichen Körper noch verbergen?, überlegten wir und kamen über die Spermien darauf, verwandtes Gewebe zu untersuchen: die Prostata. Und Sie können sich vorstellen, wie begeistert wir alle waren, als wir vor Kurzem tatsächlich einen unserer Riechrezeptoren aus der Nase, OR51-2, in Prostatazellen fanden, wo er sich unter dem Pseudonym PSGR (prostate specific G-protein receptor) versteckt hatte! In der Literatur hatte es bereits Hinweise gegeben, dass dort ein bisher nicht bekannter Rezeptor existiert, der vor allem in Prostatakrebszellen in großer Menge hergestellt wird. In der Tat handelt es sich dabei um unseren PSGR. Wir konnten zeigen, dass dieser Riechrezeptor in der Nase den Beta-Ionon-Duft von Veilchen riecht. Als wir dann menschliche Prostatazellen auf Veilchenduft testeten, sahen wir eine starke Zellantwort, was nichts anderes bedeutet als: Prostatazellen können Veilchen riechen.

Aber wie kommt ausgerechnet Veilchenduft in die Prostata? Darauf gab es natürlich keine sinnvolle Antwort. Deshalb untersuchten wir verschiedene chemische Moleküle, die dem Veilchenmolekül ähnlich waren. Zu unserer Überraschung fanden wir ein Abbauprodukt des männlichen Sexualhormons Testosteron, ein Steroid also, das ebenfalls in der Lage ist, den Veilchenrezeptor zu aktivieren. Diese Substanz, das DHT (Dihydrotestosteron), hatte an bestimmten Stellen gewisse Strukturähnlichkeiten mit Beta-Ionon und passt offensichtlich deshalb in die Bindetasche des Rezeptorproteins wie ein Schlüssel ins Schloss. Damit war der natürlich vorkommende Aktivator gefunden.

Als Nächstes stellte sich die Frage: Welche Auswirkungen hat eine Aktivierung des Riechrezeptors auf die Prostatazellen? In Riechzellen ist die Situation völlig klar: Aktiviert man den Riechrezeptor, wird die biochemische Verstärkungsmaschinerie in Gang gesetzt, die zur Erzeugung von zweiten Botenstoffmolekülen (cAMP) führt, die dann Kanäle in der Zellmembran öffnen, durch die ein Strom fließt, der, wenn er groß genug ist, über den Nervenfortsatz bis ins Gehirn des Menschen geleitet wird und das Riechhirn informiert, dass in der Nase eine bestimmte Riechzelle aktiviert wurde. Prostatazellen haben aber weder Nervenfortsätze noch eine Verbindung zum Gehirn und müssen deshalb auch keinen Strom erzeugen, der weitergeleitet wird. Was passiert also in der Prostata?

Wir konnten zeigen, dass ein völlig anderes Signalsystem angeschaltet wird, das zu einer starken Erhöhung der Kalziumkonzentration in den Prostatazellen führt und außerdem einen zweiten Botenstoff in den Zellkern schickt, der dort das Signal abgibt: »Sofortiger Stopp der Zellteilung, keine Zellvermehrung mehr.« Ein aufregender und für die Medizin vielleicht sehr bedeutungsvoller Befund. Denn was mit gesunden Prostatazellen funktioniert, klappt vielleicht auch mit Krebszellen? Es gab ja die Hinweise aus der Literatur. Aus einer urologischen Klinik besorgten wir uns Prostatakarzinomzellen, gaben unseren Veilchenduft und das Abbauprodukt des Testosterons darauf und warteten gespannt auf das Ergebnis. Würde der Krebs aufhören zu wachsen? Innerhalb von 24 Stunden konnten wir ein kleines Wunder beobachten: einen nahezu kompletten Stopp der Teilung sämtlicher Karzinomzellen. Ein neuer, viel versprechender Weg für die Krebstherapie scheint gefunden. Allerdings sind jahrelange Experimente und Entwicklungsarbeit nötig, bis diese Entdeckung – hoffentlich – zur klinischen Anwendung kommen kann.

Vielleicht müssen wir in Zukunft viel weiter denken und Riechen als Wahrnehmung chemischer Reize im weitesten Sinne betrachten. Chemische Signalstoffe gibt es überall im Körper, im Gewebe oder im Blut genauso wie in allen anderen unseren Körperflüssigkeiten, vom Speichel bis zum Magensaft, vom Urin bis zum Vaginalsekret. So konnten kürzlich Kollegen aus München zeigen, dass unsere beiden bereits gut Bekannten unter den menschlichen Riechrezeptoren, der für frische Meeresbrise und der für Maiglöckchenduft, sogar in den Zellen des menschlichen Darms zu finden sind. Es werden sicher nicht die Einzigen sein, und über ihre Aufgabe kann man im Moment nur spekulieren. Es liegt aber nahe, dass viele chemische Duftmoleküle mit der Nahrung in den Darm gelangen und dort von den Rezeptoren analysiert werden. Dies könnte zum Beispiel Auswirkungen auf die Zusammensetzung der Verdauungssekrete haben.

Zweifellos werden wir auf diesem Forschungsgebiet in den nächsten Jahren viele weitere Überraschungen erleben. In welchen Körperzellen werden wir noch auf Riechrezeptoren stoßen? Welche Funktionen werden wir ihnen zuordnen können? Vielleicht ergeben sich ganz neue Therapiemöglichkeiten für viele Krankheiten? Aufregende Ergebnisse sind zu erwarten, Riechforscher werden die Nase weiterhin vorn haben.

Blumenduft und Blockerstoff

Bei unseren Experimenten mit dem Maiglöckchenrezeptor machten wir eine merkwürdige Beobachtung. Eine Duftmischung, die den Rezeptor eigentlich hätte aktivieren müssen, da der Maiglöckchenduft Bourgeonal enthalten war, zeigte zu unserer Überraschung keine Wirkung. Wir konnten es uns nicht erklären, orderten neue Substanzen, denn vielleicht waren die Düfte ja kaputtgegangen. Wieder nichts, keine Aktivität. Kein Strom, kein Reiz, keine Duftwahrnehmung. Was war los mit dem Rezeptor? Konnte er überhaupt noch riechen? So testeten wir als Nächstes Bourgeonal allein. Es wirkte super, wie immer. Auch am Rezeptor konnte es also nicht liegen. Und obwohl die Lehrmeinung herrschte, dass für Riechrezeptoren keine Blocker existieren, fragten wir uns nun, ob es in der Mischung nicht etwa doch einen Duft gab, der die Aktivierung verhinderte, einen spezifischen Maiglöckchenduftblocker?

Unser Experiment war einfach. Wir mischten jeden einzelnen Duft der zuvor verwendeten Mischung mit Bourgeonal und beobachteten die Reaktion der Nierenzellen. Und so kamen wir – mehr aus Zufall – einem Stoff namens Undecanal auf die Spur. Jedes Mal, wenn der Maiglöckchenrezeptor damit in Kontakt kam, blieb er vom Bourgeonal völlig unbeeindruckt. Der erste Duftblocker war entdeckt, spezifisch für einen unserer Rezeptoren. Ganz offenbar passte das Undecanal in den Rezeptor, aber statt ihn zu aktivieren, legte es ihn lahm. Wie ein Schlüssel, der zwar ins Schloss passt, sich darin aber nicht drehen lässt. Die Tür bleibt verschlossen, zugleich wird das Schloss für den richtigen Schlüssel blockiert.

Wissenschaftler nennen solche Blockerstoffe Antagonisten. Sie können mit dem Rezeptor Kontakt aufnehmen, haben aber nicht die nötige Energie, um die biochemische Maschinerie anzuschalten. Antagonisten kennt man aus der Pharmakologie. Patienten mit Bluthochdruck nehmen Betablocker, um den Beta-Adrenalin-Rezeptor zu blockieren, denn ein hoher Adrenalinspiegel erhöht den Blutdruck. Dass unsere Riechrezeptoren genauso funktionieren wie das Adrenalin, hat uns überrascht, weil die Wissenschaft bis dahin davon ausgegangen war, dass es sich bei ihnen um eine besondere Klasse von Proteinen handelt, die eben nicht blockiert werden können. Die Antagonisten für unsere Riechrezeptoren sind sogenannte kompetitive Antagonisten. Diese haben eine spezielle Eigenart: Sie lassen sich im Gegensatz zu den »normalen« Antagonisten wieder aus dem Rezeptorschloss vertreiben, wenn die Konzentration des Duftstoffes nur hoch genug ist. Duftstoff und Antagonist streiten also um die Bindestelle.

Im Experiment kann man das eindrucksvoll erleben. In einem Raum voller Maiglöckchenduft – den wir in so einem Fall natürlich durch die chemische Variante Bourgeonal ersetzen – nehmen Versuchspersonen diesen Duft so lange wahr, bis eine Dosis Undecanal dazugeblasen wird. Plötzlich verschwinden die Maiglöckchen und kehren erst wieder, wenn noch mehr Bourgeonal in den Raum gesprüht wird. Dabei richtet sich der Blocker Undecanal nur gegen diesen einen Rezeptor, sämtliche anderen Riechrezeptoren lässt er unbehelligt. Hat etwa jeder der Rezeptordüfte seinen eigenen Antiduft? Davon gehen wir heute aus, denn wir kennen inzwischen auch für die beiden anderen bekannten menschlichen Rezeptoren, den Meeresbrise- und den Veilchenrezeptor, einen spezifischen Antiduft. Wahrscheinlich handelt es sich also eher um Prototypen als um Ausnahmen. Um das zu klären, bräuchte man viele fähige Forscher mit noch mehr Forschungsgeldern. Denn zuerst müsste man die restlichen 347 menschlichen Rezeptoren identifizieren, um anschließend ihre Antagonisten herauszufinden.

Die Erkenntnisse über Duftblocker lassen natürlich Parfümeure hellhörig werden, die aus vielen Komponenten einen ganz besonderen Erfolgsduft zu kreieren versuchen. Nichts schlimmer, als dass sich die wertvollen Ingredienzien gegenseitig neutralisieren. Umgekehrt wäre es natürlich gut möglich, dass solche hoch spezifischen Blocker in nicht allzu ferner Zeit echte Helden des Alltags werden. Bei frühlingshaftem Maiglöckchenduft sind sie nicht unbedingt nötig. Aber wenn eine Fischverkäuferin in der Pause gern mal Schokolade nascht, würde sie verhindern, dass ihr die Rollmöpse in die Nase stechen. Der Vegetarier müsste sich nie wieder über den Grillgestank des Nachbarn ärgern und könnte seine Rohkost ungehindert genießen. Einen Nachteil hätten solche Blocker allerdings auch: Sie könnten unsere Nase als Gefahrendetektor überlisten. Sollten eines Tages Blocker für den Geruch verdorbener Lebensmittel entwickelt werden, könnten Firmen noch einfacher Gammelfleisch und alte Fische verkaufen.

Der Klassiker bleibt natürlich der Schweißgeruch, gegen den seit Jahrzehnten jedes Deo mehr oder minder erfolglos zu Felde zieht. Ein Blocker für die übel riechenden Bestandteile in unserem Schweiß – das wäre ein garantierter Geschäftserfolg. Den könnte man dann direkt in Hemden und Socken einwaschen, sodass wir zwar alle noch stinken wie die Iltisse, es aber niemand mehr merkt. Natürlich würden weiterhin alle anderen Geruchsbotschaften wahrgenommen, die uns der Schweiß unserer Mitmenschen heimlich zuflüstert. Jene verborgenen Mitteilungen an unser Limbisches System, denen wir plötzliches Herzklopfen und zartes Erröten verdanken, weil ein Teil von uns, den wir überhaupt nicht verstehen, meint, hier stünde der Mann unserer Träume vor uns, dessen Gene aufregend anders seien, und nie habe es eine interessantere Genmischung gegeben als unsere und seine. Dann könnte der Traummann endlich als solcher zur Geltung kommen – zumindest solange er die Socken anbehält.

KANNST DU MICH RIECHEN?

Körpergerüche im Dienst des Staates

Ostberlin, November 1984: Untersuchungshäftling 227 wird zum Verhör geführt. »Setzen Sie sich«, begrüßt ihn Stasi-Hauptmann Gerd Wiesler. »Die Hände unter die Schenkelflächen nach unten.« Er will wissen, was der Inhaftierte am 28. September gemacht hat, an jenem Tag, als sein Freund und Nachbar Republikflucht beging. »Ich bin im Treptower Park mit den Kindern spazieren gegangen, am Ehrenmal«, antwortet Nr. 227. »Dort traf ich meinen alten Schulfreund Max Kirchner. Wir sind zu ihm nach Haus gegangen und haben Musik gehört bis in die Nacht.« Mit dieser Szene beginnt der vielfach preisgekrönte Film »Das Leben der Anderen« über das erbarmungslose System aus Macht und Kontrolle, das die Staatssicherheit der DDR auszeichnete.

Verhörspezialist Wiesler steht in einem Hörsaal und demonstriert angehenden Stasi-Offizieren anhand eines Films über das Verhör von Nr. 227, wie man einen Häftling zum Geständnis zwingt. Nach 40 Stunden Fragefolter sitzt der Gefangene noch immer auf seinem Stuhl – »Die Hände unter die Schenkel!« –, ein jämmerliches Häufchen Elend, das wieder und wieder die Geschichte von den Kindern im Treptower Park und dem alten Schulfreund auftischt. Bis er schließlich zusammenbricht und alles gesteht, was die Stasi wissen will. Als der Häftling abgeführt worden ist, folgt die entscheidende Einstellung dieser Szene: Wiesler, mit weißen Handschuhen, löst den Bezug vom Verhörstuhl, fasst ihn mit einer Spezialzange und steckt ihn sorgfältig in ein Einmachglas. »Kann mir jemand sagen, was das ist?«, fragt er in den Hörsaal hinein. »Das ist die Geruchskonserve für die Hunde«, beantwortet er die Frage selbst. »Sie ist bei jedem Gespräch mit Untersuchungshäftlingen abzunehmen und nie zu vergessen.«

Ein Stück Stoff mit dem Angstschweiß von 40 Stunden Verhör, luftdicht verpackt in einem Weckglas. Unter Häftlingen und Oppositionellen der DDR waren die Geruchskonserven gefürchtet. Sie wurden bei Verhören »entweder direkt von Körperteilen der verdächtigten Personen abgenommen«, bei Wohnungsdurchsuchungen »konspirativ an den von ihnen getragenen Bekleidungsgegenständen oder berührten Gegenständen gesichert« oder ganz einfach am Arbeitsplatz oder beim Sport geklaut. Insbesondere eigneten sich für diese heimlichen Proben von Körperdüften »Strümpfe, Schuhwerk, Handschuhe, Kopfbedeckungen, Unterwäsche, Taschentücher oder Ähnliches.«

Ist es wirklich möglich, fragen sich viele Menschen, den Duft einer Person einzufangen und damit einen intimen Teil von ihr einzusperren und zu konservieren? Kein komfortabler Gedanke, denn die Prozedur kommt einem vor wie einst den Eingeborenen das Fotografieren: ein Teil der eigenen Person bleibt zurück und wer weiß, was Fremde damit anstellen. Tatsächlich ist es wissenschaftlich erwiesen, dass jeder Mensch einen spezifischen Duft besitzt. Und ja: Die komplette persönliche Duftnote eines Menschen kann – wie in der DDR praktiziert – eingesammelt und vakuumverpackt über Jahre gelagert werden. Wie ein Flaschengeist könnte der individuelle Duft irgendwann auferstehen und Dinge verraten, die sich gänzlich der Kontrolle des Duftspenders entziehen. Aber die Methode hat auch ihre faszinierenden Seiten. Würden wir nicht selbst oft gern den Geruch geliebter Menschen für lange Zeit erhalten und jederzeit wieder wachrufen können? Egal, wie weit entfernt dieser Mensch lebt oder ob er überhaupt noch am Leben ist? Ein Duftalbum zur perfekten Ergänzung des Fotoalbums sozusagen, aber mit intensiverem Erinnerungswert.

Geriet in der DDR jemand in Verdacht, wurden seine »Vergleichsmaterialien« einem ausgebildeten »Differenzierungshund« vorgelegt. Zusammen mit seinem »Differenzierungshundeführer« rückte er aus, um Duftspuren zu bestimmen und sie einzelnen Personen oder Tatorten zuzuordnen. Und tauchten irgendwo in der Republik unerwünschte Flugblätter oder Wandparolen auf, stellte man am Tatort Geruchsspuren sicher und ließ sie den Spürhund mit Proben aus dem Durftarchiv vergleichen. »Alle Unterlagen über die Arbeit mit Geruchsspur und Vergleichsspur sind nicht in die Untersuchungsakte aufzunehmen«, lautete allerdings eine interne Dienstanweisung, denn die Geruchskonserven waren als Beweismittel vor Gericht nicht zugelassen.

Nach der Wende wurden über 1000 ordentlich sortierte Einweckgläser mit Duftproben in entlegenen Schuppen in Berlin und Leipzig gefunden. »Auf den Etiketten stehen, neben verantwortlicher Dienststelle und der DDR-Personenkennzahl des Schnüffel-Opfers nur Stichworte oder Stasi-Kürzel«, berichtete der *Spiegel.* »›Prof. K., Arbeitskittel, Achselprobe‹, ›Prähofer, Janek, öffentliche Herabwürdigung‹, ›Günter Kruse, operative Personenkontrolle, Boykott, Stuhlprobe‹ oder ›Lindemann, Verdacht der pazifistischen Losungen‹.« Die meisten Duftproben sind heute verschwunden, doch einige der Einmachgläser kann man noch an Originalschauplätzen besichtigen. Das Bürgerkomitee Leipzig bewahrt sie in seiner Gedenkstätte »Runde Ecke« im ehemaligen Stasi-Bunker auf.

In Deutschland galten Duftkonserven lange Zeit als Relikt aus fernen DDR-Tagen. Wer vernetzte Fahndungscomputer, Datenraster und digitale Täterdateien hat, braucht wohl keine Hundeschnauze. Doch als es um die Vorbereitung des G8-Gipfels 2007 in Heiligendamm geht, überrascht Innenminister Wolfgang Schäuble die Öffentlichkeit mit einer Offensive in Sachen Schnüffelstaat. Ermittler der Bundesanwaltschaft lassen einen Hamburger G8-Gegner minutenlang Metallröhrchen in Händen halten, um seinen Schweißgeruch aufzunehmen; in einem Berliner Szenelokal wird das verschwitzte Unterhemd eines Verdächtigen konfisziert. Konserviert werden die Geruchsproben wie ehedem in Weckgläsern.

»Der Duft des Terrors macht die Ermittler plötzlich ganz scharf«, schreibt der *Spiegel.* Sie hoffen nach 14 Brandanschlägen gegen die Versammlung der Regierungschefs, die Absender der Bekennerschreiben identifizieren zu können. Außerdem könnten Spürhunde auch in einer noch so großen und unüberschaubaren Menschenmenge demonstrierender Gipfelgegner die gesuchten Personen mithilfe des abgenommenen Schweißgeruchs aufspüren. Anwälte beklagen einen »Eingriff in die Intimsphäre von erheblichem Gewicht«, während ein Rechtsexperte der Polizei die Schnüffelei gegenüber Computerduchsuchungen »geradezu harmlos« findet. Rechtlich ist die Methode nichts anderes als die Abnahme von Fingerabdrücken. Nur dass anschließend nicht Kollege Computer den Bösewicht sucht, sondern Sunny, Skip und Zoey, die Schäferhunde von der Polizeischule.

Trotzdem empfinden viele Menschen die Herausgabe ihres persönlichen Duftes als unzulässigen Übergriff in ihre Intimsphäre. Ohne Protest lassen sich Touristen bei der Einreise in die USA Fingerabdrücke abnehmen und fotografieren, aber würden sie einem Officer erlauben, ihnen mit einem Wattebausch die Achseln auszuwischen? Nicht nur die Prozedur wäre erniedrigend, sondern auch der Gedanke, dass der ganze Reiseschweiß auf ewig in amerikanischen Archiven gelagert würde.

Ob solche olfaktorischen Beweise vor Gericht zugelassen werden, bleibt zweifelhaft. »Dann kann man gleich die Richter durch schwanzwedelnde Hunde ersetzen«, zitiert der *Spiegel* einen Hamburger Strafverteidiger, der schon von Amts wegen an der Unfehlbarkeit der Hunde zweifelt – ganz im Sinne eines möglichen Angeklagten. Obwohl erwiesen ist, dass ein Spürhund jedes Individuum anhand geringster Duftspuren findet und sogar Zwillinge auseinanderhalten kann.

Zum Leidwesen vieler Menschen, die mit ihrem Körpergeruch unzufrieden sind, lässt sich unser ganz intimer Duftmix nur unvollständig hinter Parfüms und Deodorants verstecken. Doch egal, wie jemand riecht, ob wir seinen Geruch eklig, angenehm oder sogar erotisch finden, so erwarten wir doch einen Menschenduft, wenn wir einen Menschen treffen. Fehlte dieser Artgeruch, wären wir irritiert.

So wie die Amme aus dem Roman »Das Parfum«. »Ich weiß nur eins: Dass mich vor diesem Säugling graust, weil er nicht riecht.« Grenouille wird von Menschen einfach nicht als einer der ihren anerkannt. Später mischt er sich seinen fehlenden Menschenduft selbst zusammen. »Ziemlich simpel« sei das Rezept, findet er und komponiert ein »schweißig-fettiges, käsigsäuerliches, ein im ganzen reichlich ekelhaftes Grundthema« aus Katzendreck, Käse, faulem Ei, einigen Tropfen Essig, Muskat, Salz, Zibet, gefeiltem Horn und angesengter Schweineschwarte. Diese »grauenhafte Basis« reichert er mit Blütenölen und anderen Parfümextrakten an, sodass sie »angenehm kaschiert« wird und die stinkenden Pariser ihn endlich wie einen ganz normalen Menschen ansehen und behandeln.

Der intime Duftmix unserer Schweißdrüsen

Wir bilden uns ein, besser zu riechen als die wasserscheuen Pariser damals. Aber wie riechen wir eigentlich? Der Duftcocktail, der einen Menschen umgibt, setzt sich aus dessen eigenen Körpergerüchen und den sogenannten Beigerüchen zusammen, die vom Essen, aus der Kleidung oder der Umgebung stammen können. Knoblauch ist natürlich der Klassiker, wenn es um unappetitliche Ausdünstungen nach dem Essen geht. Aber auch Zwiebeln und scharfe Gewürze können dem Konsumenten viel Bewegungsfreiheit und freie Kinoplätze in seinem

Umkreis bescheren. Der Motorradfahrer in Lederkluft kann mit unterschiedlichen Reaktionen rechnen, je nachdem, welche Bilder und Erinnerungen der animalische Duft seines Outfits bei anderen Menschen wachruft. Ganz schlechte Karten haben Kneipengänger oder Pommes-Buden-Liebhaber: Nicht nur in der Kleidung, sondern am ganzen Körper und in den Haaren setzt sich der penetrante Gestank ihrer Umgebung fest. Immerhin: Er lässt sich abwaschen – im Gegensatz zum eigentlichen Körpergeruch, der sofort wiederkommt.

Der Körpergeruch wird vornehmlich in den Achselhöhlen, auf der Kopfhaut, im Mund, an den Genitalien und an Händen und Füßen produziert. Den Sportler, dem der Schweiß aus den Haaren tropft, meint man noch durch eine Fernsehkamera zu riechen. Ähnliches kann man bei Pferderennen beobachten: Am ganzen Körper nass geschwitzt erreichen die Tiere nach einem anstrengenden Lauf das Ziel. Ganz anders sehen Hunde und Katzen nach solcher Anstrengung aus, denn sie regulieren die Körpertemperatur auf ihre Weise. Sie hecheln, haben aber ein völlig trockenes Fell. Denn Schweißdrüsen besitzen sie nur an den Pfoten. Auch der legendäre Ausdruck »Er schwitzt wie ein Schwein« entbehrt jeglicher biologischen Grundlage: Schweine haben keine Schweißdrüsen.

Der Mensch schwitzt bei allen möglichen Gelegenheiten. Ob im Fitnessstudio, beim Rasenmähen oder auch beim Tanzen. Nach Einführung des Rauchverbotes stinkt es in vielen Diskos so gewaltig nach Schweiß, dass sich mancher Besucher den Nikotingeruch zurückwünscht. Sogar beim Lösen kniffliger Aufgaben und im Schlaf – immer bemüht sich unser Körper um eine konstante Temperatur und achtet vor allem darauf, dass unser Gehirn nicht überhitzt. Manchmal überfällt uns vor Grauen kalter Angstschweiß, oder wir bekommen vor Aufregung feuchte Hände, denn der Körper reagiert auch auf Gefühle und unsere Gemütsverfassung. Bis zu zehn Liter Schweiß können die drei bis vier Millionen menschlichen Schweißdrüsen pro Tag produzieren. Er besteht zu 99 Prozent aus Wasser, den kleinen Rest machen hauptsächlich Salz, daneben Harnstoff, Harnsäure, Fett- und Aminosäuren, Milchsäure, Ammoniak und Zucker aus. Frischer Schweiß ist nahezu geruchlos. Er beginnt erst den typischen unangenehmen Geruch zu entwickeln, wenn Bakterien und andere Mikroorganismen, die überall auf der Haut des Menschen angesiedelt sind, seine langkettigen Fettsäuren zu kürzeren Ketten abbauen. Dabei entstehen die schrecklich stinkende Buttersäure und die beißende Ameisensäure. Bis zu sechs Kilogramm Parasiten besiedeln unseren Körper, zahlenmäßig sogar mehr, als wir eigene Zellen haben.

Der typische, unangenehme Schweißgeruch macht nur einen Teil unseres Körpergeruchs aus, der andere Teil ist der Eigengeruch, ein einzigartiger Duft, der jeden Menschen so unverwechselbar macht wie sein Fingerabdruck. An dieser individuellen Markierung ist unser Immunsystem wesentlich beteiligt. Jede einzelne Zelle des menschlichen Körpers ist mit exakt dem gleichen Muster von Eiweißen markiert, das spezifisch für eine bestimmte Person ist. Diese Eiweiße werden von 30 bis 50 sogenannten MHC-Genen (Major Histocompatibility Complex) produziert, zu denen wir Ihnen später noch mehr erzählen wollen. Wenn die Zellen zerfallen, gelangen Abbauprodukte aus den Eiweißen auch in die Schweißdrüsen, mischen sich mit dem Schweiß, werden so ausgeschieden und tragen zum intimen Duftcocktail bei. Eine weitere Duftkomponente bilden die Pheromone, die gezielt freigesetzten chemischen Signalstoffe zur Übermittlung von Duftbotschaften.

Eine der wichtigsten Aufgaben des Schweißes ist es, wie gesagt, den überhitzten Körper durch Verdunstung abzukühlen. Das übernehmen die kleinen ekkrinen Schweißdrüsen, die ungleich über den ganzen Körper verteilt sind. Weniger am Ohrläppchen, zehnmal mehr an Händen und Füßen. Bei emotionalen Reizen reagieren dagegen die großen apokrinen, überwiegend »Fette absondernden« Schweißdrüsen besonders aktiv. Sie sind drei bis fünf Millimeter groß, liegen in den behaarten Hautgebieten und werden auch als Duftdrüsen bezeichnet. Wie ein Schlauch münden sie in den Haarfollikeln, wo sie ein Sekret absondern, das ölig und zähflüssig ist, dabei farblos, milchig-weiß, rötlich, gelblich oder schwarz aussehen kann.

Genauso wie bei den Talgdrüsen, die über Gesicht und Kopfhaut verteilt sind, ist bei den apokrinen Schweißdrüsen die Schweißbildung durch Sexualhormone gesteuert. Dass sie Duftdrüsen genannt werden, beruht eigentlich auf einem Missverständnis, denn der Schweiß, den sie absondern, ist zunächst nahezu geruchsfrei und wird ebenfalls erst als Abfallprodukt aus der Tätigkeit von Mikroorganismen zu jenem intensiv riechenden Stoff mit der unvergleichlich ambivalenten, eklig-erotischen Wirkung auf andere Menschen. Ein Lockstoff, der dem Schambereich, der Brust, dem Nabel, aber vor allem der Kopfhaut und den Achseln entströmt.

Auch vom Hormonstatus und den Talgdrüsen hängt der unterschiedliche Geruch ab, den Menschen im Lauf ihres Lebens verströmen. Babys mit ihrem betörend süßen Duft produzieren in ihren Talgdrüsen vor allem auf dem Kopf ein anderes Fett als Kinder, Erwachsene und Greise. Der veränderte Körpergeruch alter Menschen ist zudem oft bedingt durch Störungen im Stoffwechsel, die dazu führen, dass vermehrt Schlackenstoffe im Körper zurückbleiben. Außerdem ändert sich die Besiedlung der Haut mit Mikroorganismen, weil die Talg- und Schweißdrüsen ihre Produktion reduzieren und die Haut auf diese Weise erheblich trockener wird.

Manche Menschen senden einen starken Körpergeruch aus, andere schwitzen wenig, doch Lockstoff hin oder her – der Geruch unseres Schweißes ist uns meistens nicht willkommen. Deshalb wird jede Menge Forschung darauf verwandt, ihn zu reduzieren, zu kaschieren oder sonstwie erträglich zu machen. In den Labors des Kosmetikkonzerns Beiersdorf kann man einen überzeugenden Eindruck davon bekommen, dass diese Bemühungen in vielen Fällen durchaus dem zivilisatorischen Fortschritt dienen. »Probieren Sie Nummer 57«, ermuntert mich (Regine) Joachim Ennen, Leiter des Testcenters im Forschungs- und Entwicklungsbereich. Nummer 57 ist ein Teststreifen, der in einem zugeschraubten, braunen Fläschchen klemmt, das zwischen vielen anderen auf einem Tablett steht. Den Streifen, der aussieht wie eine Slipeinlage, hat ein Proband oder eine Probandin hier vor ein paar Tagen unters Hemd geklebt und nach vier Stunden Schwitzens abgeliefert. Nun ist eine Journalistin kein Profi-Sniffer, aber für Nummer 57 braucht man wahrlich keine geschulte Nase. Die linke Achselhöhle mag noch angehen, aber als ich das Fläschchen für die rechte öffne, zucke ich heftig zurück: eine käsige Wolke springt mich an und sticht mir explosionsartig in die Nase. Nicht auszudenken, welche olfaktorischen Höllenqualen das Fläschchen mit dem 24-Stunden-Streifen entfachen würde. Danke, ich verzichte, die Recherche war eindrucksvoll.

Schlimmer kann ein Mensch nicht stinken. Oder? Tatsächlich hat der Proband die Note 5, die Höchstnote auf der internationalen Stinkeskala, bekommen. Und es ist ein Mann, was man am stechenden Geruch erkennt – »Frauen riechen säuerlich«, erklärt der Fachmann. Dass die rechte Achsel des Probanden so penetrant stinkt, während die linke einen vergleichsweise moderaten Mief verströmt, sei nicht ungewöhnlich. »Solche Unterschiede kommen in den Tests häufig vor und können bis zu einer Sniffnote ausmachen.« Die Probanden, die alle einen »gesunden Körpergeruch« mitbringen, müssen sich vor den Tests waschen, dürfen weder rauchen, Kaffee trinken noch parfümierte Produkte benutzen und bekommen – nachdem ihr Körpergeruch auf der Skala von 1 bis 5 eine Note erhalten hat – verschiedene Deos aufgesprüht. Die Wirkung der Deosubstanzen ist vorher mit Kunstschweiß am Olfaktometer getestet worden. Der Kunstschweiß besteht aus menschlichen Schweißkomponenten und wird in einer Art Bratschlauch gezielt mit Frischluft verdünnt.

Die Profi-Sniffer des Hauses sitzen dann um das Gerät herum, schnüffeln an ihren Schläuchen und legen die Werte fest. Mal mit, mal ohne Deosubstanz, ohne dass sie es wissen. Ist die Wirksamkeit eines Stoffes erwiesen, wird er »in vivo«, am lebendigen Probanden, ausprobiert. Auch dabei testen die Sniffer die Teststreifen ohne zu wissen, welche aus den Versuchen mit Deosubstanz stammen und welche die pure Natur widerspiegeln. Kann ein Wirkstoff den »Basisgeruch« um mindestens 0,5 Einheiten reduzieren, hat die Substanz das Zeug zum »Odor-masking«, zum Maskieren der unerwünschten Gerüche, und damit Chancen, in die nächste Reihe von Deos eingearbeitet zu werden. Wobei eine halbe Note den Körpergeruch von Nummer 57 nicht wesentlich erträglicher machen wird. Ihm sei an dieser Stelle viel Glück gewünscht und eine Frau mit unempfindlicher Nase.

Auf kaschierende Düfte, sogar auf eine regelmäßige Körperhygiene modernen Standards, verzichteten freiwillig jene 197 Bewohner (108 Männer und 89 Frauen) eines österreichischen Alpendorfs, die sich bereit erklärten, an einem wissenschaftlichen Experiment teilzunehmen, um dem Rätsel des individuellen Körpergeruchs auf die Spur zu kommen. Denn trotz einschlägiger Vermutungen: Bewiesen war die Sache mit dem ganz eigenen Duftmix noch nicht. Gibt es wirklich einen Individualduft, der so unverwechselbar ist wie eine Unterschrift oder wie ein Fingerabdruck?, fragten sich Dustin Penn vom Konrad-Lorenz-Institut für vergleichende Verhaltensforschung in Wien und seine Kollegen. Und aus welchen Substanzen setzt sich dieser intime Individualduft zusammen?

In einer aufwendigen Studie, die im November 2006 veröffentlicht wurde, untersuchten sie die Zusammensetzung und die verschiedenen Mengen von Duftstoffen im menschlichen Schweiß. Dazu nahmen sie bei ihren Probanden fünfmal im

Abstand von zwei Wochen Proben von Achselschweiß, Urin und Speichel – und zwar mit einem speziell entwickelten Verfahren, das Verunreinigungen aus der Umgebung reduzieren sollte. Damit nicht genug, durften die Freiwilligen vorher jeweils sieben Tage lang nur unparfümierte Deos und Körperpflegeartikel benutzen, zwei Tage die Achselhöhlen nicht rasieren und sich die letzten zwölf Stunden nicht mehr waschen. Ein Leben für die Wissenschaft!

Die Mühe hat sich gelohnt, denn die Ergebnisse waren eindeutig: Jede Testperson riecht tatsächlich anders als alle anderen. Das liegt vor allem an den flüchtigen Substanzen, die sich hauptsächlich im Achselschweiß und weniger im Speichel und im Urin fanden. Dazu gehören auch Verbindungen, wie sie im Duft von Flieder, Zitrusfrüchten, Geranien, Nelken, Zimt oder Jasmin vorkommen. Insgesamt wurden bei der Analyse mehr als 5000 chemische Komponenten entdeckt, von denen 373 bei den einzelnen Teilnehmern ein individuelles und geschlechtsspezifisches Geruchsprofil zeigten. Die Forscher sprechen deshalb von einem »chemischen Fingerabdruck« dieser Personen.

Neben persönlichen Mustern wurden unterschiedliche Duftmuster zwischen Männern und Frauen erkennbar. »Wir haben 44 individuelle und zwölf geschlechtsspezifische flüchtige Substanzen identifizieren können«, erklären die Wissenschaftler. Daraus komponieren die Mikroorganismen auf der menschlichen Haut die ganz individuelle Duftnote, indem sie den geruchlosen frischen Schweiß in ein stinkendes Abfallprodukt verwandeln. Auch nach vier Wochen blieb der Duftmix der einzelnen Personen unverändert. Wobei die Wiener Wissenschaftler spekulieren, ob der Geruch direkt durch Zerfallsprodukte des Immunsystems gebildet wird oder ob das Immunsystem erst die Mikroflora der Haut bestimmt und diese dann wiederum individuelle Geruchsmischungen erzeugt.

Die Studie lieferte nicht nur die erste Analyse der chemischen Zusammensetzung des Achselschweißes, sondern auch die Basis unseres Wissens über den menschlichen Duft und vielleicht sogar für die Entwicklung einer elektronischen Nase, die eines Tages den persönlichen Duft und dessen Veränderung bei Krankheiten diagnostiziert.

Von Nasenküssen, Haardüften und dem Reiz der Achsel

Können wir uns riechen? Das entscheidet sich schon bei der ersten harmlos aussehenden Umarmung. Wo immer mit Sitte und Anstand zu vereinbaren, verzichten wir deshalb auf ein höflich-distanziertes Händeschütteln und imitieren lieber das elegante Hin- und Herschnuppern der Franzosen. Nicht nur macht es Spaß, so ganz nebenbei ein paar intime Informationen über andere zu erhalten, man ahnt auch schnell, was man nie zu sagen wagte, und kann überlegen, ob sich die Mühe eines strapaziösen Smalltalks überhaupt lohnt.

Wesentlich direkter sammeln Maori, Inuit und verschiedene Südseevölker die Duftnoten von Freunden und Fremden: durch das Aneinanderreiben der Nasen. »Hongi« (riechen) oder »Kia Ora« (Mögest du gesund bleiben) heißt dieser »Nasenkuss« bei den Maori auf Neuseeland. Auch auf Hawaii und Samoa wird er praktiziert. Noch offensichtlicher machen es die Mongolen: Sie riechen zur Begrüßung ganz ungeniert am Kopf des anderen.

Solch eine intime Annäherung wäre bei uns eine grobe Verletzung der guten Sitten. Eine gewisse Distanz wollen wir schon gewahrt sehen, denn wie unser Kopf riecht, ahnen wir ja nicht einmal selbst. Seinen Duft anderen zu präsentieren käme deshalb einer peinlichen Entblößung gleich. Außerdem wissen wir, dass der Duft von Haaren durchaus berauschend sein kann. Für Männer und Frauen gleichermaßen übrigens. Denn Aufgabe der Haare ist es, die Hautoberfläche und so die Fläche für die Verdunstung zu vergrößern und den Schweiß zersetzenden

Mikroorganismen mehr Angriffsfläche zu bieten. Der Kopf, wo die Drüsen dicht an dicht versammelt sind, und vor allem die Haare, an denen der Schweiß entlangläuft, werden so zum Aushängeschild des ganz persönlichen Körpergeruchs.

Ein namenloser Friseur aus Anaïs Nins Buch »Delta der Venus« gesteht offen seine Leidenschaft: »Vielleicht«, sagte er, »wissen Sie, dass das Haar mancher Frauen – nun, es versetzt mich in einen Zustand, den ich Ihnen kaum beschreiben kann, möglich, Sie nehmen daran Anstoß. Jedenfalls gibt es Frauen, deren Haar intim duftet, nach Moschus. Es wirkt eben auf einen Mann, und ich kann mich nicht immer beherrschen.« Überhaupt nicht glücklich über den Haargeruch ihres Mannes ist Teresa, die Frau von Tomas in Milan Kunderas »Die unerträgliche Leichtigkeit des Seins«: »Deine Haare riechen schon seit Monaten sehr stark. Sie riechen nach einem weiblichen Schoß. Ich wollte es dir nicht sagen. Aber schon so viele Nächte lang muss ich den Schoß einer deiner Frauen einatmen.« Dabei hatte sich Tomas so intensiv gewaschen, sogar die eigene Kernseife mit zu seiner Geliebten genommen, um zu verhindern, dass seine Frau die parfümierte Seife der anderen riecht und womöglich Verdacht schöpft.

Noch intensiver als die Kopfhaut riechen die Ausdünstungen der Achselhöhlen. Bekanntlich können sie olfaktorischen Urgewalten ähneln und provozieren entsprechend extreme Vergleiche: »Kaum etwas im Tierreich lässt sich mit dem Geruchspotenzial der menschlichen Achsel vergleichen, ausgenommen vielleicht der Beutel des Moschustiers und die Analdrüsen der Zibetkatze«, behauptet Duftforscher Lyall Watson. Damit sei die Achsel als Hauptproduzent unseres Körpergeruchs »ein Organ, das vorzüglich seinen Zweck erfüllt«. Nicht umsonst werfen sich Frauen Männern an die Brust und lassen sich schützend den Arm umlegen. Sie wollen alle nur das eine: seinen Geruch erschnuppern.

Aber auch umgekehrt funktioniert der Lockruf des Achselschweißes. So habe der König der Inkas bei der Brautschau die Mädchen schwitzen lassen, heißt es, um diejenige mit dem lieblichsten Geruch zu wählen. Rasiert und vernünftig 24-Stunden-desodoriert waren die Inkamädchen sicher nicht.

Vielleicht ergäbe sich hier ein ganz neues Feld für Ratgeberseiten. Für Männer und Frauen übrigens. Denn die Zeiten sind dahin, in denen ein behaarter Sean Connery als 007-Held und Inbegriff unwiderstehlicher Mannespotenz gelten konnte. Sich kräuselndes Brusthaar, ein dichter Pelz unter den Achseln, womöglich noch ein behaarter Rücken und ein Urwald, in dem sich Geschlechtsteile verstecken? Bloß nicht! Auch Mann trägt heute oben und unten ohne. Laut einer Studie der Rasierklingenhersteller Wilkinson und Gillette rasieren sich weit mehr als die Hälfte aller Frauen, wobei die Männer ihnen dicht auf den Fersen sind. Die Leistengegend ist dabei bevorzugtes Betätigungsfeld, gefolgt von der Achsel. Allerdings gilt dies nur für den Personenkreis unter 50 Jahren, ältere Menschen rasieren sich nur zu etwa 30 Prozent.

Was diese Entwicklung riechtechnisch bedeutet? Glaubt man den Literaten: nichts Gutes. Schwitzen und Riechen finden sie erotisch, aber vielleicht sind sie einfach alle zu alt. Jünger und trotzdem derselben Meinung ist der Kabarettist Dr. med. Eckart von Hirschhausen. Er kann in seiner *Stern*-Sprechstunde dem Schwitzen sogar sehr positive Aspekte abgewinnen. Dass wir uns überhaupt so komplizierte Gedanken über unser Erscheinungsbild und die Welt ringsum machen können, verdanken wir einzig und allein dem Schwitzen, stellt er fest. Diese coolste Erfindung der Evolution hält nämlich unser Gehirn auf gleichmäßiger Betriebstemperatur und unser Denken auf Trab. Wir dürften deshalb wenigstens ein bisschen stolz sein auf unsere Transpiration. »Sind wir aber selten. Wir kaufen uns Deo, wir schrubben uns und packen Parfüm obendrauf. Was ist in Parfüm? Moschus. Was ist Moschus? Ein Körpersignal des

Moschusochsen. Um präzise zu sein: sein Urinsekret. Ich fasse kurz zusammen. Menschen schämen sich, unter dem Arm zu riechen wie ein Mensch. Und meinen ernsthaft, sie würden attraktiver, wenn sie dort riechen wie ein Ochse am Gemächt. Ich wüsste zu gern, was die Ochsen über uns denken!«

Wo das Riechen und Schmecken beginnt

Kaninchen fressen am liebsten Gras. Gern auch Löwenzahn oder leckere Kräuter. Wacholder mit seinem intensiven Geruch steht dagegen nur selten auf dem Speisezettel. Wenn aber nichts anderes auf den Tisch kommt, sehen sich Kaninchen gezwungen, der Wissenschaft zu dienen und Wacholderzweige zu knabbern. Auf diese Weise trugen sie zu einer interessanten Erkenntnis der Geruchsforschung bei. Junge Kaninchen nämlich, deren Mütter während der Schwangerschaft mit Wacholder gefüttert worden waren, bevorzugten noch ein Jahr nach der Geburt Futter, das danach roch, selbst wenn sie seither nie mehr Wacholder in der Nase gehabt hatten. Sie hatten seinen Geruch und Geschmack ausschließlich im Bauch ihrer Mutter kennengelernt. Später erinnerten sie sich daran und entwickelten eine Vorliebe, die ihr weiteres Leben prägte. Mit Ratten und Schafen passierte das Gleiche: Die Mutter frisst eine bestimmte Sorte Futter, und die Jungen zeigen dafür von Geburt an eine Schwäche.

Ob das mit uns Menschen auch so funktioniert? Dieser Frage ging die Wissenschaftlerin Julie Menella vom Monell Chemical Senses Center in Philadelphia nach. Sie bat eine Gruppe von werdenden Müttern, während des letzten Drittels der Schwangerschaft und/oder während der Stillzeit Möhrensaft zu trinken, und verglich die Reaktion ihrer Babys mit der von Babys, deren Mütter nur Wasser getrunken hatten. Wie? Die Babys wurden gefilmt, während ihre Mütter sie Monate später mit

Brei fütterten, der entweder mit Wasser oder mit Möhrensaft angerührt war. Das Ergebnis war eindeutig: Die Babys, die den Möhrengeschmack schon kannten, verzogen weniger das Gesicht und aßen ihre Portion schneller auf. Ähnliche Experimente wurden inzwischen auch mit anderen Duftstoffen, wie zum Beispiel Anis, durchgeführt – mit demselben Ergebnis.

Der frühe Lerneffekt soll dem Kind offenbar eine Brücke bauen zwischen vor- und nachgeburtlichem Leben, folgert die Wissenschaftlerin und weist darauf hin, dass angehende und stillende Mütter viele verschiedene Dinge essen sollten, um ihren Kindern schon früh eine geschmackliche Vielfalt zu bieten. Gestillte Kinder sind – im Vergleich zu Flaschenkindern – später experimentierfreudiger, wenn es um unbekanntes Gemüse und andere neue Geschmäcker geht. Ob sie sogar Spinat essen, erwähnen die Forscher nicht. Immerhin lassen neuere Untersuchungen (über einen Zeitraum von acht Jahren) den Schluss zu, dass der Effekt auch in der späteren Kindheit anhält.

Der Mutterleib sei der »erste Klassenraum« eines Menschen, sagt Psychoanalytiker Ludwig Janus. Dort werden »Grundmuster des emotionalen und körperlichen Verhaltens und Fühlens geprägt«. Ist eine Mutter ängstlich und gestresst, werden die Synapsen für Angst, Unruhe und Stress ausgebildet. Freut sie sich auf ihr Kind und lebt in sorglosen Verhältnissen, werden Gefühle von Glück und Zufriedenheit geprägt. Genauso übertragen sich körperliche Faktoren. Je weiter die Schwangerschaft fortschreitet, desto intensiver. Schon in der 28. Schwangerschaftswoche funktionieren die Nervenbahnen für das Riechen und Schmecken. Zum Ende der Schwangerschaft, wenn die Plazenta der Mutter immer durchlässiger wird, sind alle chemischen Sinne des Ungeborenen erwacht, und es nimmt immer mehr Reize seiner Umwelt auf. Der Fötus hört, was seine Mutter sagt, und nimmt Musik und Geräusche wahr, denn auch sein Gehör ist nun bereit für die Welt da draußen, nur mit dem Sehen ist es noch nicht weit her.

Eine besondere Rolle für das Schmecken und Riechen spielt das Fruchtwasser. Als natürliche Umgebung des Fötus und Speicher für all seine Geschmacks- und Geruchserlebnisse bildet es eine Art olfaktorische Urheimat des Menschen. »Das Fruchtwasser ist wie eine Suppe voller Aromen und Geschmäcker. Es verändert sich im Lauf des Tages und je nach Nahrungsaufnahme«, beschreibt Benoît Schaal vom europäischen Zentrum für Geschmackswissenschaften das dynamische Milieu im Uterus. »Letztlich bestimmt die Mutter mit dem, was sie isst, die Geruchspalette, der der Fötus ausgesetzt ist. Er selbst hat keine Wahl. Inzwischen haben Studien diese Vermutung bestätigt: Knoblauch liebende Mütter bekommen ebensolche Kinder. Berichte über westliche Ehepaare, die während der Schwangerschaft der Frau in Asien waren, erzählen davon, dass die in Deutschland geborenen Kinder später den exotischen Geruch eines original chinesischen Gerichts viel attraktiver fanden als den von Hausmannskost. Solche Beispiele zeigen, dass viele Bewertungen von Düften und Geschmäckern durch Erfahrungen während der Embryonalzeit beginnen und nicht genetisch festgelegt sind.

Ob nun Knoblauch oder Möhrensaft die Suppe schmackhaft machen, am Anfang zählt nur, dass man einen Duft kennt und dass man ihm vertrauen kann, wenn man in die fremde, kalte Welt geworfen wird. Studien haben gezeigt, dass Babys die eigene Hand leichter finden konnten – um sich durch Saugen zu beruhigen –, wenn sie noch nicht gewaschen waren. Die Vermutung liegt nahe, dass die bekannten Gerüche des Fruchtwassers noch an den Fingern klebten und dem Baby halfen. Deshalb sollen Neugeborene nicht unmittelbar nach der Geburt gewaschen werden. Im Gegenteil: Bestreicht man die Brustwarzen der Mutter mit Fruchtwasser – und holt damit einen Teil der alten Geruchswelt in die neue Umgebung –, finden die Babys leichter den Weg zu ihrer künftigen Nahrungsquelle und lassen sich schneller beruhigen. Unterstützt wird die Verlockung durch den Duft der Brustwarzen selbst, die ähnlich riechen wie das Fruchtwasser. Wie kleine Säugetiere orientieren sich die Babys schon wenige Minuten nach der Geburt an diesem Geruch, drehen ihren Kopf in seine Richtung und versuchen, ihm näher zu kommen. Daher raten Ärzte und Hebammen den Frauen, vor der Entbindung keine duftende Seife und kein Parfüm zu verwenden.

Kann das Baby den natürlichen Geruch seiner Mutter gleich nach der Geburt wahrnehmen, passiert etwas Erstaunliches: Es lernt innerhalb weniger Stunden, diesen Duft von dem anderer Frauen zu unterscheiden. »Säuglinge sind programmiert auf sehr schnelles Lernen von Gerüchen«, erklärt die Forscherin Margret Schleidt. »Wenn der Säugling seine Mutter riecht, fühlt er sich geborgen.« Auch Frauen konnten ihr Baby übrigens am Geruch erkennen, selbst wenn sie nur zehn Minuten mit ihm verbracht hatten. Die Wissenschaftler Jennifer Cernoch und Richard Porter gaben zwei Wochen alten Säuglingen kleine Gazestücke zum Riechen, die entweder die eigene Mutter oder eine andere Mutter am Körper getragen hatten. Die Babys reagierten deutlich positiver beim Geruch der eigenen Mutter – allerdings nur, wenn sie von ihr gestillt wurden. Flaschenkinder zeigten weniger Interesse, offenbar, weil sie weniger intensiv mit der Haut der Mutter in Kontakt kamen.

Ein getragenes T-Shirt kann die Funktion des Duftüberbringers genauso erfüllen: Ein Säugling lässt sich mit dem Hemd seiner Mutter beruhigen, während er mit den Hemden anderer Frauen weiter herumzappelt. Aus den bewegenden Geschichten von vertauschten Babys wissen wir aber auch, dass ein falsch gelernter Duft zu entsprechenden Missverständnissen führt. Wenn das Baby erstmal mit dem Duft der fremden Mutter vertraut ist, fremdelt es gegenüber der eigenen, weil es sie nicht mehr als Verwandte erkennt. Eine sehr schmerzhafte Erfahrung, wenn der Fehler später entdeckt wird und das Baby zu seiner richtigen Familie zurückkehrt.

Wie schnell das Duftlernen von Neugeborenen funktioniert, zeigt ein Experiment aus dem Tierreich. Kaninchen in freier Wildbahn säugen ihren Nachwuchs nur einmal am Tag für wenige Minuten, um Feinden möglichst wenig Chancen zu geben, das Nest zu entdecken. Die Kleinen kennen den Geruch ihrer Mutter von Geburt an und saugen deshalb nur an ihr. Verantwortlich dafür ist das sogenannte Zitzenpheromon. Da die meisten Säugetiere blind zur Welt kommen, gehen Forscher davon aus, dass jede Tierart mit einem speziellen Zitzengeruch ausgestattet ist. Sicher ein wichtiger Grund, warum man zum Beispiel Katzenbabys nicht so einfach von Hundemüttern aufziehen lassen kann oder Kaninchenbabys von Katzenmüttern. Es sei denn, man arbeitet mit Tricks, dann akzeptieren die Tiere sogar komplett artfremde Gerüche. Besprüht man die Kaninchenmutter vor dem Säugen zum Beispiel mit *Chanel No. 5*, wie in einer Studie von Robyn Hudson geschehen, dann verbinden die Babys bereits während einer einmaligen kurzen Stillzeit Mutterduft und Parfüm und lassen sich zu erstaunlichen Täuschungen überlisten. Schickt man nämlich beim nächsten Mal statt des Kaninchenweibchens eine Chanel-besprühte Katze zum Stillen, so wird jetzt auch diese als Mutter akzeptiert und an ihr gesaugt.

Bei Tieren nennt man diesen Prozess Prägung. Er funktioniert auch umgekehrt. Die Neugeborenen werden von ihren Müttern nach der Geburt abgeleckt und fortan am Geruch erkannt. Wenn bei der Prägung etwas schiefgeht, kann das dramatische Folgen für die Babys haben. Duftforscher Watson zitiert als Beispiele die Untersuchungen über Weddell-Robben und Lämmer. Bei den Robben entdeckte man zufällig, dass diejenigen Babys von ihren Müttern abgelehnt wurden, die in einem Sack gewogen worden waren, der mit den Fäkalien eines anderen Robbenbabys verschmutzt war. Als die Forscher für jedes zu wiegende Baby einen frischen Sack benutzten, konnten alle Mütter ihre Kinder wieder am Duft erkennen. Neugeborene

Lämmer kommen mit einem komplexen Individualgeruch zur Welt, um in der großen Herde zwischen den vielen, zur selben Zeit geborenen Nachkommen gefunden zu werden. Wenn sie das Pech haben, ihre Mutter zu verlieren, wird kein anderes Muttertier sie adoptieren. Deshalb ist sinnvoll, was jeder von uns schon als Kind gelernt hat, nämlich, Vögel und andere Tierbabys, die aus dem Nest gefallen sind, nicht anzufassen.

Die gegenseitige Geruchswahrnehmung hilft also Müttern und Kindern, eine frühe Bindung herzustellen und schafft eine Atmosphäre der Geborgenheit. Sollten weder Mutter noch T-Shirts verfügbar sein, tut es auch die Schmusedecke oder der Teddy mit dem heimeligen Duft. Die vertrauten Duftobjekte schleppen selbst größere Kinder überallhin mit, um sich zu beruhigen, wenn sie sich allmählich von der Mutter entfernen und in fremde Umgebungen wagen. Verhaltensforscher nennen sie Sicherheits- oder Übergangsobjekte und weisen darauf hin, dass in anderen Kulturen, in denen Kleinkinder stets direkt am Körper getragen werden, solche Ersatzliebesobjekte wesentlich seltener beobachtet werden. Da wir aber nun mal keine solche »Tragekultur« mehr sind, müssen wir uns auf den guten alten Teddy verlassen, der unsere Babys über das Alleinsein hinwegtröstet und ihnen Sicherheit vermittelt. Dabei ist natürlich eines wichtig, egal, wie totgeliebt das arme Tier schon aussehen mag, wie dreckig das Kuscheltuch: Waschen ist auf jeden Fall verboten, und das Schmuseteil neu zu kaufen wäre völlig sinnlos.

Familiengerüche und die Wahrnehmung des Fremden

Wenn es um die Erforschung von Duftwahrnehmungen geht, haben Wissenschaftler ein Lieblingsobjekt: das T-Shirt. Es wird überall auf der Welt getragen, speichert zuverlässig den Achselschweiß und ist weniger anzüglich als andere Teile der Wäsche.

Vom T-Shirt der Mutter, das von ihrem Baby erkannt wird, war bereits die Rede. Dass solche individuellen Gerüche womöglich vererbt werden können, zeigte ein Test mit Müttern und ihren fünfjährigen Kindern. Alle bekamen ein gleich großes T-Shirt, das sie drei Nächte lang tragen sollten. Anschließend wurden alle Hemden in luftdichte Behälter gesteckt und fremden Personen zum Riechen präsentiert. Deren Aufgabe lautete: Stellen Sie die Hemden nach Familienpaaren zusammen, wobei sie die Wahl hatten zwischen dem T-Shirt einer Mutter oder dem eines Kindes und dreier anderer Personen. Eine Trefferchance von 25 Prozent also. Die Überraschung war aber: Der Durchschnittswert aller identifizierten Familien betrug über 50 Prozent. Womit bewiesen war, dass nicht nur Mütter ihre Kinder am Geruch erkennen, sondern sogar Fremde in der Lage sind, einen Familiengeruch auszumachen.

Gibt es tatsächlich einen genetisch festgelegten Körpergeruch, den wir sonst eigentlich nur aus dem Tierreich kennen? Da Kinder von jedem Elternteil die Hälfte ihrer Gene erben, wäre es nicht verwunderlich, wenn die Erbinformationen sich auch beim Körpergeruch bemerkbar machen. Oder spielen familiäre Gewohnheiten, das gemeinsame Haus, dieselbe Umgebung und Ernährung eine stärkere Rolle? Ein Versuch von James Gall und Glenn Weisfeld beantwortet diese Frage eindeutig. An ihrem Test nahmen 34 Geschwisterpaare teil, Kinder zwischen vier und elf Jahren, darunter Stiefkinder und adoptierte Kinder, die aber nicht verwandt waren. Nach der bewährten T-Shirt-Methode wurde ihr Körpergeruch drei Nächte lang aufgefangen, tagsüber kamen die Hemden in einen Plastikbeutel, damit sie nicht zu viele andere Gerüche aufnahmen. Am Ende wurden jeder Mutter zwei Hemden präsentiert und sie wurde gefragt: »Welchen Geruch mögen Sie lieber?« Und: »Welcher Geruch stammt von Ihrem Kind?«

In 27 von 30 Fällen konnten die biologischen Mütter ihre Kinder richtig identifizieren, Stiefmütter irrten sich in fünf von sieben Fällen. Damit nicht genug, fanden die Mütter den Geruch ihrer eigenen Kinder angenehmer als den von Stiefkindern, was zwar politisch denkbar unkorrekt, aber biologisch offenbar nicht zu ändern ist. Bei den Kindern waren die Ergebnisse noch deutlicher: Vollgeschwister erkannten sich in 21 von 30 Fällen, Halbgeschwister in immerhin 16 von 28 Fällen, während adoptierte Geschwister schlechter als die Zufallsquote abschnitten. Da jedoch alle Kinder mit ihren Müttern im selben Haushalt lebten, folgert Glenn Weisfeld, dass ihr Geruchssinn sich an den gemeinsamen Genen orientiert und eben nicht an der häuslichen Umgebung oder der Ernährung, die durch soziale Faktoren geprägt ist.

»Wir haben eine grundlegende Affinität zu unseren biologischen Verwandten«, folgert der Wissenschaftler und meint gleichzeitig den Grund dafür gefunden zu haben, dass Stiefkinder oft schlechter behandelt werden als biologische Kinder. Eine gewagte Schlussfolgerung, die er sich da traute, denn immerhin war dies die erste Studie, die Geruchsvorlieben und Verwandtschaftsgrade in Beziehung setzte. Inzwischen bestätigen weitere Forschungen die Vermutung: Je näher verwandt zwei Menschen sind, desto ähnlicher ist ihr Körperduft. Eineiige Zwillinge riechen so täuschend ähnlich, und zwar selbst dann, wenn sie in getrennten Haushalten leben, dass menschliche Nasen sie nicht zu unterscheiden vermögen. Selbst speziell trainierte Spürhunde sind kaum in der Lage, die winzigen Unterschiede im Erbmaterial zu erschnüffeln.

Was die mehr oder minder konfliktträchtigen Geruchspfade durch den Familiendschungel angeht, eröffnen Glenn Weisfelds neue Forschungsergebnisse noch ganz andere interessante Spuren. Anhand von – Sie ahnen es – getragenen T-Shirts hat er nämlich untersucht, wer wen in der Familie besonders gern riecht. Danach haben Mütter zwar eine Vorliebe für den Geruch ihrer heranwachsenden Kinder, Brüder aber mögen ihre Schwestern nicht riechen. Und weder Sohn noch Tochter riechen den Vater gern. Er steht mit Abstand am unteren Ende der olfaktorischen Beliebtheitsskala der Familie. Pubertierende Kinder entwickeln sogar eine ausgesprochene Aversion gegen seinen Geruch. »Vielleicht steckt hinter diesen unwillkürlichen Abneigungen ein Trick der Natur gegen Inzest«, vermutet Weisfeld.

Eine Hypothese, die aufhorchen lässt, denn nach einer Erklärung dafür, warum man Familienmitglieder gemeinhin nicht sexuell attraktiv findet, suchen Forscher noch immer. Tatsächlich bietet das Vermeiden von Inzucht bei Menschen und Tieren selektive Vorteile, weil es Krankheiten verhindert, die im Erbgut zwar rezessiv vorhanden sind, aber nur manifest werden, wenn zwei Krankheitsträger gemeinsame Nachkommen zeugen. In der Tierzucht dagegen werden bestimmte Eigenschaften durch Inzucht geradezu gefördert, häufig natürlich auf Kosten der Gesundheit, wenn zum Beispiel der Körper für die kurzen Beine zu lang gezüchtet wird wie beim Dackel oder das Schwein ein cxtra Kotelett mit sich tragen soll.

Aber stimmt es wirklich, dass unwillkürliche Geruchsaversionen uns vor Inzest schützen? Bei Mäusen ist die Zurückhaltung männlicher Tiere gegenüber weiblichen Verwandten eindeutig bewiesen. Beim Menschen ist noch völlig unklar, ob eine sexuelle Zurückhaltung tatsächlich biologische Ursachen hat. Männer und Frauen, die nicht verwandt waren, aber gemeinsam in einem israelischen Kibbuz aufwuchsen, heirateten nicht untereinander. »Es gäbe ›keine Eheschließungen zwischen Personen, die während der ersten sechs Lebensjahre ununterbrochen gemeinsam aufwuchsen‹, ungeachtet der Tatsache, ob sie blutsverwandt waren oder nicht«, zitiert Geruchsforscher Lyall Watson eine Studie. Das Zusammenleben bis zur Pubertät spielt dabei offenbar eine entscheidende Rolle.

Irgendetwas hindert uns daran, die Personen, mit denen wir aufwachsen, als Fremde zu sehen. Wie dieser Blocker funktioniert, wo wir ihn finden könnten, das weiß niemand. Nur dass wir das Fremde suchen und die Nase unmerklich unsere sexuellen Wünsche bestimmt, mussten wir mit Verwunderung erkennen. Eindeutige Beweise lieferte dazu der Schweizer Wissenschaftler Claus Wedekind. Er ließ Frauen an T-Shirts schnuppern, die einige Tage lang von Männern getragen worden waren. Dabei sollten sie angeben, wie intensiv, angenehm und sexuell ansprechend sie deren Geruch empfanden. Das Ergebnis war verblüffend klar: Je stärker sich das Immunsystem eines Mannes von dem der Frau unterscheidet, desto erotischer findet sie offenbar seinen Geruch. Frauen erschnüffeln sich also gezielt einen Mann, dessen Genprofil möglichst stark von ihrem abweicht, um ihren Kindern ein breites Spektrum an Erbanlagen zu sichern.

Der Gestank fremder Kulturen

Aus den Experimenten mit Frauen und ihrer Nase für den richtigen Mann könnte man schließen: Wir erliegen dem Ruf der Natur nach gesunder Nachkommenschaft und schmelzen dahin, sobald wir fremde Gene wittern. So einfach ist die Sache nun leider auch wieder nicht. Wer als Europäer nach Asien kommt oder als Schwarzer in Europa lebt, kann da ganz anderes berichten. Als »Butterstinker« (batakusei) waren Europäer und Amerikaner in Japan verschrien, weil sie so einen intensiven Schweißgeruch – den von den schweißzersetzenden Bakterien erzeugten Gestank der Buttersäure nämlich – verbreiteten. Koreaner haben im Gegensatz zu Weißen kaum apokrine Schweißdrüsen und kennen deshalb so gut wie keinen Körpergeruch. Chinesen und Japaner riechen nur ganz schwach. Am meisten Körpergeruch verbreiten Schwarze, weil sie viele apokrine Schweißdrüsen besitzen.

Die Geruchsmuster der verschieden ausgestatteten Menschen sind so unterschiedlich, dass sie von Angehörigen der jeweils anderen Rasse oft als allzu fremd und damit abstoßend empfunden werden. Das gibt Anlass nicht nur zu rassistischen Sprüchen, sondern auch zur Diskriminierung der jeweiligen Minderheit. Schnell wird das vernichtende Urteil gefällt, demzufolge Aborigines »sauer« riechen, kongolesische Pygmäen »muffig« und Kariben nach »Hundehütte«. Oft braucht es nicht einmal den kulturellen Unterschied. Es reicht die soziale Missachtung, von Bauern zum Beispiel, die angeblich immer nach Misthaufen, und von Arbeitern, die nach Schweiß stinken.

Der Arme-Leute-Geruch füllte früher ganze Bände. Corbin nennt den Gestank von Ausdünstungen, modernden Gewässern und penetranten Ausscheidungsgerüchen die »Sekretionen des Elends«, Victor Hugo beklagt »die dumpfige Luft der sozialen Katastrophe« und Guy de Maupassant möchte man auch nicht unbedingt ohne Riechfläschen in die Niederungen der Mietskasernen folgen, denn »ein schwerer Geruch nach Essen erfüllte das Treppenhaus von unten bis oben, ein Geruch von Latrinen und Menschen, ein bleibender Geruch nach Unrat und altem Gemäuer, den kein Luftzug zu vertreiben mochte«. Und George Orwell schreibt, das Geheimnis von Klassenunterschieden im Abendland ließe sich mit vier Worten zusammenfassen: »The lower classes smell.« Dass die »lower classes« diesen »Klassengeruch« durchaus nicht so negativ sehen wie der Schriftsteller, erzählt die Anekdote über eine selbstbewusste Arbeiterfrau aus der Nähe von Manchester. Als die Lehrerin deren Sohn wegen seines Körpergeruchs von der Schule nach Haus schickte, sandte ihr die Mutter umgehend einen Brief: »Sehr geehrte Frau Lehrerin, unser Johnny riecht genauso wie sein Vater, und sein Vater riecht wundervoll. Ich bin diejenige, die das wissen sollte, ich schlafe schon seit 25 Jahren mit ihm. Ihr Problem, werte Dame, ist, dass Sie eine alte Jungfer sind und nicht wissen, wie ein richtiger Mann riecht.«

Natürlich bestimmen nicht nur Anatomie und soziale Faktoren, sondern auch die Gerüche und die Zusammensetzung der

Nahrung den Duft eines Menschen. Fleischliebhaber zum Beispiel riechen anders als Vegetarier, unappetitlicher nämlich. Das bewiesen zwei Forscher aus Prag. Sie baten Männer, zwei Wochen lang täglich rotes Fleisch zu essen und sich anschließend genauso lang nur vegetarisch zu ernähren. Am Ende jeder Periode gaben die Männer Schweißproben ab, die dann von Frauen auf Angenehmheit, Attraktivität, Männlichkeit und Intensität getestet wurden. Dabei schnitten die Männer nach ihrer vegetarisch verbrachten Zeit in fast allen Kategorien besser ab, da sie weniger Harnstoff produzierten und abgaben. Die Frauen fanden ihren Duft angenehmer, anziehender und nicht so intensiv. Allerdings auch nicht so richtig männlich. Denn Männlichkeit wird ganz offenbar mit hoher Geruchsintensität gleichgesetzt, was wiederum nicht immer attraktiv sein muss. So folgerten die Wissenschaftler, dass »der Konsum von rotem Fleisch eine negative Auswirkung auf den Körpergeruch hat«. Hätte man das Experiment vor 100 Jahren oder früher gemacht, wäre das Ergebnis ein ganz anderes gewesen, denn unsere Geruchsvorlieben unterliegen wie manch anderes einem Zeitgeist.

Auch die Umgebung kann den Geruch eines Menschen prägen. Damit ist nicht nur gemeint, dass die Berliner Würstchenbude den armen Brater mit Fettschwaden tränkt und die Londoner U-Bahn den Schaffner nicht ohne den Mief aus verbranntem Gummi und abgestandener Luft entlässt. Jede Stadt, jede Landschaft hat ihren eigenen Geruch, den man aus Büchern, von Urlaubsreisen oder aus der Erinnerung kennt und der sich bei den dort lebenden Menschen niederschlägt.

In Wien wurde eine große Studie durchgeführt, um die spezifisch typischen Gerüche für bestimmte Stadtteile, Parks und öffentliche Verkehrsmittel zu identifizieren. Dies sollte dazu benutzt werden, »Duftkarten« und »Duftkalender« für bestimmte Stadtbezirke herzustellen und eine Art von »Duftgarten« für Touristen (und Duftliebhaber) einzurichten (Projektleiter: Gerhard Buchbauer, Department für Klinische Pharmazie und

Diagnostik, und Madalina Diaconu, Institut für Philosophie, beide Uni Wien). Für die Stadt Hamburg wurde gerade ein Parfüm entworfen, das die vermeintlich typischen Gerüche der Stadt vereint: Pfeffer in der Kopfnote als Anspielung auf die »Pfeffersäcke«, die reichen Kaufleute der Stadt, dazu Bergamotte und Basilikum, um an den Gewürzhandel aus der Zeit der Hanse zu erinnern, und in der Basisnote Vanille und Sandelholz – auch Zutaten aus dem Handel. Den aktuellen Odeur von Berlin hat die norwegische Künstlerin Sissel Tolass eingefangen. Sie fand, dass es in Neukölln nach Kebab, in Charlottenburg nach feiner Seife und in Mitte nach Coffee-Shops und Schuhgeschäften duftet.

Wer jemals in der früheren DDR war, oder nur mit dem Zug durch die DDR nach Westberlin fuhr, wird niemals den Geruch nach Desinfektionsmitteln vergessen, der in jedem Winkel hing. Zusammen mit dem beißenden Gestank von Schwefeldioxid aus der Braunkohleverbrennung mischte sich daraus ein einzigartiger Geruchscocktail, der das ganze Land überzog. Von Istanbul wusste der Dichter Joseph Brodsky wenig Erbauliches zu erzählen: »Die staubige Katastrophe Asiens« nennt er die Stadt. »Scheiterhaufenglut, mit Urin gelöscht. Dieser Geruch! Eine Mischung aus fauligem Tabak und schweißiger Seife und Unterwäsche, die wie ein zweiter Turban um Lenden gewickelt ist.«

Ob Menschen den Geruch ihrer Umgebung überhaupt wahrnehmen, hängt davon ab, wie entscheidend dies für ihr tägliches Leben ist. Im tropischen Regenwald, wo die Sicht schlecht ist, aber Gerüche lange unter dem dichten Laubdach hängen bleiben, können sie wichtige Informationen sein. Einige Völker im kolumbianischen Amazonasgebiet, berichtet Geruchsforscher Watson, tragen die Geruchssignale ihrer täglichen Arbeit mit großem Selbstbewusstsein. Die Desana, ein Stamm von Jägern, nennen sich selbst Wira, was soviel bedeutet wie »Das Volk, das riecht«, denn ihnen haftet eindeutig der moschusartige Geruch ihrer Jagdbeute an. Ihre Nachbarn, die Tapuya, sind Fischer, was für alle Nasen der Umgebung deutlich wahrnehmbar ist, während ein anderes Volk dort, die Tukano, Landwirtschaft betreibt und nach Wurzeln und frischer Erde riechen soll. Jeder kann den anderen so schon von Weitem »wittern«. Das Duftmuster wird vom Unterbewusstsein als bekannt registriert, die Nase signalisiert: Alles in Ordnung, keine Gefahr.

Heimatliche Düfte und ein Ekel, der die Welt vereint

Und wie steht es mit uns desodorierten Westeuropäern? Sind wir Weltbürger, Vielflieger und Trendsetter denn nun mit der Nase vorn oder bleiben wir im Grunde unseren Herzens doch, was wir immer waren: provinzielle Duftmuffel mit sentimentaler Heimatliebe? Die Wissenschaftlerin Robyn Hudson hat dazu ein Experiment durchgeführt. 40 Japanerinnen und 44 gleich alte deutsche Frauen, die alle einen ähnlichen sozialen Hintergrund hatten, sollten eine Reihe von Düften bewerten und sagen, wie vertraut sie ihnen sind, wie intensiv sie wahrgenommen werden, ob sie ihnen gefallen und ob man die dazugehörigen Produkte essen kann. Das Ergebnis lässt weder allzu große Hoffnungen auf intensive deutsch-japanische Freundschaften noch irgendwelche Hinweise auf eine nennenswerte Experimentierfreude zu: Die meisten Gerüche der japanischen Küche, zum Beispiel Trockenfisch oder gegorene Sojabohnen, stießen auf keinerlei europäische Gegenliebe. Die Japanerinnen dagegen konnten sich zwar überraschenderweise mit Käsegeruch anfreunden, aber bei Anis und Mandeln hörte auch bei ihnen die Toleranz auf. Beide Gruppen mochten die als international eingestuften Aromen von Bier, Kaffee, Schokolade oder Erdnüssen, doch die meiste Begeisterung lösten die Düfte des einheimischen Essens aus. Bei Deutschen und Japanerinnen. Eine »positive Korrelation« zwischen Bekanntem und Angenehmem, nennt das die Wissenschaftlerin.

Für die Industrie ein vertrautes und längst in die Praxis umgesetztes Wissen. Wenn ein Lebensmittelkonzern eine Mousse au Chocolat weltweit verkaufen will, muss er für Asien eine andere Geschmacksvariante finden als für Europa und wieder eine andere für Amerika. Das Gleiche gilt für Fertigsuppen, Pfannkuchenmischungen oder Puddingpulver. Auch die Zusammensetzung von Zigarettendüften ist auf der ganzen Welt verschieden. Eine Marlboro aus New York schmeckt und riecht ganz anders als eine, die in München oder Tokio gekauft wurde. Und selbst für die Schweiz und Deutschland treffen solche Unterschiede zu. Der Grund dafür ist, dass die Tabakblätter nach regionalen Vorlieben parfümiert werden: In den USA sollen sie eher nach Popcorn und Barbecue riechen, in Europa nach Früchten und Kaminholz.

Egal woher ein Mensch stammt, er bevorzugt offenbar bekannte Gerüche weit mehr als den berühmten Duft der großen weiten Welt. Viele Studien haben versucht, einen Geruch zu identifizieren, der weltweit positiv oder negativ empfunden wird – bisher ohne Erfolg. Ursache dafür ist, dass die Bewertung eines Duftes nicht angeboren, sondern sozial geprägt ist. Lieben Sie den Geruch von Kuhfladen? Dann sind Sie zweifellos auf einem Bauernhof aufgewachsen. Ansonsten wird Rinderdung in der gesamten westlichen Gesellschaft als durchaus unangenehm riechendes Produkt betrachtet und mit negativen Assoziationen belegt. Ganz anders in Afrika, wo viel Rinderzucht betrieben wird. Dort wird Kuhmist sogar mit Macht und Ansehen in Verbindung gebracht – wo es am stärksten stinkt, gibt es die meisten Rindviecher und damit den größten Reichtum.

Während es bei Kamelgestank um das reine Überleben gehen kann, wie ich (Hanns) am eigenen Leib erfuhr. Als ich einmal mit Nomaden eine Woche durch die Wüste Sinai zog, wurde mangels Holz jede Nacht getrockneter Kamelmist verbrannt. Trotz des widerlichen Gestanks lagen wir alle zusammen mit den Tieren dicht beim Feuer, um uns in den eiskalten Nächten zu wärmen. Nur die Einsamkeit der Wüste ersparte es uns zu erleben, dass zivilisierte Menschen voller Abscheu die Flucht vor uns ergriffen. Schließlich stanken wir, als hätten wir uns die ganze Nacht im Mist gewälzt. Da war das morgendliche Frühstück dann schon ein Highlight, obwohl ich es unter normalen Umständen niemals angerührt hätte: Es bestand nämlich aus einem Ziegenmilchfladen, der auf einem alten Ölkanister gebraten wurde.

Düfte sind eben nie neutral, sondern immer mit Emotionen belegt, die von ganz persönlichen Erlebnissen und der Situation abhängen, in der wir ihnen begegnen und sie bewerten lernen: Wenn die Mutter die randvolle Windel des Kindes als »Stinker« bezeichnet, lernt das Kind, diesen Geruch negativ zu bewerten, obwohl es bis dahin seine Exkremente eher interessant und überhaupt nicht stinkig fand. So wie es auch kein Tier gibt, das Fäkalienduft ablehnt oder sich gar davor ekelt. Im Gegenteil nutzen Tiere diesen Duft als Informationsquelle und finden ihn zum Leidwesen vieler Hundebesitzer sehr anziehend. Mit Schaudern erinnere ich (Hanns) mich an Spaziergänge mit unserem English Setter, der mit Freuden auf jeden Haufen zu rannte, den er nur von Weitem sah, um sich intensiv darin zu wälzen. Selbst die anschließende gehasste Waschprozedur hielt ihn nicht davon ab. Für uns stank er einfach bestialisch, für ihn selbst roch er ganz offenbar wie für uns reines Parfüm. Wobei Fäkaliendüfte, wie Skatol, in geringen Dosierungen tatsächlich in vielen Parfüms eingesetzt werden und ob wir sie mögen oder nicht eine Frage ihrer Konzentration ist.

Nur einige, wenige Düfte wurden bisher beschrieben, die weltweit hoch im Kurs stehen. Etwa der Duft von Orangen. Er steht für Wohlgeschmack, Süße und Frische und ist wahrscheinlich die einzige Duftpräferenz, die uns schon in die Wiege gelegt wird. Andere Düfte müssen wir erst in verschiedenen emotionalen Situationen erleben, bevor wir zu einer Bewertung kommen.

Wenn Weihnachten naht, zieht der Geruch von Tannenzweigen und Gänsebraten längst flügge gewordene Kinder und selbst eingefleischte Einzelgänger an den heimischen Herd zurück. Und je stärker die Welt uns in einsame Individuen anonymisiert, desto mehr suchen wir nach Ritualen und Resten von Gemeinsamkeit. So vermittelt der Duft von Weihrauch auch dann noch ein Gefühl von Geborgenheit, wenn man die Kirche seit Kindertagen nur noch zu Hochzeiten oder Trauerfällen von innen sieht. Die emotionale Bindung über solche Gerüche verläuft unbewusst. Oft nehmen wir sie gar nicht richtig wahr, bis sich plötzlich ein ganz neuer Duft einmischt. Ungewohnt und irritierend, konfrontiert er uns mit einer unbekannten Welt, die uns zu einer neuen Erfahrung verführen könnte, gleichzeitig aber das Gewohnte bedroht. »Vorurteile gegenüber dem Geruch von ›Fremden‹ zeigen uns sehr deutlich die Bedeutung des vertrauten Gruppengeruchs.«

Menschen mögen zwar bei Nahrungs- und Alltagsdüften unterschiedlich reagieren, bei extremen Geruchserlebnissen sind sie sich aber weitgehend einig. Das zeigen Ergebnisse von wissenschaftlichen Interviews in München und Tokio. Welche Erinnerungen haben Sie an gute oder schlechte Gerüche?, fragte Max-Planck-Forscherin Margret Schleidt dabei deutsche und japanische Gesprächspartner. Beide erinnerten ungefähr gleich viele gute wie schlechte. Die Deutschen liebten vor allem den Geruch von Wald und Holz, Erde und Gras, von Brot und Kuchen, Fisch und Fleisch und den Duft diverser Toilettenartikel. Die Japaner nannten insgesamt weniger Gerüche, darunter aber mehr Blumendüfte, die zudem an der Spitze der Beliebtheitsskala standen. Auch bei ihnen zeigten sich Nahrungsvorlieben und kulturelle Einflüsse, und sie fanden Körperdünste noch unangenehmer als die befragten Deutschen.

Trotzdem »haben die Menschen in diesen beiden hoch industrialisierten Welten offensichtlich sehr ähnliche Geruchserfahrungen«. Sie mögen Pflanzen und Blumen und ekeln sich vor fauliger Luft, verwesendem Fleisch, verseuchten lebenden oder toten Körpern und Exkrementen, denn sie deuten auf Krankheit, Verderben und Tod. Die Abneigung gegenüber zersetztem Eiweiß, egal ob es von schlechter Nahrung oder von toten Lebewesen stammt, könnte deshalb ein universeller Schutzmechanismus des Menschen sein, vermutet die Wissenschaftlerin. Ihre Kollegen, die Anthropologen, sprechen sogar von einer »archetypischen« Ablehnung gegenüber sich zersetzendem organischem Material in vielen Kulturen.

LIEBESGEFLÜSTER AUF CHEMISCH

Liebesboten oder Lustkiller? Erotische Duftinformationen des Körpers

Eine Frau begegnet einem Mann. Auf einer Party, im Bus, an der Kasse des Supermarktes. Irgendetwas gefällt ihr an ihm. Seine verträumten Augen? Die attraktive Figur und Größe? Oder sein Duft, den sie im Vorübergehen aufgeschnappt hat? So genau kann sie es nicht sagen, die Sache ist eher eine Frage der Intuition. Schließlich hat sie nur zehn Sekunden Zeit, um herauszufinden, ob sie mit ihm flirten will oder nicht. Innerhalb dieser kurzen Frist entscheidet sich nämlich, ob was daraus werden soll oder nicht. Das hat der Wiener Wissenschaftler Karl Grammer entdeckt: Entweder der Funke springt sofort über oder gar nicht. Und das entscheidet die Frau nach einem Programm, das vor Millionen von Jahren geschrieben und im Lauf der Evolution perfektioniert wurde. Ihr Gehirn, so Grammer, sei so trainiert worden, dass es aus Äußerlichkeiten blitzschnell auf die Anlagen einer Person schließen könne. Deshalb suchen Frauen den Flirt, während Männer eine Frau meist erst dann zur Kenntnis nehmen, wenn sowieso längst alles gelaufen ist.

Frauen betreten einen Raum und wissen in kürzester Zeit: Wie ist das Angebot interessanter Männer? Wer guckt mich gerade an? Finde ich den spannend oder nicht? Das alles passiert mit den Augen. Vielleicht checken auch die Ohren kurz ab: Hat der Flirtkandidat eine angenehme Stimme? Kann ich ertragen, wie er spricht? Aber spätestens bei den ersten Sätzen mischt sich schon die Spezialistin für erfolgreiche Beziehungen ein: die Nase. Fortan wird sie das Spiel beherrschen und vom Geschmack des ersten Kusses bis zum intimen Duft der Genitalien ihre spontanen Eindrücke ans Gehirn liefern. Erbarmungslos wittert sie unangenehmen Mundgeruch, prüft den Achselschweiß auf a) sexuell interessant oder b) erotisch untauglich und trifft ihre gelegentlich unbeliebten Entscheidungen ohne Rücksicht auf die verliebten Augen. Ist der Körpergeruch angenehm, wird sie für uns den Partner auswählen, bevor wir selbst etwas davon wissen. Alle guten Argumente wie Aussehen, Intelligenz oder Grundbucheintrag sind nachträglich gefundene Scheinargumente.

Den ganz persönlichen Duft des anderen zu erkunden, gehört auf jeden Fall zum Abenteuer des Kennenlernens, ein Abenteuer, bei dem sonstige Regeln des Alltagslebens ihre Gültigkeit verlieren. Denn eigentlich ist es uns unangenehm, wenn ein Fremder uns zu nahe kommt: In der Bahn suchen wir eine freie Sitzreihe und rücken nur bei drängender Enge an Mitreisende heran, im Kino lassen wir einen Platz frei, um uns selbst und dem anderen einen persönlichen Raum zu schaffen. Welche Distanz dabei gewahrt bleiben muss, damit sich jeder wohlfühlt, wird in verschiedenen Kulturen ganz unterschiedlich empfunden. Arabische Männer stecken die Köpfe beim Sprechen zusammen und fassen sich sogar an, während viele Norddeutsche schon das Zusammenrutschen am Biertisch deutliche Überwindung kostet. Wenn sie die körperliche Nähe und das ungewohnte Erlebnis dann doch ganz faszinierend finden, schwärmen sie nach Rückkehr von ihrer Reise von der Gemütlichkeit bayerischer Biergärten.

Der Anthropologe Edward Hall hat vier Distanzzonen beschrieben, die in jeder Kultur zu finden sind, aber verschieden interpretiert werden: die intime, die persönliche, die soziale und die öffentliche Distanz. Kein Zweifel: Beim Kennenlernen und beim Flirten durchbrechen wir die Grenzen der normalen Distanzzonen und lassen uns auf eine intime Nähe ein, die der Nase gerade recht ist. In dieser neuen Vertrautheit liegt ihr Revier, und gespannt warten wir auf die ersten Geruchsbotschaften. Werden sie unsere Leidenschaft beflügeln oder uns das Weite suchen lassen? Geradezu enttäuscht sind wir, wenn wir gar nichts riechen. Keinen Schweiß, keine Spur von lebendiger Duftnote, die uns der unbekannten Person näher bringt. Ein bisschen Parfüm vielleicht, aber eigentlich hätten wir uns mehr erhofft. Menschen, die wenig schwitzen und riechen, wissen das und können sich deshalb ebenso unattraktiv fühlen wie jemand, der stark riecht. So schreibt Anaïs Nin, die Geliebte von Henry Miller, in ihrem Tagebuch über ein erniedrigendes Erlebnis mit dessen Frau June: Diese habe aus Eifersucht und um sie zu beleidigen behauptet, die Geliebte ihres Mannes sei so tot, dass ihr Körper keinerlei Geruch abgäbe.

Wie vielfältig der Geruch des Körpers ausfallen kann, was er über eine andere Person erzählt und dass es keineswegs nur die immer gleichen Stellen sind, die eine wissbegierige Nase interessieren, beschreibt der Schriftsteller Bernhard Schlink in seinem Buch »Der Vorleser«: »Oft habe ich an ihr geschnüffelt wie ein neugieriges Tier, habe an Hals und Schultern angefangen, die frisch gewaschen rochen, habe zwischen den Brüsten den frischen Schweißgeruch eingesogen, der sich in den Achselhöhlen mit dem anderen Geruch mischte, fand diesen schweren, dunklen Geruch um Taille und Bauch fast pur und zwischen den Beinen in einer fruchtigen Färbung, die mich erregte, habe auch ihre Beine und Füße beschnuppert, die Schenkel, an denen sich der schwere Geruch verlor, die Kniekehlen, noch mal mit leichtem frischen Schweißgeruch, und die Füße, mit dem Geruch von Seife oder Leder oder Müdigkeit. Rücken und Arme hatten keinen besonderen Geruch, rochen nach nichts und rochen doch nach ihr, und in den Handflächen war der Duft des Tages und der Arbeit: die Druckerschwärze der Fahrscheine, das Metall der Zange, Zwiebel oder Fisch oder gebratenes Fett, Waschlauge oder Bügelhitze.«

Am Körper des Partners wie auch am eigenen nehmen Menschen vielerlei Düfte wahr, die sie sehr detailliert beschreiben können und deren Ursachen sie kennen. In einer umfangreichen Fragebogen-Untersuchung der Kulturwissenschaftlerin Ingelore Ebberfeld an der Bremer Universität berichteten mehrere Hundert Teilnehmer zwischen 15 und 84 Jahren von ihren Geruchsempfindungen und dem Zusammenwirken von Geruch und Sexualität. Frauen mit ihren bekanntlich empfindlicheren Nasen können demnach zu über 70 Prozent ihren Partner, Männer zu 66 Prozent ihre Partnerin am Geruch erkennen. Am meisten schätzen beide Geschlechter den Geruch von Seife und Parfüm, was nicht unbedingt für die automatische Betörung durch Körpersäfte spricht, schon gar nicht, wenn diese im Übermaß dargeboten werden. »Ein schlechter Körpergeruch aus mangelnder Hygiene törnt mich total ab«, sagt die 36-jährige Carmen, die an der Online-Umfrage einer Zeitschrift teilgenommen hat. 2900 User haben auf die Frage »Was sind die größten Lustkiller?« eine klare Antwort gegeben: Der falsche Geruch ist schuld, wenn »die Lust auf Sex verduftet«.

Nun kann man einwenden, dass eine solche Umfrage nicht repräsentativ ist und daran sowieso nur Menschen teilnehmen, die unter dem Körpergeruch ihres Partners leiden und das schon immer gern mal jemandem offenbaren wollten. Oder man argumentiert kulturkritisch wie Duftforscher Lyall Watson: »Unsere Kultur erwartet, dass wir unser Missfallen gegenüber Achselgeruch zum Ausdruck bringen und ihn mit dem Einsatz von Deodorants bekämpfen.« Interessanterweise berichten Eheberater, dass häufig eine negative Bewertung des Körpergeruchs des Partners, den man zu Beginn der Beziehung noch wunderbar und aufregend fand, zu den ersten Symptomen einer Ehekrise zählt. Man kann ihn buchstäblich nicht mehr riechen.

Beim Bremer Fragebogen bekundeten immerhin ein Fünftel aller Frauen, den Achselgeruch des Mannes zu schätzen, während 27 Prozent aller Männer auch den Vaginalgeruch der Frauen mochten. Fuß-, After- und unangenehmer Mundgeruch rangieren ganz unten auf der Beliebtheitsskala. Als wichtigste Einflüsse auf den Körpergeruch nannten die Befragten zu über zwei Dritteln Hygiene und körperliche Anstrengung, was ja zu ihrer Vorliebe für Seife und Parfüm passt, aber auch diverse Lebensmittel und Geschlechtsverkehr. Regelblutung und Zyklus verändern ihrer Erfahrung nach den Geruch eines Menschen ebenso wie Schwangerschaften. Viele Frauen wissen, dass sie vor und während der Menstruation mehr schwitzen und intensiver riechen als sonst. Außerdem ändert sich während des Zyklus nicht nur ihr eigener Geruch, sondern ebenso das Geruchsempfinden: Sie lassen sich zur Zeit ihres Eisprungs leichter durch Düfte verführen.

Ach, würden sich alle Männer bloß regelmäßig waschen und auf frischen Atem achten, welche Chancen hätten sie da bei Frauen. Denn auf die Frage »Gibt es Gerüche, die Sie sexuell stimulieren?« antwortet die Hälfte aller Frauen, dass ihr Partner auch gänzlich ohne jedes Parfüm berauschend duftet. Tatsächlich mögen mehr Frauen den reinen Körpergeruch als die künstlich beduftete Version, die mit 44 Prozent aber nicht schlecht im Rennen liegt. An dritter Stelle liegt der Geruch nach dem Geschlechtsverkehr, den noch ein Viertel der befragten Frauen erregend finden. Selbst wenn sie es bis dahin nicht zugeben mochten, insgeheim stimmen die Frauen vielleicht sogar dem italienischen Autor Pitigrilli zu, der behauptet: »Der beste Duft des Mannes ist sein natürlicher Geruch, vermischt mit dem der Frau, die er liebt, und einem Tropfen französischen Parfüms.«

Den Männern scheinen Frauen überhaupt gut zu gefallen. Ihr Duft betört sie mit oder ohne Parfüm. »Der Körpergeruch, der wegen seiner sexuellen Anziehungskraft auch *odeur d'amour* genannt wurde, ist demnach am sexuellen Geschehen nicht unwesentlich beteiligt«, fasst Ingelore Ebberfeld ihre Ergebnisse zusammen. »Offenbar können Menschen direkt durch den Duft des Körpers erotisiert oder gar zu sexuellen Handlungen angeregt werden.«

Männer, Frauen und die unterschiedliche Wirkung von Düften

Wenn man wissenschaftlich untersuchen will, wie Düfte auf Menschen wirken, steht man vor einem Problem: Man kann sich nie sicher sein, dass es tatsächlich der Duft war, der die Herzfrequenz des Probanden beschleunigt oder seinen Blutdruck in die Höhe getrieben hat. Vielleicht fand er die Beine der Laborassistentin so aufregend? Oder das Klingeln des Telefons hat ihn genervt? Oder sonst etwas hat ihn abgelenkt und damit die Ergebnisse verfälscht. Um all diese möglichen Fehlerquellen auszuschalten, beschlossen wir, die Außenreize für unsere Versuchspersonen zu minimieren, indem wir sie im Schlaf untersuchten. Bei unseren Experimenten im Schlaflabor des bekanntesten deutschen Schlafforschers Jürgen Zuley, damals noch am Max-Planck-Institut für Psychiatrie in München, wollten wir testen, wie bestimmte Duftstoffe auf Blutdruck, Atemfrequenz, Gehirnströme oder Trauminhalte wirken, und bei dieser Gelegenheit gleichzeitig die interessante Frage beantworten: Können Menschen während des Schlafens überhaupt Düfte wahrnehmen? Oder, anders gesagt: Ist unsere Nase tatsächlich rund um die Uhr im Dienst?

Als Teststoffe wählten wir den weltweit beliebtesten Duft Orange und als Negativbeispiel Skatol, den Geruch von Fäkalien. Außerdem eine Mischung aus weiblichen Körperdünsten (Achselschweiß und Vaginalsekret), denn die Versuchspersonen waren alle Männer. Frauen konnten wir aus praktischen Gründen nicht berücksichtigen, weil die gesetzlichen Auflagen zu Umkleidekabinen, Toiletten und Personal zu aufwendig waren. Unseren Testschläfern wurden Messgeräte angelegt, unter der Nase befestigten wir eine kleine Düse, aus der ständig frische Luft strömte. Sobald die Probanden eingeschlafen waren und die Messelektroden anzeigten, dass die Traumphase bevorstand (REM-Schlaf), mischten wir der Luft einen der drei Teststoffe in ganz geringer Konzentration bei. Zehn Minuten lang wurden dann die Körperreaktionen aufgezeichnet. Anschließend weckten wir die Personen und ließen uns ihre Träume erzählen, danach durften sie weiterschlafen.

Das spannende Ergebnis war: Alle drei Düfte veränderten jeweils sehr spezifisch die Herz- und Atemfrequenz, aber auch die Trauminhalte. Zum ersten Mal konnte durch unsere Versuche gezeigt werden, dass unsere Nase sich im Schlaf nicht abschaltet, sondern 24 Stunden täglich riecht und uns unbewusst beeinflusst. Nicht ganz unerwartet erzeugte der angenehme Orangenduft schöne Träume; Fäkalienduft im Schlafzimmer sollte man dagegen vermeiden, denn die Trauminhalte wurden als unangenehm eingestuft. Was beim Riechen von Vaginal- und Achselsekret passierte? Hier fanden wir – etwas enttäuschend für die Frauenwelt – dass Frauen notfalls durch Orangen auf dem Kopfkissen zu ersetzen sind. Zwar konnten ihre Körperflüssigkeiten bei einigen der schlafenden Männer ebenfalls angenehme Träume erzeugen, aber ein Unterschied zum Orangenduft war nicht festzustellen.

Bei ähnlichen Versuchen in Zusammenarbeit mit Regina Maiworm von der Universität Münster stellte sich heraus, dass auch das Riechen von Hexensäure (für Nichtchemiker: Der Stoff hat nichts mit Hexerei zu tun, sondern heißt so, mit Betonung auf dem zweiten e) die Träume verändert: Dieser äußerst übel riechende Bestandteil des weiblichen Schweißes lockt die Schläfer aus dem Büro in die häusliche Umgebung. Die Männer träumten plötzlich nicht mehr von ihrer Arbeitswelt, sondern verlegten ihre Träume mehr ins Privatleben.

Im wachen Zustand sind Männer dagegen nicht besonders geruchsempfindlich. Manche Wissenschaftler meinen gar, sie seien gegenüber Frauen von der Evolution benachteiligt. Frauen erleben Düfte ihrer Partner so intensiv, dass ein ausgiebiges Schnüffeln an seiner Kleidung oder am Kopfkissen sie sogar trösten kann, wenn sie ihn vermissen. Das hat der Kasseler Psychologe Harald Euler herausgefunden und spricht vom »bisher weitgehend unbeachteten Phänomen des Geruchstrosts«. Die meisten Frauen haben schon einmal in der Schlafbekleidung des Partners geschlafen oder hatten sie direkt neben sich liegen, um ihm nahe zu sein. Für viele Männer ist das Riechen an der Kleidung ihrer Partnerin dagegen ein völlig unbekanntes Phänomen, solche Sentimentalitäten liegen ihnen fern. »Dieser starke Geschlechterunterschied ist faszinierend«, sagt Euler, zumal sich seine Erkenntnisse mit ähnlichen Tests an der University of Pittsburgh decken.

Vielleicht hat das bessere Riechvermögen von Frauen damit zu tun, dass sie schon immer für die Ernährung der Kinder zuständig waren und prüfen mussten, ob die Nahrung genießbar ist. Darüber hinaus spielen wohl verschiedene Liebes- und Bindungsstile eine Rolle: »Bei Frauen ist Nähe, also Streicheln und Zärtlichkeit, sehr viel mehr direkt an Liebe und Sex gebunden als bei Männern.« Auch das sei evolutionsbedingt, so Euler, denn Frauen seien schon immer auf die Unterstützung und die Nähe anderer angewiesen gewesen, wenn es um die Aufzucht des Nachwuchses ging. Männer lockt eher der Sex und weniger die Partnerbindung. Immerhin haben beide Geschlechter eines gemeinsam: Der Geruch des sexuellen Partners setzt bei Frauen wie Männern Glücksgefühle frei und erzeugt Zufriedenheit und Nähe.

Nicht zuletzt spielt die sexuelle Orientierung eine Rolle bei der Wahrnehmung von Körpergerüchen. Die Hetero- oder Homosexualität eines Menschen könnte sogar wichtiger sein als sein Geschlecht, vermuten schwedische Forscher. Während heterosexuelle Männer den Achselschweiß, beziehungsweise das darin vorkommende AND (Androstadienon), der testosteronähnliche Stoff ihrer Geschlechtsgenossen als Geruchsbelästigung empfinden, riechen Schwule ihn ebenso gern wie heterosexuelle Frauen. Das sagten sie nicht nur, das zeigte sich auch an den Gehirnaktivitäten der verschiedenen Probanden. Umgekehrt zeigten die PET(Positronen-Emissions-Tomografie)-Messungen im Gehirn, die auf einer quantitativen Analyse des Blutflusses beruhen, dass Frauen auf das Steroid Estradion, ein östrogenähnlicher Stoff aus dem Urin, nicht mit einer Aktivierung jener Hirnregion reagieren, die eine sexuelle Erregung steuert. Homosexuelle Männer ebenfalls nicht, heterosexuelle Männer aber sehr wohl. Das faszinierende Fazit: Homosexuelle Männer reagieren auf Duftsignale wie Frauen, nicht wie heterosexuelle Männer.

Die Reaktion auf diese Stoffe zeigt offensichtlich, welches Geschlecht man persönlich attraktiv findet und zwar unabhängig davon, ob man Mann oder Frau ist. Geht es nicht um Sex, sondern einfach nur um Sympathie und Freundschaft, riechen Schwule am liebsten andere schwule Männer und heterosexuelle Frauen, während ihr eigener Körperduft weder bei Lesben noch bei Heterosexuellen beliebt ist. Lesben hingegen lieben dieselben Gerüche wie ihre heterosexuellen Schwestern: den Duft von Heterosexuellen beiden Geschlechts. Wenn sie wählen müssen zwischen dem Duft homosexueller Frauen und Männern, bevorzugen sie allerdings die Frauen. Die Mehrheit der Männer mochte alle Düfte, außer denen der homosexuellen Männer, die sie klar ablehnten. Woher die Vorlieben stammen, ist damit natürlich noch nicht geklärt. Sie können sowohl genetische Ursachen haben als auch durch Umwelteinflüsse zustande kommen, die aus Gewohnheiten, Erfahrungen oder dem Lebensstil resultieren.

Körperdüfte und die menschliche Fähigkeit, sie wahrzunehmen, faszinieren die Forscher, weil immer bessere Methoden zur Verfügung stehen, den geheimen Duftcode unter Menschen zu knacken. Denn noch immer gibt es ungelöste Rätsel. Zum Beispiel die Frage, ob es menschliche Pheromone nach der strengen Definition gibt, das heißt Lockstoffe, die vom Menschen produziert werden und bei anderen unweigerlich dieselben reproduzierbaren Reaktionen auslösen. Vertrauen Männer auf ihre Lockstoffe und überlassen das anstrengende Flirten deshalb den Frauen? Wäre interessant zu wissen.

Jedenfalls sei es Aufgabe der Frauen, für den Nachwuchs einen Vater mit idealen Eigenschaften zu finden. Sagt Evolutionsbiologe und Verhaltensforscher Grammer, der an der Universität Wien nicht nur über das Flirtverhalten der Geschlechter forscht, sondern auch zu den führenden Wissenschaftlern im Pheromonstreit gehört. Frauen sorgen sich um Qualität, so Grammer, während Männer auf Quantität setzen, um die Frauenwelt möglichst häufig mit ihren Genen zu beglücken: »Männer schätzen ihre Chancen grundsätzlich höher ein, als sie tatsächlich sind, um nur ja keine Kopulation zu verpassen.«

Ein unwiderstehlicher Hauch von Proteinen

Wie und wen der Mensch sucht, beschäftigt unzählige Psychologen, Soziologen und Biologen. Stimmt es, dass Männer nur nach dem Aussehen gehen? Sich Frauen von Geldbeutel und Macht verführen lassen? Sind es die sprichwörtlichen Gegensätze, die sich anziehen, oder sehnt sich der Mensch mehr nach Ähnlichkeit?

Entscheidend sind die Übereinstimmungen, wie US-Psychologen im international angesehenen Wissenschaftsjournal *Proceedings of the National Academy of Sciences* vor Kurzem gezeigt haben. »Offensichtlich suchen wir ein Gegenüber, das möglichst viele Eigenschaften und Einstellungen mit uns teilt.« Jedenfalls solange es um Freundschaft, Verlässlichkeit und dauerhafte Partnerschaft geht, möchte man hinzufügen. Denn sobald die Liebe ins Spiel kommt und mit ihr die Frage nach möglichem Nachwuchs, gelten ganz andere Regeln. Dann sollte – im Gegenteil – die genetische Ausstattung so verschieden wie irgend möglich sein. Was nur einen einzigen Schluss zulässt: Wir brauchen eigentlich zwei Partner. Einen anders duftenden Unbekannten zum Verlieben und Nachwuchszeugen und einen bekannt duftenden Vertrauten, mit dem wir die Kinder dann in beschaulicher Gemeinsamkeit aufziehen. Hier treffen zwei Interessen der Evolution aufeinander und machen uns das Leben damit wahrlich nicht einfacher: die wichtige Genvielfalt und die gesicherte Sorge um den Nachwuchs.

Erinnern Sie sich an die Untersuchung des Schweizer Forschers Claus Wedekind? Der Mann, der Frauen an T-Shirts von fremden Männern schnuppern ließ und sich fragte, wen sie wohl besonders erotisch finden würden? Zielsicher waren die Frauen immer auf den »richtigen« Typen abgefahren – Männer, deren Immunsystem sich von ihrem eigenen unterschied. Hat der Kerl das Zeug für lebenstüchtige Kinder?, war die einzige Frage, die zählte. Intuitiv folgten die Frauen damit einem der wichtigen Evolutionsprinzipien: Der Sinn von sexueller Fortpflanzung ist es nämlich, eine große genetische Vielfalt zu erzeugen, um den beständig neuen Gefahren des Lebens zu trotzen und dem Nachwuchs das nötige Rüstzeug für ein gesundes Leben mitzugeben. Jede Form von Inzucht verhindert das und führt darüber hinaus häufig innerhalb weniger Generationen zu Defekten, weil sich auch die »schlechten« rezessiven Gene durchsetzen können, die sonst einfach unterdrückt werden. An Labormäusen hatte man das zuerst beobachtet: Mäuseweibchen interessierten sich weder für schwarze Kulleraugen noch für kuscheliges Fell, sondern schnüffelten an ihren Bewerbern und lehnten bei der Paarung Männchen ab, die mit ihnen verwandt waren.

Doch woran erkannten Mäuse den richtigen beziehungsweise falschen Partner? Entscheidend war die Ähnlichkeit im Eigengeruch des verwandten Männchens, »Odor Print« wie Forscher sagen. Ein spezifischer Körperduft, der geprägt ist von individuell zusammengesetzten Eiweißstoffen des Immunsystems. Sie heißen MHCs, denn die mehr als 30 Gene, die sie produzieren, liegen im sogenannten Mayor Histocompatibility Complex unseres Genoms eng beieinander. Im Labor kann man diese Eiweiße identifizieren. Sie werden durch den Stoffwechsel kontinuierlich in ihre Bestandteile zerlegt und über den Urin ausgeschieden. Auch beim Menschen gibt es einen solchen MHC-geprägten Individualduft. Er wird über unsere apokrinen Schweißdrüsen abgegeben und von Mikroorganismen auf der Haut in eine für jeden Menschen spezifische Duftmischung umgewandelt.

Je ähnlicher die Erbanlagen zweier Menschen sind, desto ähnlicher sind ihre MHC-Zusammensetzungen. Wie ein Stempel markieren die MHCs jede Körperzelle mit demselben Eiweißmuster, das ausschließlich nur diesen einen Menschen und sein ganz persönliches Immunsystem kennzeichnet. Deshalb spielen die MHCs auch beim Erkennen von Krebszellen eine wichtige Rolle. Durch Fehlteilungen entstehen in unserem Körper permanent entartete Zellen, die aufgrund ihres anderen MHC-Musters vom Immunsystem erkannt und beseitigt werden. Wenn das nicht gelingt, kommt es zur Entstehung eines Tumors.

Natürlich funktionieren die MHCs genauso als Schutz vor Erregern von außen: Die Immunzellen prüfen das Eiweißmuster einer fremden Zelle und identifizieren sie sofort als Eindringling, der bekämpft werden muss. Auf diese Weise kontrollieren die MHCs sogar, welche Arten von Mikroorganismen sie auf der Haut zulassen, und damit indirekt, welcher Körperduft erzeugt wird. Das gleiche Prinzip macht die Transplantation von Organen so schwierig: Die Immunzellen untersuchen die Eiweißstruktur des neues Gewebes und stellen fest: ein fremdes Muster. Sofort beginnt eine Abstoßungsreaktion gegen das Spenderorgan, die nur durch Medikamente unterdrückt werden kann. Deshalb wird vor jeder Organ- oder Knochenmarkspende eine sogenannte Genotypisierung durchgeführt, bei der das gesamte MHC-Muster analysiert wird. Wenn viele MHC-Varianten im Körper vorhanden sind, funktioniert die Immunabwehr besser. Die Auswahl einer vielfältigen MHC-Kombination erhöht daher die Abwehrkraft des Nachwuchses und sorgt für eine stabile Gesundheit.

Wie wichtig die Natur den richtigen MHC-Mix nimmt, zeigt sich besonders unter erschwerten Bedingungen. Das Team der amerikanischen Genetikerin Carole Ober erforscht seit über zehn Jahren eine Gemeinschaft der religiösen Hutterer. Die Hutterer wanderten im 19. Jahrhundert von Europa aus und leben heute in Kanada und Nordamerika. Die von den Wissenschaftlern begleitete Gruppe siedelte sich, abgeschieden von der Außenwelt, im amerikanischen Bundesstaat South Dakota an. Alle Mitglieder sind relativ nahe miteinander verwandt, denn sie stammen von nur 64 gemeinsamen Vorfahren ab. Geheiratet wird aus Liebe, allerdings nur innerhalb der Gemeinschaft. Parfüms und Deos sind verpönt, die Wissenschaftler konnten also sicher sein, dass nur natürliche Körperdüfte für die Partnerwahl infrage kamen. Würde auch hier gelten, was Forscher in westlichen Zivilisationen herausgefunden hatten? Gab es überhaupt genügend verschiedene Erbanlagen? Tatsächlich fanden Carole Ober und ihr Team zwei überraschende Antworten: Verheiratete Paare der Hutterer-Gemeinde verfügten weit häufiger über unterschiedliche MHC-Typen, als eine willkürliche Partnerwahl erwarten ließ. Und: Bei Paaren mit ähnlichen MHC-Genen war die Zahl der Fehlgeburten am höchsten. Fast scheint es so, als hätte die Natur hier eine biologische Entscheidung getroffen, zu der die Menschen nicht in der Lage waren.

Bei der Wahl des richtigen Duftes für die optimale Genvielfalt haben Frauen eine so feine Nase, dass sie winzigste Unterschiede in der MHC-Zusammensetzung erschnuppern. Ändern sich nur ein paar Proteine, weiß eine Frau: Hier steht ein anderer vor mir. Was sie vermutlich nicht ahnt: Es gibt da einen, der im Hintergrund die Fäden zieht und die Wahl ihrer Männer mitbestimmt. Ihr Vater nämlich, von dem sie ihre Geruchspräferenzen geerbt hat. Die mütterlichen Gene mitsamt ihren MHC-Mustern spielen für Töchter in diesem Fall keine Rolle, nur der Vater zählt.

»Je mehr Übereinstimmungen mit den vom Vater geerbten MHC-Varianten bestanden, desto größer war die Vorliebe für den Spender«, fanden Wissenschaftler aus Chicago. Ein Trost für alle eifersüchtigen Väter: Ihre Töchter bevorzugen Männer, die ähnlich wie sie riechen. Vielleicht sieht man es ihnen nicht gleich an, aber was sind schon Haarfarbe, Körpergröße oder gar Intelligenz. Auf den richtigen Geruch kommt es an, und da kennen die Töchter sich aus. Das widerspricht einer früheren T-Shirt-Schnüffel-Studie (vgl. Kap. »Familiengerüche und die Wahrnehmung des Fremden«), doch womöglich suchen Frauen einerseits die Sicherheit, die der väterliche Geruch vermittelt, andererseits nach Genen, die sich von den ihren unterscheiden, um ihren Nachkommen das bestmögliche Immunsystem mitzugeben. Wissenschaftler resümieren demzufolge, dass Frauen Kompromisse schließen.

Dieses System funktioniert im traditionellen Kennenlernverfahren ziemlich erfolgreich. Aber was machen all die schüchternen Stubenhocker und viel beschäftigten Workaholics, wenn sie einen Partner suchen? Sie nutzen einen Internet-Partnership-Service mit Tausenden potenziellen Heiratskandidaten. Da können sie ihren Auserwählten im Chatroom treffen, ihn sehen und mit ihm sprechen. Was jedoch fehlt, ist die Information über den Geruch. Moderne Institute haben das inzwischen erkannt und darauf reagiert: Sie bieten einen Test zur Genotypisierung an, der falsche Kandidaten von vornherein aussortiert, um emotionale Fehlinvestitionen zu vermeiden.

Wahrscheinlich verraten die MHC-Muster noch viel mehr über uns, als bisher bekannt ist. Im Monell Center von Philadelphia, wo Wissenschaftler schon seit 25 Jahren an verschiedenen MHC-Geruchstypen forschen, wurde festgestellt, dass Alter und Gesundheit von Mäusen ebenfalls über verschiedene

MHC-Zusammensetzungen mitgeteilt werden und sich Artgenossen daran orientieren. Die Kompositionen der Proteine sind viel umfangreicher als gedacht und bestimmen das gesamte soziale Mäuseleben. Nicht nur Weibchen und Männchen auf Partnersuche folgen den MHC-Informationen, sondern auch Weibchen, die eine Freundin suchen, und Mäusekinder, die ihre Mutter verloren haben: Der Familiengeruch führt sie zurück.

Wozu eine Mäusefrau weibliche Unterstützung braucht? Zum Beispiel zur gemeinsamen Brutpflege. Diese Arbeit teilen sich bevorzugt Weibchen mit möglichst ähnlichem MHC-Muster, weil sie sich damit als nah verwandt identifiziert haben. Und hier kommen wir zum zweiten wichtigen Prinzip in der Evolutionsgeschichte: Es hat sich als vorteilhaft erwiesen, für solche Hilfsleistungen Verwandte zu wählen, denn sie sind ähnlich interessiert wie man selbst, die eigenen Gene möglichst weit zu verbreiten, also gut für die Familie zu sorgen und ihre pflegerischen Aufgaben für den Nachwuchs entsprechend gewissenhaft zu erfüllen. Ein Evolutionsprinzip als Erfolgsrezept, und zwar nicht nur für ungezählte Mäusegenerationen. Auch wir Menschen sind eher bereit, einem anderen zu helfen, wenn er uns sympathisch erscheint und wir das Gefühl haben, dass er uns nahesteht. Solche verwandtschaftlichen Gefühle, die wir rational mit Argumenten wie Familientradition oder Nächstenliebe begründen, sind in Wirklichkeit genauso wie die Wahl des Sexpartners von der Zusammensetzung der Körperdüfte unseres Gegenübers abhängig. Die Nase entscheidet in diesem Fall also auch über unser soziales Engagement.

Liebespheromone und die Tricks des Ebers

»You and me baby ain't nothing but mammals«, frohlockt die Bloodhound Gang und ruft zum Boykott zivilisatorischer Zwänge auf: »Let's do it like they do on the discovery channel«. Weil wir sowieso bloß Säugetiere sind, Baby, lass es uns treiben wie die Tiere in den Naturfilmen im Fernsehen! Die animalische Note mag uns befremdlich erscheinen, aber sie ist enorm erfolgreich. Das beweisen Hunde, Katzen und Mäuse jeden Tag, denn alle Tiere kommunizieren über Düfte.

Jeder Hundebesitzer weiß, dass ein Spaziergang mit seinem Liebling mühsam und langwierig sein kann, weil der Hund jeden Zaun, Baum oder Laternenpfahl anspritzt, der am Weg steht, und so mit seiner Duftmarke markiert. Dabei hinterlässt er ein Bukett von Gerüchen, das dem nachfolgenden Schnüffler eine detaillierte Beschreibung des Pinklers liefert. Es berichtet von seiner Rasse, seinem Geschlecht und seiner momentanen körperlichen Konstitution. Ist er ein schwacher oder starker Gegner? Intensität und Menge der Duftstoffe verraten ihn. Der Nachfolger weiß auch, wann der Vorgänger hier war, ob es erst ein paar Minuten her ist, man ihm also noch nachrennen könnte, oder ob die Spur schon Tage oder gar Wochen alt ist. Eine Art Zerfallsdatum gibt ihm darüber Auskunft. Tiere markieren mit solchen Hinterlassenschaften ihr Revier, und sie stellen Rangordnungen auf. Vor allem aber finden sie passende Sexpartner.

Deshalb gilt für alle Tiere dieser Welt: ohne Duft keine Sexualität. Tiere brauchen die Informationen der Duftstoffe, um sich zu paaren. Allein Menschen sowie Schimpansen und Bonobos, die mit den Menschen zusammen eine kleine Untergruppe der großen Menschenaffen bilden, können im Notfall darauf verzichten und werden sogar noch Sex haben, wenn man ihnen die Nase zuhält. Sie sind gleichzeitig die einzigen Lebewesen, die ihre Zeit und Energie ohne Chance auf Nachwuchs mit geschlechtlichen Freuden vergeuden. Alle anderen nutzen den Sexualduft, den Männchen und Weibchen unterschiedlich produzieren. Er führt sie zum richtigen Zeitpunkt, also nur dann, wenn ein befruchtungsfähiges Ei zur Verfügung steht, zusammen und sorgt dafür, dass nur Tiere der gleichen Spezies miteinander verkehren – ein wichtiger Mechanismus der Artentrennung.

Kein Rüde würde sich also je ein Kaninchen als Partnerin aussuchen – allein schon wegen des anderen artspezifischen Geruchs. Riecht er dagegen eine läufige Hündin, interessieren ihn weder Futter noch Herrchens gute Worte: Er flitzt hinter ihr her, so schnell er kann. Der Duft eines läufigen Weibchens ruft bei den Männchen ein Verhalten hervor, das wie ein Reflex abläuft. Genauer gesagt sind es Pheromone, die solche stereotypen, vorhersagbaren Reaktionen unter Artgenossen auslösen. Tiere nehmen sie über spezielle Rezeptoren wahr, von denen Säugetiere – zusätzlich zu den »normalen« Riechrezeptoren – bis zu ein paar 100 besitzen. Das sexuelle Verhalten steuern nur ein paar davon, der große Rest dieser chemischen Sprache beschäftigt sich mit Alltagsinformationen wie zum Beispiel Rangordnung, Familienzugehörigkeit, das Markieren des eigenen Reviers oder Warnen vor Gefahren.

Der Begriff Pheromon setzt sich zusammen aus den altgriechischen Wörtern »pherein«, was »überbringen, übermitteln, erregen« heißt, und »hormon« für »bewegen«. Geprägt wurde er 1959 vom »Großvater der Pille«, Adolf Butenandt, seinem Schüler, dem deutschen Chemiker Peter Karlson, und dem Schweizer Zoologen Martin Lüscher. Butenandt war damals schon eine Berühmtheit, denn er hatte im Jahr zuvor den Nobelpreis für seine Forschungen an Steroidhormonen bekommen. Der Biochemiker war nicht nur ein wissenschaftlicher Visionär, sondern auch ein Mann von großer Ausdauer. Schon seit Anfang der 30er-Jahre hatte sich der 1903 in Bremerhaven geborene (und 1995 gestorbene) Forscher mit Sexualhormonen beschäftigt. 1929 hatte er als Erster das weibliche Follikelhormon Östron isolieren können, später folgten das männliche Keimdrüsenhormon Androstenon und das Schwangerschaftshormon Progesteron. Einen Nobelpreis in Chemie, der ihm 1939 verliehen werden sollte, musste er ablehnen, weil die Machthaber ihm die Annahme verboten.

Noch vor dem Krieg, mit 32 Jahren, hatte der ebenso kreative wie fleißige Forscher Angebote aus Harvard und Chicago bekommen, die er aber ablehnte, um stattdessen dem Ruf von Max Planck ans Kaiser-Wilhelm-Institut für Biochemie in Berlin-Dahlem zu folgen. In einem Privatlabor begann er damals, sich mit dem Seidenspinner *Bombyx mori* zu beschäftigen. Schmetterlinge und Käfer hatte der auf dem Land aufgewachsene Butenandt schon immer interessant gefunden und sogar gesammelt. Doch diesmal wollte er wissen: Wie schaffen es die Seidenspinnerweibchen, ihre Männchen bei Nacht über so weite Entfernungen anzulocken? Produziert der Körper Sexualstoffe, die nicht nur innerhalb des Körpers funktionieren, wie die Hormone, sondern auch nach außen wirken? Hormone auf Wanderschaft, sozusagen? Diesen Lockstoff und seine Zauberformel zu finden, das war sein Ziel. Ein ehrgeiziges Unterfangen, wie sich herausstellte, denn es sollte ihn 22 Jahre lang beschäftigen.

Vom Seidenspinner wusste man, dass Männchen und Weibchen ganz unterschiedliche Fühler haben: die der Weibchen sind schlichte, dünne Fäden, die der Männchen mit Tausenden winzigster Härchen gefiedert. Diese Härchen haben nur eine spezielle Aufgabe: Wie eine Antenne nehmen sie über weite Strecken hinweg ein chemisches Signal auf, das vom Weibchen in einer Drüse am Hinterleib produziert wird. Zur Verständigung fehlt also nur noch ein bisschen Wind, der die Geruchsmoleküle verteilt. Riechzellen auf der hochsensiblen Antenne werden bereits durch ein einziges Molekül erregt, und rund

100 Moleküle reichen, um das Seidenspinnermännchen zum Starten in Richtung Weibchen zu veranlassen. Eigentlich ist das Männchen einzig und allein auf Sex aus. Nahrung interessiert ihn nicht, die hat er aus dem Puppenstadium in seinem dicken Bauch gespeichert. Fortan ist er als flying sex machine unterwegs. Dabei macht ihn der Lockduft unabhängig vom Tageslicht und führt ihn selbst in dunkelster Nacht zum Ziel. Ein erstaunliches und höchst effektives System. Doch wie setzt sich dieser Stoff zusammen? Worin liegt seine magische Kraft?

Dem Seidenspinner mögen geringste Mengen der verlockenden Substanz genügen, der Forscher Butenandt brauchte eine halbe Million weiblicher Tiere, um ausreichend Sekret für sein Labor zu bekommen. Zu seinem Glück wurden in Italien und Japan Seidenraupen gezüchtet, und er konnte sie importieren. Im Jahr 1959 war es dann soweit: Butenandt verkündete die erfolgreiche Isolierung von Bombykol. Das erste Pheromon war entdeckt. Der Nachweis seiner Wirkung gelang kurz darauf dem damals weltberühmten Riechforscher Dietrich Schneider, der später zusammen mit Konrad Lorenz das Max-Planck-Institut in Seewiesen leitete und in dessen Labor ich (Hanns) während meines Studiums einige Jahre arbeiten durfte.

Wir untersuchten die Sexualpheromone von Nachtfaltern – Motten, wie sie im Volksmund genannt werden. Das sensationelle Ergebnis war, dass die Weibchen von jeder der untersuchten Arten eine eigene und komplexe Mischung von Sexualdüften produzierten und über Drüsen am Hinterleib abgaben. Nur die Goldeulen-Männchen wurden durch den Duft der Goldeulen-Frauen erregt, die Silber- und Bronzeeulen interessierte diese Mischung nicht. Da allein in Deutschland über 1000 verschiedene Nachfalterarten vorkommen, bedeutet dies ebenso viele unterschiedliche Sexparfüms. Der Duft dient dabei nicht nur als Hilfe zum Finden der Weibchen, sondern auch wieder als perfektes Instrument, um Sexualität zwischen verschiedenen Arten zu verhindern. Ohne passenden Duft keine Lust.

Die Sexualpheromone von Insekten sind seit ihrer Entdeckung ein Feld intensiver Forschung, und keine Tierart blieb dabei unbehelligt. Ob es nun die Papaya-Fruchtfliege *Toxotrypana curvicauda* und die Platterbsen-Blattlaus *Megoura viviae* mit ihrem Balzverhalten oder der Ohrwurm *Forficula* mit seinem Sexualbelecken ist. Dabei kam unter anderem heraus, dass die Sexualhormone von Schmetterlingen gelegentlich nach Erdbeeren riechen und die der Blattläuse nach Katzenminze. Wobei man manche Phänomene liebend gern den Fachleuten überlässt. Das Kontaktpheromon der männlichen Kakerlake ließe sich da spontan nennen. Seien Sie ehrlich, mit dem wollten Sie noch nie etwas zu tun haben! Auch die Bekanntschaft mit den Männchen der Grünen Stinkwanze klingt in den Ohren von Laien durchaus verzichtbar. Allerdings behaupten die Biologen, dass die Herren wirklich unwiderstehlich duften!

Selbst im Meer sorgen Duftstoffe für das rechte Liebesleben. Beobachtungen haben gezeigt, dass Hummer sich ohne den entscheidenden Duft bekämpfen statt lieben. Paarungswillige Weibchen müssen deshalb erst die richtige Duftnote schicken, um die Aggressionen ihres Zukünftigen zu bändigen und nicht auf seinem Speisezettel zu landen. Denn Hummerweibchen können sich nur unmittelbar nach der Häutung paaren, wenn der neue Panzer noch weich ist, und laufen dann Gefahr, von Artgenossen gefressen zu werden. Der Duftstoff stimmt das Hummermännchen gnädig. Er erlaubt ihr, in seine Höhle einzuziehen und dort nicht nur die Liebesnacht, sondern auch die folgenden Tage zu verbringen. Gut untersuchte Pheromonproduzenten sind außerdem die Seegurken – denn selbst für sie finden sich Interessenten – und eine der ältesten existierenden Zellen der Erde, die Hefen, wie zum Beispiel die Bäcker- oder die Bierhefe. Sie besitzen bereits spezielle Sexualdüfte und Rezeptoren zur Partnerfindung.

Bei Rindern ist es eine spezielle Note im Urin der Kuh, die

den bevorstehenden Eisprung ankündigt und den Bullen anlockt. Er trennt sie daraufhin von der übrigen Herde, verbringt mit ihr die Nacht und schreitet erst am nächsten Tag zur Tat der Zeugung. Bei Schweinen geht es handfest zu. Der Eber produziert in seinen Hoden die Pheromone Androstenon und Androstenol, die für uns Menschen einen eher widerlichen Geruch aus einer Mischung von Urin und alter Bettwäsche haben. Deshalb kämen wir auch nie auf die Idee, das eklig riechende Eberfleisch zu essen. Die Pheromone gelangen mit dem Blut in den Speichel. Dann knirscht der Eber ordentlich mit den Zähnen, schäumt den Speichel auf und lässt so die Duftstoffe verdampfen.

Wozu die ganze Anstrengung? Um bei der Sau die sogenannte Duldungsstarre auszulösen, ohne die er seinen korkenzieherartig geformten Penis nicht einschrauben könnte und ständig Gefahr liefe, von seiner Erwählten abgeworfen zu werden. Nimmt sie aber zum Zeitpunkt ihres Eisprungs – und nur dann wirkt der Duft – die verführerischen Pheromone wahr, stellt sie sich steifbeinig dem Eber zur Verfügung, legt die Ohren an und wehrt sich minutenlang nicht mehr. Eine ziemlich unromantische Nummer, die auch in Zeiten künstlicher Besamung nicht an Charme gewinnt. Die Duftstoffe kommen nämlich inzwischen aus der Spraydose, in Fachkreisen »Dosen-Eber« genannt (Abbildung 11). Ohne die unfehlbare Portion Pheromon wäre eine Insemination überhaupt nicht möglich, weil die Sau einfach nicht stillhält. Ökonomisch hatte die Entdeckung dieses Pheromons weitreichende Folgen, denn inzwischen stammen über 80 Prozent des Schweinefleischs im Handel von künstlich besamten Tieren.

Natürlich lassen sich Pheromone zu manch bösem Streich missbrauchen. Wie wir schon als Schulkinder wussten, verlieren Kater vollkommen die Beherrschung, sobald sie Baldrian schnuppern, und veranstalten ohrenbetäubende Schreikonzerte, um einer vermeintlichen Angebeteten zu imponieren.

Wir schütteten deshalb den Inhalt einer Baldrianflasche vor die Haustür unseres ungeliebten Lehrers, der daraufhin von allen Katern der näheren und weiteren Umgebung heimgesucht wurde und die ganze Nacht ob des schrägen Gejammers kein Auge zutat. Inzwischen weiß man, dass einige Inhaltsstoffe im Baldrian Katzenpheromone sind, wie man sie beispielsweise auch in der Katzenminze findet.

Visitenkarten mit garantierter Massenwirkung

Pheromone dienen nicht nur der erfolgreichen Fortpflanzung. Sie können wie duftende Visitenkarten überall dort hinterlassen werden, wo klargemacht werden soll: ICH WAR DA. Und die Botschaft ist selten wertfrei gemeint. Sie kann bedeuten: Kommt alle her! Oder: Bleibt bloß weg, das hier ist alles meins. Oder: Ich bin einer super Futterquelle auf der Spur. Alle mir nach! Oder: Habe eine große Gefahr entdeckt. Hier brennt die Hütte, flieht so schnell ihr könnt! Die chemische Sprache der Tiere haben Biologen übersetzt. Sie sprechen von Markierungspheromonen, wenn es um die Absteckung eigenen Terrains geht, von Spurpheromonen, wenn andere auf derselben Fährte folgen sollen, von Alarmpheromonen, wenn gewarnt, und von Aggregationspheromonen, wenn zur Versammlung aufgerufen wird.

Raub- und Hauskatzen, aber auch Hirsche und andere Huftiere benutzen Pheromone zur Markierung ihres Reviers und machen auf diese Weise ihre Vorherrschaft deutlich. Sie verteilen dafür ein Sekret aus Haut- oder speziellen Analdrüsen, das die Konkurrenz abschrecken soll. Bienen und Wespen können über ihren Stachel einen Duftstoff freisetzen, der im gesamten Stock wahrgenommen wird. Sticht eine Biene zu, wissen die anderen: Achtung, Gefahr! Und werden entsprechend aggressiv.

Nicht selten hat man deshalb nach einem einzelnen Stich den gesamten Schwarm am Hals. Es reicht auch schon, wenn das Alarmpheromon über den Stachel freigesetzt und anschließend mit den Flügeln fächelnd in der Luft verteilt wird. Die Wächterinnen eines Bienenstocks warnen auf diese Weise ihre Mitbewohnerinnen, wenn Unheil droht.

Solche Alarmpheromone müssen kurzzeitig eingesetzt werden und sind daher meist leichtflüchtige Substanzen. Aber auch in friedlichen Zeiten stehen bei Bienen die Duftkontrolleure vor der Tür: Nur Tiere, die den richtigen »Stall«geruch mitbringen, dürfen passieren. Kreuzen fremde Bienen auf, kommen die Arbeiterinnen den Wächterinnen zu Hilfe und vertreiben sie. Die kleinen Blattläuse sichern den Fortbestand ihrer Art ebenfalls durch ein Alarmpheromon. Wird eine Blattlaus angegriffen, sondert sie einen kleinen Tropfen davon ab und warnt damit die Nachbarschaft: Alle Blattläuse, die sich in der Nähe befinden, lassen sich dann einfach zu Boden fallen oder flüchten.

Die Pflanze ihrerseits weiß sich gegen die Blattläuse und andere Schädlinge zu wehren. Sie produziert neben giftigen Substanzen verschiedene Duftstoffe, mit denen sie die Widersacher ihrer Angreifer anlockt und zugleich die Nachbarn vorwarnt. Solche Pflanzenpheromone wurden erst vor Kurzem entdeckt, und die Duftkommunikation zur Feindabwehr bekam sogleich einen sprechenden Namen: Talking Trees. Auch Kräuter wie der Salbei geben flüchtige Duftstoffe ab, die sich als Schwaden über erstaunliche Entfernungen ausbreiten und nicht nur Artgenossen, sondern sogar in der Nähe wachsende Tabakpflanzen vor bald eintreffenden Schädlingen warnen. So können sie rechtzeitig mit der Produktion spezifischer Abwehrstoffe beginnen und die Feinde schneller und effektiver in die Flucht schlagen. Von Bohnenpflanzen weiß man, dass sie bei Raupen- oder Käferbefall mit einem speziellen Duft die Nektarproduktion bei sich selbst und den Nachbarn ankurbeln und auf diese Weise

Raubinsekten herbeirufen, die mit ihren Widersachern kurzen Prozess machen.

Ausgemachte Pheromonexperten sind alle Arten von Ameisen, die mit ihrer perfekten Arbeitsteilung und dem organisierten Zusammenleben verblüffend komplizierte Sozialsysteme zustande bringen. Sie verfügen über 25 verschiedene Duftstoffe, die sie einzeln oder kombiniert zur Kommunikation benutzen. Das Alarmpheromon spielt natürlich eine wichtige Rolle. Oft benutzen Ameisen sogar Stoffe, die in der Nähe der Gefahr zum Angriff aufrufen, während sie in weiterer Entfernung zur Flucht raten. Doch mindestens genauso wichtig sind die Duftstoffe, um Spuren zu legen und zu lesen. Wenn eine Ameise eine Futterquelle entdeckt hat, sondert sie eine Spur aus Pheromonen ab, die Artgenossen dorthin führen soll. Alle anderen tun dasselbe, sodass bald eine breite und gut wahrnehmbare Duftspur den Weg weist. Wissenschaftler haben den Spurduft inzwischen als Cumarinderivate (riecht wie Gras) identifiziert. Und wenn man Ärger mit dem Nachbarn hat, eignet er sich vorzüglich, um die Tiere auf künstlichen Ameisenstraßen vom eigenen Grundstück in seinen Garten zu führen.

Gelegentlich werden Ameisen Opfer ihrer eigenen Informationspolitik. Denn es gibt Schmetterlingsarten wie den Bläuling, deren Larven den Duft der Ameisen imitieren können. Pheromonmimikry nennt man diese Art der Tarnung: Die Larven machen sich auf die Spur der Ameisen, nisten sich in deren Nest ein und sind dort vor Feinden sicher. Dankbarkeit gegenüber ihren Gastgebern kennen sie allerdings nicht, im Gegenteil: Wenn sie größer werden, fressen sie die Ameisen auf.

Manchmal gelingt es auch dem Menschen, Tiere mit ihren eigenen Pheromonen zu überlisten. Käfer, Motten und andere Schädlinge sind dabei die meistgejagten Plagegeister. In Hamburg und Berlin haben die Behörden den Kampf gegen die Miniermotten aufgenommen, die sämtliche Kastanienbäume kahl fressen. Sie haben die Bürger aufgerufen, spezielle Fallen mit weiblichen Sexualpheromonen aufzuhängen, um die Männchen anzulocken. Sobald die Zahl der Männchen deutlich ansteigt, werden Insektizide eingesetzt, bis die Fallen wieder weitgehend leer sind. Dieselbe Methode kommt gegen Borkenkäfer und Traubenwickler zum Einsatz. Damit spart man Geld für Gifte, vor allem aber reduziert man die Giftmenge deutlich. Ein großer Vorteil für Produzenten und Verbraucher.

Sämtliche bisher beschriebenen Pheromone lösen ein bestimmtes Verhalten aus. Wissenschaftler nennen sie Releaser-Pheromone. Andere Pheromone können darüber hinaus sogar zu körperlichen Veränderungen bei Artgenossen führen. Das sind die sogenannten Primer-Pheromone. Die Biologen Wilson und Bossert haben einst diese Unterscheidung vorgenommen, und sie ist bis heute erhalten geblieben. So regelt die Bienenkönigin mit einem Primer-Pheromon, das den Hormonhaushalt verändert, elegant das Zusammenleben im Bienenstock und ganz nebenbei gleich die eigene Nachfolgefrage. Sic produziert einen verführerischen Duft, der ihre Artgenossinnen in die Geschlechtslosigkeit zwingt, indem er die Entwicklung der Eierstöcke verhindert. Erst wenn sie alt oder der Bienenstock überfüllt ist, lässt sie die Arbeiterinnen mithilfe des berühmten Gelee Royal eine neue Königin heranfüttern.

Was man nie für möglich hielt: Sogar bei Säugetieren existiert dieses Phänomen. Das entdeckte man beim Nacktmull, einem in Afrika lebenden, mausgroßen und auf den ersten Blick ziemlich hässlichen Tier. Es lebt ausschließlich unter der Erde in einem endlos langen Tunnelsystem. Wie Sklaven schuften die bis zu 300 Mitglieder einer Gruppe für ihre despotische Königin, die obendrein ihr Sexualleben völlig lähmt. Wie das gelingt, ist noch nicht im Detail bekannt, aber man vermutet, dass dahinter ein spezielles Königin-Pheromon steckt, ähnlich wie bei den Bienen. Holt man nämlich einen Nacktmull aus dem Dunstkreis der Monarchin, ist der sexuelle Dornröschenschlaf sofort beendet und das Tier sexuell aktiv.

Vorher haben die Weibchen keinen Eisprung, die Männchen kaum Spermien. Die hat die Monarchin längst als Vorrat bei sich gespeichert.

Nach diesen Erkenntnissen fragten sich viele Forscher natürlich: Was passiert eigentlich bei höheren Säugetieren? Wirken bei ihnen und womöglich auch beim Menschen diese Pheromone genauso? Und wie immer, wenn sich Wissenschaftler solche Fragen stellen, müssen Mäuse zur Klärung herhalten. Dafür wissen wir jetzt entscheidend mehr über die wichtigsten Effekte von Primer-Pheromonen. Sie können beispielsweise bewirken, dass die Ovulation bei weiblichen Jungtieren früher einsetzt. Mäusemädchen, die mit einem Pheromon aus dem Urin von Männchen in Kontakt kommen, werden früher geschlechtsreif, denn das Puberty Acceleratin Pheromon (PAP) lässt die den Eisprung auslösenden Hormone schneller ansteigen.

Aber auch in das Leben von erwachsenen Mäusen greifen die Pheromone entscheidend ein. Geschlechtsreife Weibchen verbringen ihr Leben zumeist allein in einer Erdhöhle. Die Dauer ihres Zyklusses kann Wochen oder Monate betragen, wenn kein Männchen in der Nähe ist (die sind nämlich permanent auf Wanderschaft und kommen nur zufällig vorbei). Sobald das Weibchen jedoch den Duft eines Männchens wahrnimmt, schaltet ihr Körper sofort um und verkürzt den Zyklus radikal. Die Maus kann dann täglich empfängnisbereit sein. Kommt nach der Befruchtung ein anderes hübsches Kerlchen vorbei, löst das eine bio-ökonomische Maßnahme besonderer Art aus: Riecht ein Weibchen nämlich kurz nach der Kopulation ein fremdes Männchen, nistet sich das vom Ersten befruchtete Ei nicht bei ihr ein. In diesem Fall kann sie nach drei bis vier Tagen wieder fruchtbar sein und erspart sich die Mühen einer unnützen Schwangerschaft, da fremde Kinder vom eifersüchtigen »Neuen« sofort nach der Geburt gefressen werden. Für die tödliche Attacke reichen schon geringste Unterschiede im Duft – selbst die Kinder ihres Schwagers würde das Weibchen verlieren.

Von den Insekten zum Menschen war es ein weiter Weg. Aber von den Mäusen? Säugetiere wie wir, praktisch schon die entfernte Verwandtschaft? Da musste man doch unmittelbar schließen, dass der Mensch wie die Maus reagiert. Sollte es also auch beim Menschen noch Pheromone geben? Das fragten sich nach den aktuellen Erkenntnissen der Tierversuche viele internationale Forscher und machten sich auf die Suche nach den Lockstoffen beim Menschen.

Lockstoffe der Liebe – auch beim Menschen?

Nach seinem letzten Mord an einem Mädchen war Baptiste Grenouille, Süskinds Duftfanatiker aus »Das Parfum«, endlich gefangen genommen und zum Tode verurteilt worden. Tausende Schaulustige hatten sich am 17. April 1766 auf dem Cours von Grasse versammelt, um seine Hinrichtung zu feiern. Doch dann geschah das Wunder. Der Mörder entstieg der Kutsche und von einem Moment zum anderen wurde die Menge, eben noch überzeugt, einen abscheulichen Verbrecher vor sich zu haben, von dem unerschütterlichen Glauben erfasst, dieser Mann könne unmöglich ein Unhold sein. Damit nicht genug, fielen sich die Offiziere und Polizeileutnants in die Arme, stemmten die Damen die Fäuste in den Schoß und »seufzten vor Wonne«; das gesamte Volk gab sich schamlos einem unheimlichen Gefühlsrausch hin. »Sittsame Frauen rissen sich die Blusen auf, entblößten unter hysterischen Schreien ihre Brüste, warfen sich mit hochgezogenen Röcken auf die Erde. Männer stolperten mit irren Blicken durch das Feld von geilem aufgespreiztem Fleisch, zerrten mit zitternden Fingern ihre wie von unsichtbaren Frösten steifgefrorenen Glieder aus der Hose, fielen ächzend irgendwohin, kopulierten in unmöglichster Stellung und Paarung, Greis mit Jungfrau, Taglöhner mit Advokatengattin, Lehrbub mit Nonne, Jesuit mit Freimaurerin, alles durcheinander, wie's gerade kam. Die Luft war schwer vom süßen Schweißgeruch der Lust und laut vom Geschrei, Gegrunze und Gestöhn der zehntausend Menschentiere. Es war infernalisch.« Und alles nur, weil sich Grenouille mit seinem Lockstoffparfüm eine unwiderstehliche Aura geschaffen hatte. Eine Duftmaske aus dem besten Parfüm der Welt, die den »Morast seiner Seele« verbarg und von dem sich alle Anwesenden nur zu gern täuschen ließen.

Ohne Zweifel, so muss man sich die Wirkung eines Pheromons vorstellen. Ein Duft, der das andere Geschlecht willenlos niederknien lässt, trotz Falten, Fettbauch und Haarausfall. Garantiert wirksam, überall und bei jedem Menschen einsetzbar, nie und nirgends den Zweifeln des Verstandes unterworfen. Kein Wunder, dass Parfümhersteller ihren Mixturen Pheromone beimischen und von unwiderstehlicher Wirkung schwärmen.

Ambra, Moschus und Zibet waren gestern, heute gilt das Eberpheromon Androstenon als unverzichtbar – wobei ein Weibchen in Duldungsstarre vielleicht nicht gerade das Ende aller Männerträume darstellt. Alternativ täte es übrigens ein leckeres Trüffelgericht, denn diese kostbaren Pilze verströmen ebenfalls einen starken Androstenonduft. Womit geklärt wäre, warum Wildschweine wie verrückt nach Trüffeln buddeln: Sie sind überzeugt, den vergrabenen Prinzen zu finden. Nun hat der Mensch nicht annähernd so eine feine Nase, noch neigt er zu überhasteten Ausgrabungsaktionen. Auch Szenen, wie sie Süskind schildert, klingen eher nach überhitzter Phantasie und dramatischem Theatergeschehen. Aber die subtilere Variante wäre denkbar. Ein eher unmerklicher Prozess, der das Verhalten von Menschen beeinflusst. Werden Menschen durch einen bestimmten Stoff vielleicht wacher, schlafen sie mehr, wird ihr Gedächtnis besser, beurteilen sie ihre Mitmenschen anders?

Einer der ersten und bekanntesten Versuche mit Androstenon, dem meistgenannten menschlichen Pheromonkandidaten, fand im Wartezimmer eines Arztes statt. Androstenon war deshalb interessant, weil es im Achselschweiß vor allem von Männern in höheren Konzentrationen vorkommt. In besagtem Wartezimmer wurden einige Stühle mit dem vermuteten Pheromon besprüht, andere nicht. Frauen setzten sich daraufhin bevorzugt auf die besprühten Stühle, egal ob sie abseits standen oder wie bequem sie waren, während Männer nicht auf die Pheromonbotschaft reagierten. Das gleiche Experiment wurde mit Theatersitzen, Telefonzellen und den Toiletten in einem Studentinnenwohnheim durchgeführt. Mit dem Ergebnis, dass Frauen sich hier und dort gern auf die präparierten Sitze setzten – und vom Theater die mit Androstenon besprühten Programme mit nach Hause nahmen, während sie die anderen liegen ließen. Männer saßen lieber woanders. Auch telefonieren mochten sie unter Androstenoneinfluss nicht und mieden die entsprechenden Telefonzellen. Die Forscher gehen davon aus, dass der Geruch eines »Rivalen« sie unbewusst abschreckte. Die eindeutigen Ergebnisse überraschen besonders, seit nachgewiesen wurde, dass nahezu ein Drittel aller Menschen Androstenon überhaupt nicht bewusst wahrnehmen kann.

Manche Pheromone sind in der Lage, Zufriedenheit und Entspannung zu erhöhen, während sie gleichzeitig Herzschlag und Atmung verlangsamen. Andere setzen Frauen ganz offensichtlich eine unsichtbare rosa Brille auf, durch die sie Männerfotos ganz neu betrachten. Plötzlich ist der eine Mann deutlich attraktiver, während der andere weniger offen, intelligent, tollkühn oder erotisch erscheint als vorher. Macht nichts. Die Versuchspersonen fühlten sich dennoch zu größerer Geselligkeit beflügelt: Sowohl Männer als auch Frauen berichteten über mehr Kommunikation und Sexualkontakte unter dem Einfluss der chemischen Stimulanz. Androstenol heißt hier die Zauberformel, dabei handelt es sich um ein dem Androstenon chemisch nahe verwandtes Molekül.

Denselben Stoff benutzten Forscher, um OP-Masken zu präparieren, die sie Versuchspersonen umbanden – angeblich, um den Stress zu messen –, die Fotos von Menschen, Tieren und Gebäuden bewerten sollten. Unter Androstenol wurden Frauen als sexier und attraktiver, alle Menschen als wärmer empfunden. Tiere und Gebäude wurden gleich bewertet. Ähnliche Versuche mit angeblichen Bewerbern für einen Job verliefen genauso: Mit Androstenol wurden sie alle positiver und sympathischer eingeschätzt. Vielleicht mal ein Tipp für alle Berufsanfänger: den künftigen Chef mit Androstenol an der Nase herumführen. Aber Vorsicht, die Damen: Es besteht die Gefahr, dass Sie sich selbst damit weniger sexy fühlen. Statt männliche Geruchsstoffe zu verwenden, sollten Sie sich deshalb besser auf die eigenen Waffen verlassen: Copuline heißen Substanzen, die im Vaginalsekret von Rhesusaffen-Weibchen vorkommen und zum Geschlechtsverkehr animieren. Frauen haben eine ähnliche Zusammensetzung von Fettsäuren im Vaginalsekret, aber können sie damit auch Männer anlocken? Doch dazu später mehr. Zunächst weiter in der kleinen Chronologie der großen Pheromonsuche.

Parallel zu den diversen Schnüffeltests wurden die Gehirne der Versuchspersonen betrachtet. Gibt es Veränderungen in der Durchblutung oder des Stoffwechsels, wenn Menschen möglichen Pheromonen ausgesetzt sind? Tatsächlich fanden Forscher ähnliche geschlechtsabhängige Unterschiede in der Aktivierung des Hypothalamus, wie ihre Kollegen sie bei Nagetieren festgestellt hatten. Sogar Felder in der Großhirnrinde des Gehirns, wurden aktiviert, die normalerweise nicht von Düften angesprochen werden, sondern für das soziale Bewusstsein und für Aufmerksamkeit zuständig sind. Dem Androstadienon, einem Abbauprodukt von Testosteron, bescheinigten amerikanische Forscher die Fähigkeit, für bessere Laune und Befindlichkeit bei Frauen zu sorgen. Außerdem stieg die Produktion des Luteinisierenden Hormons (LH) an, das den Zyklus reguliert und für die Fruchtbarkeit der Frau sorgt. Insgesamt schon eine ziemliche positive Bilanz. Doch im Wettstreit der Labors um Ruhm und Forschungsgelder reichte das nicht aus. Denn eine der wichtigsten Fragen, die die Wissenschaftler beschäftigte, war noch immer nicht beantwortet: Ist der menschliche Körper überhaupt in der Lage, Pheromone wahrzunehmen? Und wenn ja, mit welchem Sinnesorgan? Oder sind die beobachteten Wirkungen womöglich bloß ein Lerneffekt?

Das Jacobson-Organ und der Jäger des Pheromonschatzes

Nicht alle Vampire entsteigen zu mitternächtlicher Stunde bleichgesichtig einem Sarg, um sich wehrlosen Damen an den Hals zu werfen. Der Gemeine Vampir in der Natur ist eine Fledermaus, die sich zwar blutrünstig, aber gleichzeitig mit einer gewissen Raffinesse zu ernähren weiß. Er lebt ausschließlich vom Blut von Säugetieren, eine Futterquelle, die nur widerwillig bereit ist, die nötige Nahrung zur Verfügung zu stellen. Der Vampir muss also trickreich sein, um satt zu werden. Er wartet, bis sein Opfer schläft, und arbeitet mit rasiermesserscharfen Zähnen, die es ihm erlauben, sehr sanft und kaum spürbar dessen Adern anzuzapfen. Wichtig dabei ist, sich unbemerkt anzunähern. Wie das am besten geht, zeigen die älteren Fledermäuse ihren Jungen. Sie besprühen zuerst das Opfer mit einem feinen Urinnebel, sodass eine Duftspur aus Pheromonen gelegt wird. Dann folgt der gemeinsame Anflug, bei dem alle die Oberlippe hochziehen und die intensiven Düfte aufnehmen.

Was aussieht wie eine merkwürdige Grimasse, nennen die Biologen »Flehmen«, das Wahrnehmen eines Pheromonreizes.

Dafür hat die Natur ein spezielles Organ entwickelt: das Vomeronasalorgan (VNO). Es liegt tief im Innern der Nase verborgen und funktioniert nach dem Prinzip eines Augen- oder Nasentropfenspenders, der die Tropfen per Gummi in die Pipette saugt. Genau so werden die Pheromone durch die Kontraktion der Lippenmuskeln eingesogen.

Säugetiere flehmen ebenfalls, und zwar verstärkt dann, wenn Männchen auf weibliche Absonderungen treffen. Sie riechen daran, lecken ein wenig auf und verteilen so die Moleküle im Mundraum. Bei Pferden kann man oft beobachten, was dann passiert: Sie ziehen nicht nur die Oberlippe hoch, sondern werfen gleichzeitig den Kopf zurück und schütteln ihn hin und her, um auch noch den Speichel an den Öffnungen des VNOs vorbeifließen zu lassen. Was das spektakuläre Flehmen bei Pferden unterstützt, schaffen die kleinen Muskeln des VNOs bei anderen Tieren ganz allein – den Nasenschleim mit den gelösten Pheromonen anzusaugen.

Das Vomeronasalorgan wird auch Jacobson-Organ genannt, nach dem dänischen Arzt Ludwig Jacobson, der seine Untersuchungen über das Organ bei Säugetieren 1811 veröffentlichte. Entdeckt hatte es eigentlich der Militärarzt Ruysch rund ein Jahrhundert vorher beim Menschen, als er einen Soldaten untersuchte. Aber niemand hatte ihn so recht ernst genommen. Beim Menschen sei dieses Organ verkümmert und nicht mehr funktionsfähig, meinte ein Teil der Wissenschaftler. Menschen besitzen überhaupt kein VNO, sagten die anderen.

Diese Zweifel zogen sich wie ein roter Faden durch die Geschichte des Organs. Erst in jüngster Zeit wurden sie durch eine groß angelegte Studie an der Universität Dresden ausgeräumt. Bei 75 Prozent der Untersuchten konnte dabei ein VNO nachgewiesen werden. Grund für die immer wieder unterschiedlichen Befunde war, dass das unscheinbare Organ äußerlich nicht viel zu bieten hat – man kann es leicht übersehen. Nur zwei kleine Grübchen weisen darauf hin, die sich zu beiden Seiten an der Basis der Nasenscheidewand, die lateinisch »vomer« heißt, verbergen.

Volker Jahnke, dem ehemaligen Leiter der HNO-Klinik an der Berliner Charité und seinem Kollegen Hans-Joachim Merker gelang es vor einigen Jahren, das VNO genauer zu beschreiben. Sie entnahmen das Organ bei 14 Patienten, die aus verschiedenen Gründen sowieso an der Nase operiert werden mussten, und untersuchten es unter dem Elektronenmikroskop. Was die Forscher fanden, war ein unerwartet differenziertes Gebilde: ein dünner, blind endender Schlauch von zwei bis acht Millimetern Länge und einer Breite, die zwischen 0,2 und zwei Millimetern variierte. Offenbar ist er im Zuge einer Einstülpung der Nasenschleimhaut entstanden.

Die Zellen des VNOs von Tieren ähneln denen der Riechschleimhaut, denn sie leiten mit ihrem langen Nervenfortsatz die elektrischen Impulse direkt in den akzessorischen Bulbus, ein kleines Anhängsel des Riechhirns. Aber sie unterscheiden sich von den Riechzellen im Aussehen und dadurch, dass sie spezifische Rezeptoren für Pheromone besitzen. Eine Arbeitsgruppe aus Baltimore um das Forscherehepaar Trese Leinders-Zufall und Frank Zufall konnte zeigen, welch unvorstellbar winzige Mengen Pheromon dem VNO von Mäusen ausreichen: Ein einzelnes VNO-Neuron kann Signalstoffverdünnungen, die einem Tropfen im Bodensee gleichen, erkennen und verarbeiten.

Die Forscher hatten 250 Mikrometer (ein Viertel Millimeter) dünne VNO-Scheibchen präpariert und testeten deren elektrische Reaktion auf sechs verschiedene Mauspheromone. Jeder einzelne Signalstoff war imstande, ganz spezifische Gruppen von VNO-Einzelneuronen zu aktivieren. Die Neuronen des VNO gehören also nicht nur zu den empfindlichsten Chemorezeptoren bei Säugern überhaupt, es gibt darüber hinaus mehr Typen als gedacht. Etwa 300 verschiedene Rezeptortypen sollen bei Mäusen insgesamt in den Strukturen des VNO vorkommen, die sich noch einmal in zwei Klassen unterteilen lassen, wie Linda Buck herausgefunden hat. Damit ist die Maus schon ganz ordentlich ausgestattet, kann aber längst nicht mit dem Schnabeltier mithalten. Rekordverdächtige 900 Pheromonrezeptoren entdeckten Forscher jüngst bei ihm, nur was sie riechen können, weiß man noch von keinem einzigen. Bei der Maus kennt man immerhin von einem der Rezeptoren den potenziell wirksamen Duft. Es handelt sich um das muffig, schimmlig riechende Heptanon, das interessanterweise auch als Alarmpheromon bei Bienen dient.

Was mit der Entdeckung des VNOs weiterhin unklar war: Funktioniert es denn beim Menschen überhaupt noch? Auf jeden Fall, behauptete selbstbewusst der amerikanische Neurophysiologe David Berliner. Der inzwischen verstorbene Experte galt in den 90er-Jahren vielen als »Erfinder« menschlicher Pheromone. In seinen Augen stellte das VNO das »Einfallstor« für Pheromone dar, jene Superdrogen – auch für Menschen. »Die Zellen leben und sind aktiv«, erklärte er in einem Interview. »Ich bin überzeugt, dass das Vomeronasalorgan einen direkten Drogenpfad ins Gehirn bildet.«

Als die Diskussion um Pheromone und das VNO begann, erinnerte sich Berliner an die wundersame Zeit im Labor der Universität von Utah, wo er im Jahr 1963 als Arzt gearbeitet hatte. Dort ging es damals nicht besonders lustig zu. Ernst dreinblickende Wissenschaftler beugten sich den ganzen Tag über Reagenzgläser und Mikroskope. Keiner machte Scherze, kaum einer lachte. Mittags ging jeder für sich schnell etwas essen, um dann sofort weiter zu forschen. Das blieb so bis zu dem Tag, als Berliner begann, Hautextrakte in Reagenzgläser zu füllen. Reichlich Forschungsmaterial lieferte ihm das nahe gelegene Skiparadies, genauer gesagt die Gipsverbände, die sich dank zahlreicher Knochenbrüche in den umliegenden Kliniken stapelten. Eigentlich keine besonders appetitliche Tätigkeit, doch Berliner erledigte die Arbeit in bester Laune. Auch die

Stimmung im Labor hellte sich zusehends auf. Die Menschen begannen miteinander zu plaudern, verbrachten gemeinsam ihre Mittagspause. Einer schlug sogar vor, dass alle endlich Bridge lernen sollten. »Die Persönlichkeiten waren wie ausgewechselt«, erzählte Berliner später einer Journalistin. »Es war äußerst merkwürdig.«

Eine Woche hielt die Verwandlung an. So lange, wie die Arbeit mit der Haut dauerte. Als die Fläschchen zugestöpselt waren, sank das Stimmungsbarometer im Labor auf die alten Werte. »Ich habe damals nicht kapiert, was ich in der Hand hatte«, sagte Berliner. Drei Jahrzehnte lang beschäftigte er sich mit anderen wissenschaftlichen Fragen.

Hatten die Reagenzgläser damals womöglich Pheromone enthalten? Und wie konnten diese Pheromone vom Menschen aufgenommen werden? Hatte das VNO noch eine Funktion? Gemeinsam mit seinem Kollegen Luis Monti-Bloch entwickelte Berliner ein Gerät, das Proben geruchloser Hautextrakte direkt in das VNO von Freiwilligen pusten sollte. Zwei hauchfeine Elektroden würden messen, ob das Organ mit einem elektrischen Impuls reagiert. Das überraschende Ergebnis, das die beiden kundtaten: Die unvorstellbar winzige Menge von 30 Pikogramm, das sind 30 Milliardstel Teile eines Milligramms, habe ausgereicht, um in Sekundenschnelle eine physiologische Reaktion hervorzurufen. Nicht nur das, der elektrische Impuls sei auch ausschließlich im VNO aufgetreten, nicht bei den Riechzellen der Nase. Ihrer Meinung nach hatte sich das VNO damit als etwa 1000-mal empfindlicher erwiesen als der normale Geruchssinn. Das war nicht die einzige Überraschung: Einige der Stoffe veränderten die Körperfunktionen der Probanden, etwa den Puls, die Pupillengröße oder die Hauttemperatur, und sogar deren Stimmung.

»Ein Beweis, dass vom VNO Nervenbahnen direkt zum Gehirn führen, denn nur sie können eine derart rasche Reaktion bewirken«, verkündeten die Forscher der Fachwelt und nannten die Stoffe deshalb Vomeropherine. Doch die Kollegen reagierten durchaus unterschiedlich, manche waren begeistert, andere sprachen von »Gerüchten« und »Vermutungen«, die Berliner verbreitet habe, und fanden, dass »für die aufwendigen Untersuchungen … ein erheblicher Erklärungsbedarf« besteht. Auch alternative Erklärungen für seine Versuche seien denkbar, kritisierten Fachkollegen, außerdem fehlten die Kontrollen.

Zwischen den Zeilen ist der Vorwurf zu hören, Berliner habe sich wirksam in Szene gesetzt, um die Werbetrommel für persönliche Zwecke zu rühren. Denn seine wissenschaftliche Forschung hat David Berliner nebenbei zum Millionär im Biotechnologie-Business gemacht. Er nutzte seine etwa 100 Patente, um die Firmen Erox zur Herstellung von pheromonhaltigem Parfüm und Pherin zur Produktion von Arzneimitteln zu gründen. Neben den etwa 30 Pheromonen, die Monti-Bloch aus den Hautextrakten isolieren konnte, konstruierten die Chemiker in David Berliners Labors etliche künstliche Pheromone, denen Monti-Bloch großes therapeutisches Potenzial zutraute: »Blitzschnell und ohne Nebenwirkungen könnten synthetische Pheromone verabreicht werden, um so unterschiedliche Beschwerden wie Prämenstruelles Syndrom, Angstzustände oder Bluthochdruck zu behandeln.« Bis heute sind die Wirkungen bekanntlich nicht in erhoffter Weise eingetreten, und Berliners Laborgeschichte ist deshalb durchaus nicht so märchenhaft, wie sie klingt. Dennoch reichte sie der Presse für sensationelle Schlagzeilen und ein gigantisches Medienecho: Der sechste Sinn war gefunden! Oder besser und natürlich schrecklich originell: der sexte Sinn!

»Männerschweiß macht Frauen glücklich«, jubelten die Zeitungen erneut im Jahr 2007, als kalifornische Forscher den Nachweis des ersten menschlichen Pheromons verkündeten. »Wenn Frauen nicht mehr zu halten sind«, titelten andere Blattmacher erwartungsfroh. Wieder ging es um Androstadienon, das für gewöhnliche Nasen nicht besonders sexy riecht, sondern mit einer deutlichen Note gebrauchter Unterwäsche daherkommt. Seine Wirkung hatten George Preti und sein Team vom Monell Center in Philadelphia eigentlich schon vier Jahre zuvor beschrieben. Doch neueste Studien unterstützten die Erkenntnisse.

Die Forscher um Claire Wyart aus Berkeley testeten Körperfunktionen wie Atmung, Blutdruck und Herzfrequenz, erfragten die Gemütsverfassung ihrer 21 Probandinnen und maßen in derem Speichel die Konzentration von Cortisol, einem Stresshormon. Wenn die jungen Frauen das Androstadienon rochen, so kam bei diesen Experimenten eindeutig heraus, ging ihre Atmung schneller, hellte sich ihre Stimmung auf und sowohl Blutdruck als auch körperliche Erregung stiegen an, was sich an der erhöhten Cortisolkonzentration messen ließ. Ob Androstadienon die Cortisolproduktion allerdings direkt beeinflusst und die bessere Laune eine Folge der erhöhten Cortisolkonzentration ist, oder ob umgekehrt Androstadienon die Stimmung beeinflusst und das zu erhöhten Cortisolwerten führt, können die Wissenschaftler noch nicht sagen. Allein der Geruch von Androstadienon hat einen messbaren Einfluss auf menschliche Körperfunktionen, so viel stand fest. Aber war damit die Definition eines Pheromons erfüllt? Immer, überall und bei jedem menschlichen Individuum dieselbe Reaktion hervorzurufen? Die Fachwelt war nicht so überzeugt wie die Presse.

Denn wie sollten die Pheromonreize wahrgenommen werden und ins Gehirn gelangen? Seit der Veröffentlichung des menschlichen Genoms wusste man, dass keiner der Signalwege, die bei Tieren diesen Reiz erkennen, umwandeln und verstärken, beim Menschen noch funktionsfähig ist. Alle hierfür benötigten Gene sind nämlich stillgelegt. Außerdem sind von den etwa 300 verschiedenen Pheromonrezeptoren, die wir bei Nagern, Hasen oder Katzen kennen, beim Menschen nahezu alle abgeschaltet – bis auf fünf. Ob die allerdings noch funktionieren?

Keinem Forscher ist es bisher gelungen, im menschlichen VNO Sinneszellen zu entdecken, die Nervenfasern zum Gehirn senden. Auch das spezielle »Pheromon-Riechhirn« von Tieren, der sogenannte akzessorische Bulbus, lässt sich beim Menschen nicht mehr nachweisen. Dies würde bedeuten, dass das Organ nur als leere Hülle vorhanden ist. Interessanterweise besitzt dagegen der menschliche Embryo bis zur 26. Schwangerschaftswoche ein anatomisch voll ausgebildetes VNO, also mit Sinneszellen, die Nervenverbindungen zum akzessorischen Bulbus haben. Das Organ wird im weiteren Verlauf der fötalen Entwicklung nahezu vollständig rückgebildet, genauso wie die Schwimmhäute zwischen den Fingern des Embryos, die später »eingeschmolzen« werden. So ähnlich geht es übrigens dem einzigen Säugetier, das nicht riechen kann: dem Delphin. Er besitzt – wer hätte das gedacht – keine Riechzellen und kein Riechhirn mehr. Embryonal sind sie noch da, werden aber im Verlauf der Entwicklung abgebaut. Der Delphin braucht ja auch keine Nase, er hat dafür ein hoch entwickeltes Ultraschallsystem.

Also lässt sich zusammenfassend sagen: Der Mensch kann keine Pheromone wahrnehmen, weil er nur fünf nutzlose Rezeptoren besitzt und ihm im Lauf der Evolution sowieso sämtliche Signalwege abhandengekommen sind. Ganz so düster ist die Lockstofflage nun auch wieder nicht. Erste Hoffnungsschimmer ließen sich erkennen, als Wissenschaftler herausfanden, dass die beiden bekanntesten tierischen Pheromone, das

Androstenon, das bei der Sau die Duldungstarre auslöst, und das Zitzenpheromon, das blinde Kaninchenbabys zur Mutterbrust führt, keine Erregung im VNO der Tiere, sondern in der Riechschleimhaut erzeugen.

Das macht die Frage nach der Bedeutung von Pheromonen beim Menschen wieder spannender: Sitzen unsere fünf übrig gebliebenen Pheromonrezeptoren etwa einfach neben den klassischen Riechrezeptoren in der Nase? Einen von ihnen konnten wir tatsächlich vor Kurzem in unserem Bochumer Labor in der menschlichen Riechschleimhaut nachweisen: Er trägt den sympathischen Namen hV1R1 (humaner Vomeronasalrezeptor 1, Typ 1) und ist uns inzwischen richtig vertraut geworden. Denn nach der bewährten Technik stellten wir ihn gleich in Nierenzellen her (vgl. Kap. »Das Wettrennen um den wissenschaftlichen Beweis«), um herauszufinden, welchen Duft er wahrnehmen kann. Sein Aktivator heißt Hedione und ist ein Duft aus dem Jasmin. Als Nächstes untersuchten wir, ob dieser Duft in unserem Gehirn besondere Areale erregt, um Anhaltspunkte für seine Funktion zu erhalten.

In Zusammenarbeit mit Thomas Hummel, dem Leiter der HNO-Klinik Dresden, verglichen wir die unterschiedliche Reaktion von Menschen auf den jasminähnlichen Pheromonduft und auf den Duft einer Rose. Würde die Magnetresonanztomografie (MRT, häufig auch einfach Kernspin genannt) unterschiedliche Gehirnaktivität anzeigen? Natürlich erhofften wir solche Unterschiede, denn theoretisch sollte es sie geben. Aber wie eindeutig sie ausfielen, hatten wir nicht geahnt. Für uns Wissenschaftler waren die Ergebnisse eine kleine Sensation: Das mutmaßliche Pheromon mobilisierte ganz andere Hirnareale als ein normaler Blütenduft. Während mit Rosenduft die für Blumendüfte typischen Aktivitätsmuster im Gehirn erzeugt wurden, erregte der Pheromonduft völlig unterschiedliche Zentren wie Mandelkern (Amygdala) und den damit verbundenen frontalen Cortex. Beides sind sehr alte Hirnregionen, die mit Belohnung zu tun haben und unser emotionales Verhalten steuern. Für die meisten Frauen roch der Duft allerdings eher unangenehm, zu süßlich. Und sonst? Animalische Reaktionen? Totale Enthemmung? Nichts dergleichen. Kein Zauberduft, der die Menschen unwiderstehlich machte oder gar sexuell hyperaktiv. Solche Träume bleiben weiterhin Männerphantasien und der Deoindustrie vorbehalten.

Aber wir konnten dennoch stolz sein: Wir hatten die Wirkung von Pheromondüften beobachtet, die man nach aller Lehrmeinung gar nicht hätte bewusst riechen dürfen. Entweder wir hatten uns geirrt oder die Lehrmeinung war falsch. Im Jahr 2006 warf eine Studie erste Lichtstrahlen ins wissenschaftliche Dunkel. Das Team des Wissenschaftlers Marc Spehr, der inzwischen bei uns in Bochum arbeitet, untersuchte, welche Sinneszellen bei Mäusen von Pheromonen aktiviert werden. Und tatsächlich fanden die Forscher, dass flüchtige Substanzen aus dem Urin und nicht-flüchtige MHC-Peptide sowohl vomeronasale als auch olfaktorische sensorische Nerven aktivieren. Die Riechschleimhaut der Nase und das VNO konkurrieren ihrer Meinung nach also gar nicht um die Duftstoffe, sie ergänzen sich vielmehr. Eine kleine wissenschaftliche Revolution. Denn das hieße, dass zwei eigenständige Systeme zur Aufnahme von Duftsignalen existieren – und beide beides können: riechen und soziale Düfte wie die Pheromone verarbeiten.

Noch ist natürlich nicht erwiesen, ob die Abläufe beim Menschen genauso funktionieren, es lassen sich jedoch begründete Vermutungen anstellen. Wir benötigen demnach gar nicht unbedingt ein funktionsfähiges VNO, um Pheromone wahrzunehmen. Eine unerwartete und aufregende Wende im Streit um die Existenz und die Bedeutung menschlicher Pheromonkommunikation. Und dabei geht es auch, aber nicht nur um Sex, Liebe und den richtigen Partner. Tiere nutzen von den etwa 300 verschiedenen Pheromonen vermutlich nur zehn bis 20 Prozent für sexuelle Verhaltensinformationen, der Rest ist für andere wichtige Informationen zuständig: Rangordnung und Reviermarkierung, Angst oder Freude, Familienzugehörigkeit und Warnung der Artgenossen – all jene Botschaften, die wir im Kapitel »Visitenkarten mit garantierter Massenwirkung« beschrieben haben. Und wahrscheinlich funktioniert der Mensch ähnlich. Erste Hinweise eröffnen jedenfalls faszinierende neue Ausblicke, wie auch wir über Pheromone kommunizieren und zusammenarbeiten. Und wie so oft wusste der Volksmund es längst: Die Chemie muss stimmen!

Angstgerüche und der Duft des Siegers

Wenn Wissenschaftlerinnen zu einem Kinoabend einladen, ist Skepsis geboten. Wenn sie vor Beginn der Vorstellung auch noch Gazestückchen verteilen und die Zuschauer bitten, diese in ihre Hemden zu stecken, sollte man entweder schnell gehen oder sich mit der Idee vertraut machen, an einem wissenschaftlichen Experiment teilzunehmen. Im Jahr 2006 luden die Psychologin Denise Chen von der Rice University in Houston/Texas und ihre Kolleginnen vom Monell Institute in Philadelphia, dem größten Riech- und Schmeckzentrum der USA, eine Gruppe von Männern und Frauen zu einem solchen Abend mit Kontrastprogramm: Die Zuschauer sollten sich bei einer Komödie amüsieren und bei gruseligen Passagen aus einem Indiana-Jones-Film und einem Horrorstreifen fürchten. Was die Wissenschaftlerinnen herausfinden wollten: Fügt der Mensch seinem Schweiß bei Angst oder Freude spezielle Duftkomponenten bei, die andere Menschen riechen können?

Wenn Tiere unter Stress stehen oder Angst haben, produzieren sie chemische Warnsignale, die ihre Artgenossen alarmieren sollen. Diese Duftstoffe können das Verhalten oder den Hormonhaushalt beeinflussen. Während diese Mechanismen im Tierreich bekannt und gut dokumentiert sind, war es bis zu Chens Experimenten unklar, ob Menschen genauso reagieren. Nach jedem Film sammelten die Wissenschaftlerinnen die Gazestückchen ein und bekamen so verschiedene Duftproben vom Achselschweiß Marke »Freude« und Marke »Angst«.

Dann begann der spannendste Teil der Studie. Studenten und Studentinnen wurden gebeten, mit den schweißgetränkten Gazestreifen beider Sorten einen Geruchstest zu machen. Würden sie den Spaß an der Komödie und die Angst bei den Horrorszenen mit der Nase unterscheiden können? Man hätte es vielleicht ahnen können, dennoch waren die Wissenschaftlerinnen über die akkuraten Ergebnisse erstaunt: Mehr als drei Viertel aller Frauen und mehr als die Hälfte der Männer identifizierten eindeutig den Angstschweiß von Männern, die das Horrorvideo gesehen hatten. Über die Hälfte der Frauen konnte außerdem den Geruch der »frohen Männer« aus den Proben erschnüffeln. Männer hingegen nahmen weder den Frohgeruch anderer Männer noch den Angstgeruch der Frauen wahr. Warum das so ist? Vielleicht liegt es am allgemein besseren Geruchssinn von Frauen, oder es hat einen biologischen Hintergrund, der es wichtiger für Frauen macht, ängstliche Männer zu erkennen, als umgekehrt. Eine genaue Antwort darauf kennen wir bisher nicht. Wir wissen aber durch das Experiment eines Kollegen, dass ein Jagdhund besser noch als Menschen zwischen den Besuchern verschiedener Filme unterscheiden kann. Für die entsprechende Belohnung erschnüffelte er mit hundertprozentiger Trefferquote die Betrachter von Porno-, Liebes- und Gruselfilmen.

Ein Experiment nur mit Frauen hatten Wissenschaftlerinnen bereits zuvor unternommen. Auch dabei untersuchten sie die Wahrnehmung von Angstschweiß und fragten: Gibt es einen Zusammenhang mit geistiger Leistungsfähigkeit oder emotionalen Reaktionen? Bei einem Videoabend mit Aliens, die aus Gedärmen hervorbrechen, und Kettensägen, die über Extremitäten kreisen, tränkten sich die Gazestückchen der männlichen und weiblichen Zuschauer mit Angstschweiß. Anschließend waren 75 Studentinnen bereit, sich im Dienste der Wissenschaft die durchgeschwitzten Gazestreifen unter die Nase kleben zu lassen und einen Sprachtest durchzuführen. Dabei wurden ihnen auf einem Bildschirm Wortpaare gezeigt, die allerdings nur drei Sekunden zu erkennen waren. Innerhalb dieser kurzen Zeit mussten die Frauen entscheiden, ob die beiden Wörter inhaltlich zusammenpassten, wie beispielsweise »Arm« und Bein«, oder ob sie keine Verbindung haben, wie »Arm« und »Wind«. Einige Wortpaare bezeichneten Waffen oder andere Dinge, die normalerweise als gefährlich oder bedrohlich eingestuft werden.

Die Psychologinnen analysierten, wie schnell und genau die Teilnehmerinnen bei dem Assoziationstest reagiert und wie gut sie die Wortpaare erkannt hatten. Auch in diesem Fall war das Ergebnis erstaunlich eindeutig. Die Studentinnen mit dem Angstduft in der Nase erkannten harmlose Wortpaare besser als ihre Kolleginnen, die Neutralschweiß inhalierten, und sie waren dabei genauso schnell. Sobald den Probandinnen aber bedrohliche Wörter gezeigt wurden, verlangsamte sich die Reaktionszeit der »Angstriecher« gegenüber der Kontrollgruppe. Die Wissenschaftlerinnen führen diese Verzögerung darauf zurück, dass der Geruch von Angstschweiß wachsamer und damit vorsichtiger macht. Demnach gibt es wahrscheinlich eine erlernte Assoziation zwischen dem Geruch des Angstsignals und einem Programm im Gehirn, das einerseits die kognitive Leistungsfähigkeit und andererseits die Wachsamkeit erhöht. Eines zeigt die Studie jedenfalls eindeutig: Der menschliche Schweiß enthält chemische Botschaften, und nicht nur Tiere, sondern auch Menschen werden von Angstsignalen beeinflusst. Der Angstschweiß unterscheidet sich in seiner Zusammensetzung von normalem Schweiß und kann uns schlau, wachsam und vorsichtig machen.

Das Testen von Ängsten ist so eine Sache, da darf man als Wissenschaftler nicht zimperlich sein. Und als Proband, dem angst und bange werden soll, erst recht nicht. Nicht der Angstduft interessierte Wen Li und seine Kollegen von der Northwestern University in Chicago, sondern: Können wir besser riechen, wenn wir ängstlich sind? Schärfen also Gefahren den Geruchssinn? Sie präsentierten ihren zwölf Versuchspersonen zwei Rosendüfte, die sich in ihrer chemischen Struktur nur so minimal unterschieden, dass keiner sie auseinanderhalten konnte. Doch dann verpassten sie den Probanden – während die an einem der beiden Aromen schnupperten – leichte Elektroschocks. Das Ergebnis: Nach nur wenigen Durchgängen konnten die Versuchspersonen die Düfte voneinander unterscheiden, mit einer Trefferquote von 70 Prozent. »Wir waren fasziniert, wie scharf der Geruchssinn der Probanden wurde«, fasst einer der Wissenschaftler die Ergebnisse zusammen, die per Magnetresonanztomografie auch an einer veränderten Hirnaktivität gemessen werden konnten. In der Evolution hatten Menschen mit gutem Geruchssinn wahrscheinlich einen großen Vorteil: Wer ein gefährliches Raubtier früh wittern konnte, hatte die Chance zu fliehen. Schon wenige negative Erfahrungen, so zeigt die Studie, können das Riechzentrum wieder in Alarmbereitschaft versetzen.

Unser Geruchssinn ist also nicht nur besser entwickelt, als wir bisher wussten, er greift außerdem tiefer als vermutet in unsere zwischenmenschlichen Beziehungen ein. Womöglich spielt er sogar eine Rolle in unserem Berufsleben. Der Spruch »Mein Chef stinkt mir« könnte jedenfalls eine ganz neue Bedeutung erlangen, wenn man Daten aus Experimenten mit Halbaffen auf den Menschen übertragen würde.

Die Versuche wurden mit Tupaias durchgeführt, die auf der dritten Fahrt von Captain James Cook nach Südostasien zum ersten Mal beschrieben werden. Sie sind die ersten Repräsentanten der Primaten, zu denen bekanntlich auch der Mensch gehört, leben im Dschungel und haben ein ausgeprägtes Territorialverhalten. In freier Wildbahn verteidigen die Männchen ihr Revier und ihr Weibchen gegenüber eindringenden Rivalen. Der Verlierer verlässt den Kampfplatz und sucht sein Glück in einer anderen Gegend. Bereits 1968 führte Dietrich von Holst, Sohn des berühmten Biologen Erich von Holst, ein aufsehenerregendes Experiment durch. Er setzte zwei Tupaia-Männchen in einen Käfig, worauf sehr schnell ein kurzer Kampf zwischen ihnen entbrannte. Es gab einen Sieger und einen Besiegten. Von Holst nahm den Sieger aus dem Käfig und setzte ihn um. Dem Verlierer gestaltete er paradiesische Lebensbedingungen, mit tollen Kletterbäumen, ausreichendem und exzellentem Futter und allem, was das Herz eines Tupaias begehrt. Allerdings wurde aus dem Nachbarlabor, in dem der Sieger saß, die Luft angesaugt und in das Eden des Verlierers geblasen.

Wie der darauf reagierte? Er starb innerhalb weniger Monate. Da mochte die Umgebung noch so attraktiv, alle Bedingungen optimal sein: Der Duft des Siegers, dem die Tupaias nicht ausweichen konnten, genügte, um sie zu töten.

Inzwischen wurden diese und ähnliche Experimente im deutschen Primatenzentrum in Göttingen wiederholt und genauer analysiert. Die Versuche zeigten, dass die »Verlierer«-Affen ein starkes depressives Syndrom mit Gewichtsverlust, Schlafstörungen, verminderter Aktivität und starkem Anstieg aller stressbedingten Hormone (Cortison) entwickelten und diese ständigen Belastungen zu Bluthochdruck, Nierenversagen und schließlich zum Tod führten. Der unweigerlich letale Ausgang ließ sich durch den Einsatz starker Antidepressiva, wie sie auch von Menschen benutzt werden, nur verzögern, nicht verhindern. Gut möglich, dass sich solche Ergebnisse nicht unmittelbar auf Ihren Arbeitsalltag übertragen lassen. Immerhin sind sie eindrucksvoll und geben einem zu denken.

Nur gut, dass Chefs meistens ihr eigenes Büro haben, in dem sie ungehindert ihren Siegerduft verbreiten können, ohne Schaden anzurichten.

Hormone als Herzensbrecher: Vom Fremdgehen und Liebestäuschen

Wenn es um Frauen geht, kann ein sensibler Praxisbezug so manchen Laborversuch ersetzen. Deshalb wissen auch Dichter und andere gute Beobachter oft Dinge, deren Ursachen die Wissenschaft gerade erst erkundet. Der Schriftsteller Hans Fallada beweist seine feine Nase und eine gewisse Lebenserfahrung im Dialog zwischen dem Kaufmann Manzow und dessen Chauffeur Toleis, dem der Kaufmann intime Details aus dem ehelichen Schlafzimmer anvertraut: »›Ich sage dir, Toleis, meine Olle, wenn die was wollte, das merkte ich schon einen Tag vorher. Das merkte ich am Geruch. Ich rieche das.‹ Toleis nickt bedächtig: ›So was gibt es, Herr Manzow.‹« Der verständnisvolle Toleis hat recht, so was gibt es wirklich. Frauen verströmen an ihren fruchtbaren Tagen einen besonders erotischen Körpergeruch. Und der wirkt nach einer Studie der Universität Texas eindeutig auf die Männer.

Zum Zeitpunkt des Eisprungs sei der Geruch deutlich attraktiver als sonst, fanden 90 Prozent der 52 teilnehmenden Männer, viele bezeichneten ihn als besonders verführerisch. Geschnuppert wurde an zwei verschiedenen Nachthemden von Frauen. Eines davon trugen sie während ihrer fruchtbaren Tage, das andere zu einer unfruchtbaren Zeit. Der besondere Riecher für den richtigen Zeitpunkt ist durchaus sinnvoll, schreiben die Psychologen Singh und Bronstad, denn »der Reproduktionserfolg von Männern hängt weitgehend davon ab, dass sie sich mit fruchtbaren Frauen paaren.« Mehrere aktuelle Studien haben diese Ergebnisse bestätigt: Männer empfinden

den Körpergeruch von Frauen um den Eisprung herum am angenehmsten und gleichzeitig am wenigsten intensiv.

Die Forscher glauben, dass während dieser Tage noch besondere Duftstoffe produziert werden, um den Duftmix anzureichern. Außerdem ändert sich die Zusammensetzung des weiblichen Vaginalsekrets, der Copuline. Sie bestehen aus verschiedenen Säuren, unter anderem Essigsäure, Buttersäure und Methylbutansäure. Der Anteil dieser Fettsäuren im Vaginalsekret steigert sich im Verlauf des Zyklus und erreicht die höchste Konzentration kurz vor dem Eisprung. Manche Männer mussten zugeben: So richtig reizvoll ist das Dufterlebnis nicht. Dass es trotzdem klappt mit Männern und Frauen, liegt vermutlich daran, dass sie sich bei Intimitäten selten in Labors aufhalten. Die sexuelle Erregtheit, sagen Psychologen, lässt Menschen Duftreize anders aufnehmen und bewerten als in der »out of context«-Situation eines Laborraums. »This well illustrates that psychological science, however sophisticated, often requires grounding in the phenomenology of ordinary experience.« Soll heißen: Psychologen täten gut daran, sich gelegentlich ins Getümmel des Alltags zu werfen. Oder ihre Probanden zunächst in Tiefschlaf zu versetzen, um das Bewusstsein auszuschalten. Wie wir bei unseren Schlafexperimenten, die wir im Kapitel »Männer, Frauen und die unterschiedliche Wirkung von Düften« geschildert haben.

Interessant ist übrigens, dass im Vaginalsekret von Frauen, die die Pille nehmen und deshalb keinen Eisprung haben, zum einen die Konzentration der Fettsäuren niedriger ist und sich zum anderen während des Zyklus nicht verändert. Auch bei sexueller Erregung ist die Säureproduktion wesentlich niedriger. Die Hormone der Pille scheinen also ganz offenbar die Produktion dieser Chemosignale zu reduzieren, was in manchen Fällen sogar zu beruflichen Nachteilen führen kann. Jedenfalls, wenn man in Nachtlokalen arbeitet, denn Stripperinnen verdienen während ihres Eisprungs mehr Geld.

Diese erstaunliche Erkenntnis verdanken wir Forschern der Universität New Mexiko in Albuquerque. Sie scheuten weder Mühen noch Nachtschichten und verglichen über 60 Abende hinweg das Trinkgeld von Striptänzerinnen mit normalem Zyklus mit dem von Kolleginnen, die die Pille nahmen. Dabei stellten sie fest, dass Letztere immer gleich viel verdienten, während der Verdienst der anderen höchst unterschiedlich war. Diesen Damen wurden während ihrer fruchtbaren Tage mehr Geldscheine in Slip und BH gesteckt als zu anderen Zeiten, sie erhielten sogar doppelt so viel Trinkgeld wie an den Tagen ihrer Monatsblutung, nämlich 70 statt 35 Dollar. Die Erklärung der Forscher: Die Frauen riechen während des Eisprungs aufreizender, treten selbstbewusster auf und wirken deshalb attraktiver auf Männer. Wie sie auf die Idee zu diesem außergewöhnlichen Feldversuch kamen, erläutern die Wissenschaftler nicht, beweisen aber eindrucksvoll, dass es in der Forschung eben nicht reicht, von neun bis fünf im Labor zu stehen. Nur Eifer und persönliche Einsatzfreude führen dabei wirklich zum Erfolg.

Die mehr oder weniger subtilen Zeichen des Geruchs, die von Frauen ausgesendet werden, empfangen nicht nur Männer. Sie richten sich ebenso an andere Frauen. Unbewusst können Frauen nämlich den Zyklusgeruch ihrer Geschlechtsgenossinnen wahrnehmen und werden sogar selbst davon beeinflusst. Das zeigen die Studien der Wissenschaftlerin Martha McClintock, die mehrere Monate lang den Menstruationsrhythmus von 135 Studentinnen notierte, die alle gemeinsam in einem Schlafsaal untergebracht waren. Zuerst war er ganz unterschiedlich, glich sich im Lauf der Zeit jedoch immer mehr an und verlief schließlich ganz synchron: Die Frauen bekamen alle zur selben Zeit ihre Regel. Ähnliche Beobachtungen liegen aus Krankenhäusern vor, wenn mehrere Frauen für längere Zeit im selben Zimmer liegen. Welche von ihnen bestimmt den Zeitpunkt? Gibt es sogenannte »Geberfrauen«, wie McClintock vermutete?

Andere Wissenschaftler bezweifelten das und glaubten, der Effekt habe vielleicht gar nichts mit dem Riechen, sondern eher mit sozialen Eigenschaften zu tun. Vielleicht waren manche Frauen besonders attraktiv und erfolgreich, sodass andere insgeheim versuchten, ihnen zu ähneln? Der Zyklus als unbewusste Identifikation? George Preti und seine Kollegen bemühten sich, den persönlichen Eindruck zu eliminieren, um allein das Engagement der Nase zu testen. Sie strichen den Teilnehmerinnen ihrer Studie ohne deren Wissen mehrfach wöchentlich den in Alkohol gelösten Achselschweiß fremder Frauen auf die Oberlippe. Und siehe da: Auch unter diesen Umständen veränderten die Probandinnen schon nach wenigen Monaten ihren Zyklus. Sie passten sich dem Regelrhythmus der Schweißgeberinnen an.

Das Phänomen heißt inzwischen nach seiner Entdeckerin McClintock-Effekt. Keiner weiß so genau, wie er wirklich funktioniert, aber er lässt viele Bräuche und Rituale anderer Kulturen in neuem Licht erscheinen. Wenn unfruchtbaren, arabischen Frauen das Kleid einer kinderreichen Mutter zum Tragen gegeben wird, weil man glaubt, dass sich die Fruchtbarkeit überträgt, schien uns das bisher wahrscheinlich reichlich esoterisch. Oder die Eipo in Neuguinea: Eine Frau, die einer Gebärenden während der Wehen helfen will, fährt nach der Sitte dieses Volkes mit einem Farnwedel unter den eigenen Achseln hindurch und bestreicht dann den Körper der Schwangeren. Dadurch soll die Geburt erleichtert und sollen schädliche Einflüsse abgehalten werden.

Jede Frau, die schon einmal schwanger war, weiß, welche Geruchsqualen eine Schwangerschaft mit sich bringen kann. Der morgendliche Kaffee, sonst immer mit großem Genuss getrunken, wird plötzlich widerlich, Zigarettenrauch ist gänzlich unerträglich, und selbst das Rasierwasser des eigenen Mannes erzeugt Übelkeit. Die Umstellung der Hormone, die eine gesteigerte Geruchsempfindlichkeit hervorruft, sorgt auch zur Zeit des Eisprungs für eine feinere Nase. Doch hier funktioniert sie umgekehrt: War das Androstenon aus dem Achselschweiß von Männern zu Beginn des Zyklus noch eine Zumutung für jede Riechzelle – 70 Prozent aller Frauen fanden den Geruch abstoßend –, reagieren Frauen während ihrer fruchtbaren Tage weniger abweisend auf diesen Duft, wie Forscher der Universität Erlangen zeigen konnten. Daraus erwächst ein möglicher Fortpflanzungsvorteil: Männer, die mehr männliche Hormone und Duftstoffe produzieren, werden von Frauen eigentlich nicht gern gerochen. Außer zur »richtigen« Zeit. »Ein stark riechender Mann ist erfolgreicher, wenn er sich einer ovulierenden Frau nähert, als wenn er sich einer nicht-ovulierenden Frau nähert«, sagt Karl Grammer. Ein »passives Ovulations-Radar« nennt der Wiener Forscher diesen Trick der Natur.

Das Schöne ist: Zur Zeit einer möglichen Empfängnis wünscht sich die Frau genau so einen Macho. Einen dominanten Mann mit Zeugungspotenzial, der erfolgreich für kräftigen Nachwuchs sorgt. Kehrt dann wieder Ruhe ein im Hormonhaushalt, besinnt sie sich auf den fürsorglichen und treuen Lebensgefährten ohne Androstenon-Überschwang, den sie eigentlich mehr schätzt, weil er sie treu und zuverlässig bei der Ernährung und Erziehung des Nachwuchses unterstützt. Der Biologe Jan Havlicek von der Karls-Universität in Prag nennt das »gemischte Partnerstrategie« – Erzeuger und Lebenspartner müssen nicht unbedingt dieselbe Person sein. Deshalb riskieren Frauen zur rechten Zeit gern mal einen Seitensprung – deutlich häufiger übrigens als an nicht fruchtbaren Tagen.

Unter den 65 Studentinnen, die Havlicek befragte, fand er allerdings einen bemerkenswerten Unterschied: Während Frauen in einer festen Beziehung kurz vor dem Eisprung empfänglicher auf den männlichen Geruch reagierten, bewerteten Singles die männlichen Düfte immer gleich. »Es gibt offenbar ein interessantes Zusammenwirken der Psyche mit dem Geruchssinn, und das vor dem Hintergrund von Menstruationszyklus und Partnerschaft«, fasst der Forscher seine Ergebnisse zusammen.

All diese von der Natur so planvoll angelegten Mechanismen geraten durcheinander, wenn plötzlich körperfremde Hormone dazwischenfunken. Die Pille, eigentlich Symbol für sexuelle Freiheit, erweist sich dabei als größter Liebestäuscher. Denn wie sie mit der Zusammensetzung der Copuline die Nase des Liebhabers täuscht, beeinträchtigt sie auch die Geruchswahrnehmung der Frau. Wie wir wissen, finden Frauen eigentlich den Duft solcher Männer besonders erotisch, die sich im Immunsystem möglichst stark von ihnen unterscheiden. Das haben die T-Shirt-Versuche von Claus Wedekind eindeutig bewiesen. Doch was der Wissenschaftler noch herausfand: Das klappt nur, solange keine künstlichen Hormone im Spiel sind. Sobald sie die Pille nehmen, neigen Frauen mehrheitlich dazu, sich die »falschen« Männer, nämlich solche mit ähnlichem Geruch und somit einem ähnlichen Immunsystem auszusuchen.

Mit einem permanent erhöhten Östrogenspiegel täuscht die Pille eine Schwangerschaft vor, daher ist die Erklärung einfach, wenn man im Sinne der Natur denkt: Schwangere brauchen keine aufregenden Liebhaber mehr, schließlich haben sie ihre biologische Aufgabe bereits erfüllt, sondern sind eher auf Menschen angewiesen, die ihnen nahestehen und nach der Geburt des Kindes bei dessen Versorgung und Aufzucht helfen. Und wie wir ja bereits wissen, kommen für solche Aufgaben eher Menschen mit ähnlichem Körpergeruch infrage, also solche mit verwandter MHC-Zusammensetzung.

Nun ist es ja kein Geheimnis, dass es nicht besonders gut steht um Ehen und langjährige Beziehungen, dass die Scheidungsraten hoch sind und die Zahl der Singles ständig steigt. Sollte daran vielleicht die Pille schuld sein? Vorsichtig stellten Wissenschaftler folgende These auf: Immer mehr Frauen nehmen die Pille und lernen ihren zukünftigen Mann daher unter künstlichem Hormoneinfluss kennen. Sie wählen also Partner aus, die für die Versorgungsphase des Kindes gedacht sind, dessen Zeugung ja vermeintlich schon erfolgt ist. Das werden Männer sein, deren MHC-Gene ihren eigenen sehr ähnlich sind. Wenn diese Paare sich dann Kinder wünschen und die Frau die Pille absetzt, stellt sie plötzlich fest: »Eigentlich kann ich den gar nicht riechen!« Womöglich müsste daher als Nebenwirkung auf der Pillenpackung noch vermerkt sein: »Das Absetzen kann zur Destabilisierung einer bestehenden Partnerschaft führen.« Aber fragen Sie gar nicht erst Ihren Arzt oder Apotheker – die wissen es auch nicht so genau.

Spermien im Blütenrausch

Egal, ob wir das Wunder von Zeugung, Schwangerschaft und Geburt einem göttlichen Prinzip verdanken mögen oder der überschäumenden Kreativität einer Evolution, die immer aufs Ganze geht – es bleibt großartig und gibt uns noch heute viele Rätsel auf. Allein die Zeugung. Da machen sich 300 Millionen Spermien nach der Ejakulation in völliger Finsternis auf einen äußerst beschwerlichen Weg, um irgendwo im Innern des weiblichen Körpers einer winzigen Eizelle zu begegnen. Wie unwahrscheinlich ist dieses Rendezvous! Stellen wir uns einmal vor, ein Spermium wäre so groß wie eine Erbse und wir vergrößerten den Eileiter um denselben Faktor, dann würde er sich zu einer 30 Kilometer langen Röhre aufblähen, deren Durchmesser der Breite einer vierspurigen Autobahn entspräche. An einem Ende des langen Weges startet unsere kleine Spermiumerbse, am anderen Ende die ungefähr gleich große Eizelle. Beide müssen sich in dieser riesigen Röhre treffen.

Eines ist da zumindest sicher: Hinge ihre Begegnung vom Zufall ab, wären die Menschen längst ausgestorben. Ganz offensichtlich ist das aber nicht der Fall, und die Spermien repräsentieren ein international anerkanntes, bisweilen gefürchtetes

Erfolgsprinzip. Warum funktionieren sie so zuverlässig? Wer manövriert sie durch die verschlungenen Kanäle zum Ziel? Wie orientieren sie sich in der vollständigen Dunkelheit? Sehen können sie nicht, hören ebenso wenig. Da geht es ihnen wie den Einzellern in den Tiefen des Urmeers. Und die verständigten sich mit ihresgleichen durch chemische Signale. Solche Wegweiser, so folgerten wir deshalb in unserem Labor in Bochum, sind die einzig denkbare Lösung: Lockstoffe, freigesetzt von der Eizelle oder anderen Zellen des weiblichen Genitaltrakts. Das hieße natürlich, dass Samenzellen funktionierende Riechrezeptoren haben müssten. Eine kühne These, fehlte nur noch der Beweis!

Ein Samenerguss enthält einen faszinierenden Cocktail aus der Naturbar, dessen Geruch – wie Kastanienblüten – viele Autoren und Poeten beschreiben. Die Bäume signalisieren damit ihre Fruchtbarkeit und locken Insekten zum Bestäuben an. Erotik wird hier zur Chemie. Ob die Natur sich die bewährte Rezeptur für uns aufbewahrt hat, ihr die Ideen ausgegangen sind oder alles nur Zufall ist? Bekannte Forscher, wie Michael Stoddart, sehen darin sogar eine »Art sexueller Klammer zwischen der Pflanzen- und Tierwelt«. Der größte Teil des Ejakulats, das Zink und Magnesium, aber auch viele Enzyme und Energiestoffe enthält, entstammt der Samenblase und der Prostata, nur etwa ein Prozent der Gesamtmenge sind Spermien.

Spermien sind mit 60 Mikrometer die kleinsten Zellen des menschlichen Körpers. Dafür werden sie in Massen produziert und leisten Erstaunliches. Rund 1000 Samenzellen kann ein männlicher Hoden pro Sekunde herstellen, und das bis ins hohe Alter. Alle Berichte oder gar genaue Angaben, dass ihre Zahl limitiert sei, mann also vorsichtig und sparsam damit umgehen solle, entbehren jeder wissenschaftlichen Grundlage.

Produziert werden die Spermien im Hoden, genauer gesagt in den spaghetti-ähnlichen Samenkanälchen, die entrollt über 300 Meter lang wären. Dort sitzen die Vorläuferzellen, aus denen sie sich entwickeln und auf denen wir auch bereits Riechrezeptoren gefunden haben. Innerhalb von etwa drei Monaten reifen die Spermien heran und werden dann in die Welt entlassen. Ob sie wollen oder nicht, wie wir aus Woody Allens berühmtem Film »Was sie schon immer über Sex wissen wollten …« wissen. Die Hauptrolle spielt darin eine Samenzelle, die keine Lust hat, ihre heimelige Umgebung zu verlassen, und unter Zaudern und Schimpfen mit den anderen fortgespült wird. Wer weiß, vielleicht war sie noch nicht reif für ihre wichtige Aufgabe.

Jedes Spermium hat einen individuell geformten Kopf. Doch nur 30 Prozent von ihnen verfügen über eine »normale« Form, der Rest ist fehlerhaft. Ein Kollege aus der Andrologie sagte mir einmal, wenn ein Hengst oder ein Eber einen so schlechten Samen wie der Mann hätte, wäre er bereits auf dem Weg zum Schlachthaus. Da wir aber nicht auf Optimierung der Samenqualität gezüchtet sind wie die Nutztiere, scheint dies eine übliche Fehlerquote der Natur zu sein. Dafür leistet sie sich die Produktion im Überschuss, es reicht ja, wenn eine Samenzelle das Ei erreicht.

Im Millionenheer schwimmen die Spermien nach der Ejakulation mit den gesammelten väterlichen Erbinformationen durch den Vaginalbereich in den schmalen Gebärmutterhals der Gebärmutter. Dort müssen sie die Öffnung des Eileiters finden und ihn bis zur sogenannten Ampulle durchqueren, eine Verengung, die sie bis zum Eintreffen der Eizelle an der Eileiterwand festhält. Nur gesunde und vollständig befruchtungsfähige Spermien lösen sich dann und passieren die Ampulle, um die ihnen entgegentreibende Eizelle zu treffen. Wenige Hundert der ursprünglich 300 Millionen kommen überhaupt nur in die Nähe der Eizelle.

Während wir noch grübelten, welcher Lockstoff wohl zu einer solch enormen navigatorischen Höchstleistung anspornen könnte, hatte unsere hartnäckig forschende Diplomandin den Geistesblitz, von dem wir in dem Kapitel »Riechen ohne Nase« erzählt haben. Es war im Jahr 2003, als wir entdeckten, dass Spermien den Duft von Maiglöckchen riechen können, was uns weit bekannter machte als die Entdeckung der Riechrezeptoren vier Jahre vorher. Dass Frauen nach Blumen riechen und Männer darauf abfahren, war natürlich aufregender als irgendwelche fremd klingenden Rezeptornamen, mochten sie für Wissenschaftler noch so hinreißend klingen.

Lockstoffe dienen den Spermien als Wegweiser, das ist inzwischen wissenschaftlich gesichert. Spermien müssen diesen Lockduft aber nicht nur wahrnehmen, sondern darüber hinaus dessen Botschaft übersetzen können: Schwimm hier entlang! Mach voran! Bereite dich auf das Eindringen in die Eizelle vor! Genau an dieser Schnittstelle könnte eine zusätzliche Funktion der Riechrezeptoren liegen: Sie sollen den Spermien helfen, diese vielfältigen Aufgaben auszuführen. So befindet sich auf Chromosom 17 das Gen für den Rezeptor Nummer 4 und auf Chromosom 7 für den Rezeptor Nummer 5, die noch in der Lage sind, funktionsfähige Riechrezeptoren herzustellen, und zwar nicht nur in der Nase, sondern ebenso im Hoden. Beide Rezeptoren konnte unser Labor inzwischen tatsächlich im Halsteil eines Spermiums nachweisen, der unter dem großen Kopf mit den Erbinformationen sitzt. Im Hals steckt der »Motor«, der dafür sorgt, dass der lange Schwanz sich kräftig bewegt und vorwärts schwimmt. Er braucht zum Laufen nicht nur Energie, sondern vor allem Kalzium.

Die beiden Riechrezeptoren können zwei unterschiedliche Düfte erkennen: OR17-4, unser alter Bekannter, den betörenden Maiglöckchenduft und OR7-5, das fruchtige Myrac. Wir wissen allerdings, dass diese Rezeptoren nicht sehr wählerisch sind. Sie riechen nicht nur das in der Parfümerie benutzte synthetische Maiglöckchenmolekül, das wir ihnen präsentieren, sondern geben sich auch mit Düften zufrieden, deren Struktur eine gewisse Ähnlichkeit damit hat. Selbstverständlich lockt die Eizelle nicht mit unserem Chemieduft, sondern hat ihren eigenen natürlichen Geruch, den wir aber noch suchen. Jedenfalls konnten wir beobachten, dass unsere Düfte in den Spermien eine massive Erhöhung der Kalziumkonzentration bewirkten und sich damit gleichzeitig die Schlagfrequenz und -symmetrie des Spermienschwanzes veränderte, eine der wesentlichen Voraussetzungen für das Richtungsschwimmen.

Die Aufgaben der Düfte in menschlichen Spermien scheinen also vielfältiger zu sein, als wir bisher vermutet haben. Das zeigte sich auch an einem anderen Verhaltensexperiment. Lässt man Spermien in einem Parcours schwimmen und bietet ihnen aus einer bestimmten Richtung den Maiglöckchenlockstoff an, folgen sie nicht nur der Spur in Richtung auf die Duftquelle – hin zur vermeintlichen Eizelle –, sondern verdoppeln bei dieser Gelegenheit sogar noch ihre Geschwindigkeit. Macht man das gleiche Experiment mit dem Lockstoff Myrac, dann sieht man keinen Einfluss auf die Schwimmrichtung, aber einen deutlichen Effekt auf die Stärke des Geiselschlags.

Neueste Analysen in unseren Labors haben tatsächlich ergeben, dass in der Eileiterflüssigkeit und im Vaginalsekret verwandte Lockstoffe zu diesen Düften vorhanden sind. Außerdem konnten wir nachweisen, dass es neben den beiden bekannten Rezeptoren vermutlich mehr als 30 bis 40 weitere Riechrezeptoren aus der Nase in Spermienzellen gibt. Deshalb gehen wir inzwischen davon aus, dass die Eizelle ein ganzes Bouquet von Duftmolekülen abgibt, um die Spermien anzulocken, deren Verhalten zu beeinflussen und vor allem Veränderungen in den Spermienzellen auszulösen, die erst eine Befruchtung der Eizelle erlauben. Ob allerdings jedes Spermium die gleichen Riechrezeptoren trägt, ist noch unklar. Neuere Forschungsergebnisse weisen eher darauf hin, dass es Unterschiede gibt, was wiederum die Eizellen nutzen könnten, um nur bestimmte Spermien anzusprechen. Spannend wäre das vor allem dann, wenn eine Frau gleichzeitig den Samen von meh-

1 Ein Jagdhund folgt der Duftspur eines Fasans. Er läuft im Zickzack, um eine Gewöhnung seiner Nase (Adaptation) an den Duft zu vermeiden.

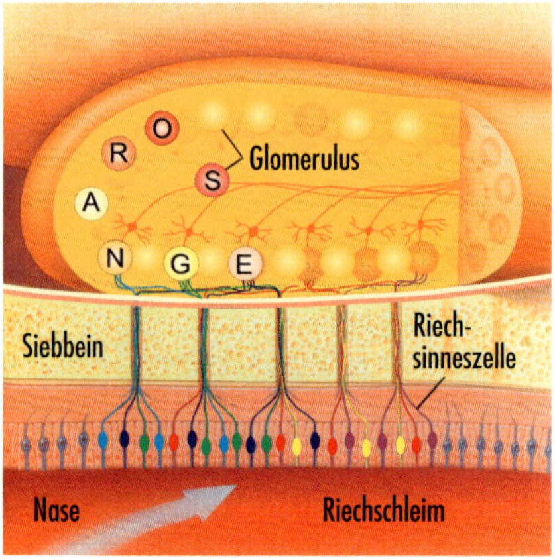

2 Riechhirn (Bulbus olfactorius). Alle Riechzellen desselben Typs senden ihre Nervenfortsätze in die gleiche Kugel (Glomerulus). Duftmischungen aktivieren mehrere Riechzelltypen und die dazu gehörigen Kugeln (Rose bzw. Orangenmuster).

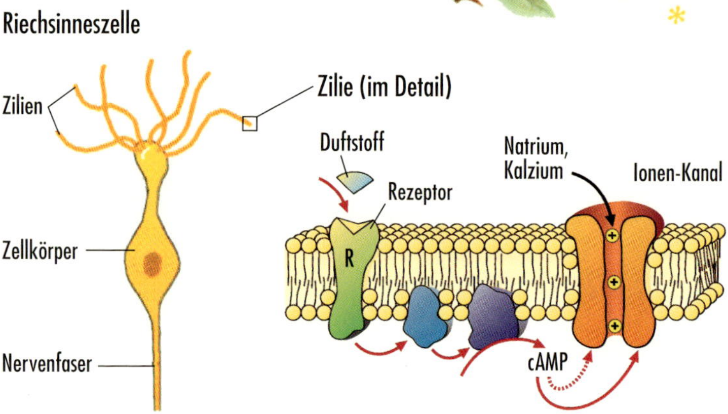

3 Ein Duftstoff erregt eine Riechzelle. Die Aktivierung des Rezeptors in den Zilien führt zu einer Lawine von Reaktionen und öffnet Kanäle, durch die ein Natrium- und Kalziumstrom in die Zelle fließt. Das elektrische Signal wird über den Zellkörper und die Nervenfasern zum Riechhirn geleitet.

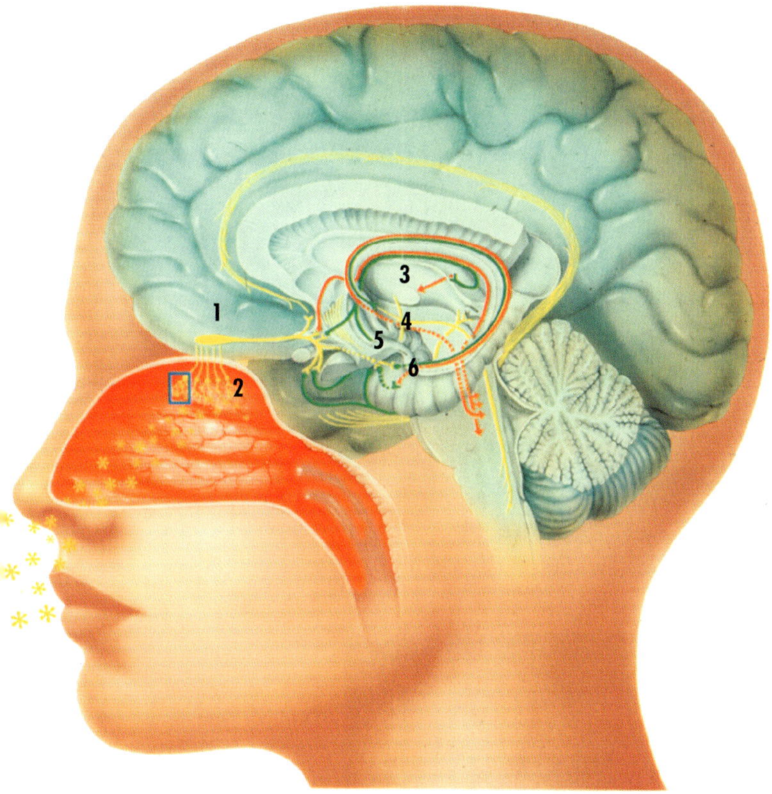

1 = Riechhirn (Bulbus olfactorius)
2 = Riechsinneszellen
3 = Thalamus
4 = Hypothalamus
5 = Limbisches System
6 = Hippocampus

4 Wenn die Nase eine Rose riecht, leiten die Riechsinneszellen in der Riechschleimhaut die Duftinformation zum Riechhirn weiter. Von dort führt ein direkter Weg in die ältesten Teile unseres Gehirns, ins Limbische System, den Hypothalamus und den Hippocampus.

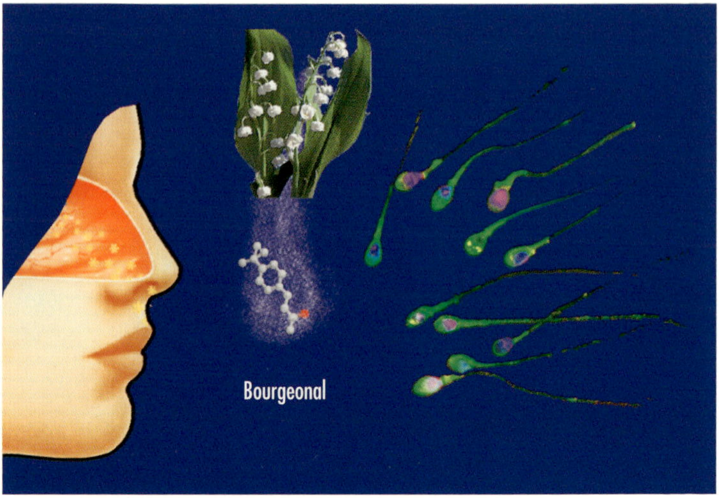

5 Nase und Spermien besitzen dieselben Rezeptoren für Maiglöckchenduft (Bourgeonal).

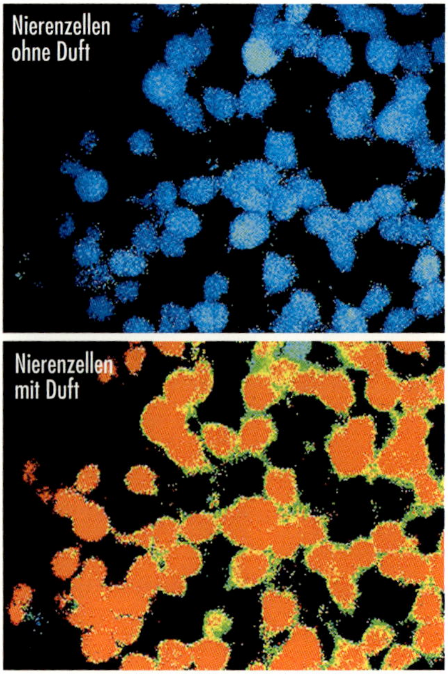

6 Menschliche Nierenzellen können riechen, wenn ihnen ein Riechrezeptor aus der Nase eingepflanzt wird. Ein Indikatorfarbstoff, der bei Zellerregung seine Farbe von Blau (oben) nach Rot (unten) ändert, macht sichtbar, dass die Zellen Düfte wahrnehmen.

7 Ein Parfümeur testet neue Kreationen.

8 Erregungsmuster im Gehirn. Küssen, Riechen, Schmecken und Sehen erzeugen typische Aktivierungsmuster im menschlichen Gehirn, die mithilfe eines Computertomographen sichtbar gemacht werden können.

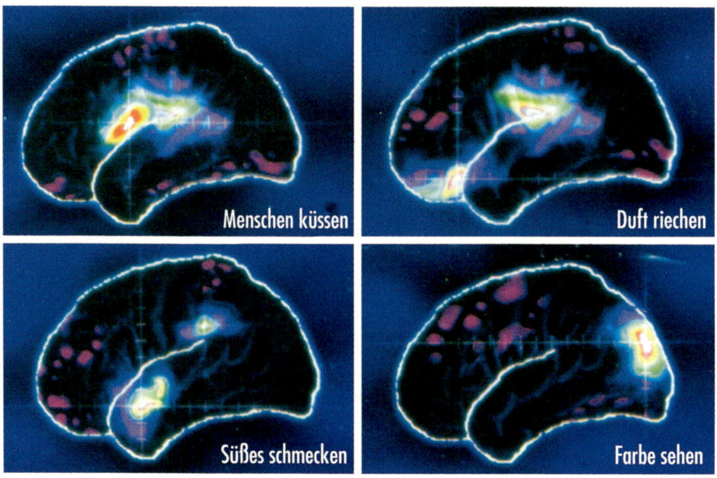

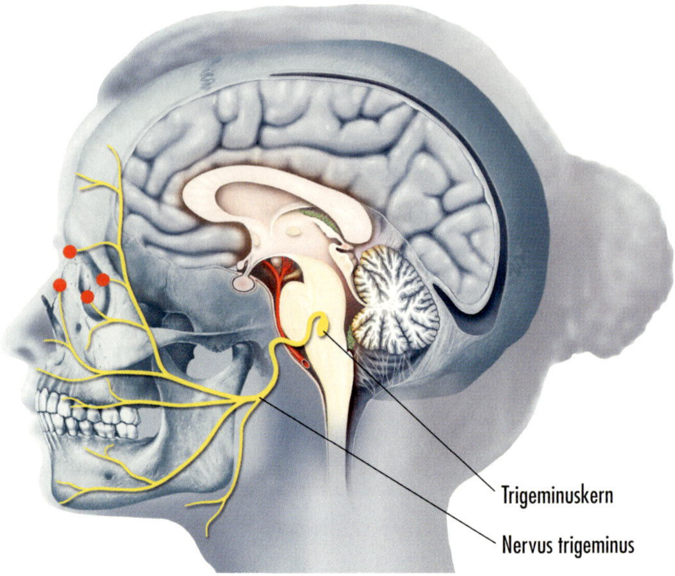

9 Der Trigeminus (Schmerznerv) versorgt unser ganzes Gesicht. Die Nervenfortsätze (gelb) entspringen im Trigeminuskern des Gehirns und enden als winzige Fasern in der Haut und allen Schleimhäuten.

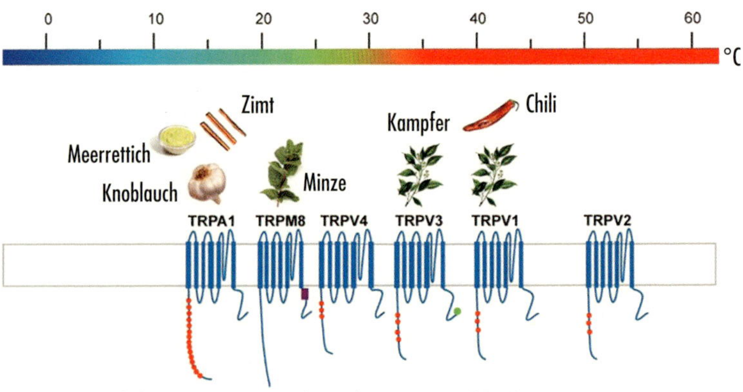

10 In den feinen Nervenenden sitzen verschiedene Typen von TRP-Kanälen, die durch Temperatur, chemische Stoffe (zum Beispiel Gewürze) oder Schmerzreize aktiviert werden können.

11 Der »Dosen-Eber« versprüht Androstenon, den Sexuallockstoff des Schweins. Dadurch fällt die Sau in eine Duldungsstarre und kann künstlich befruchtet werden.

12 Eine trainierte Ratte kann Sprengstoff riechen und helfen, versteckte Minen aufzuspüren.

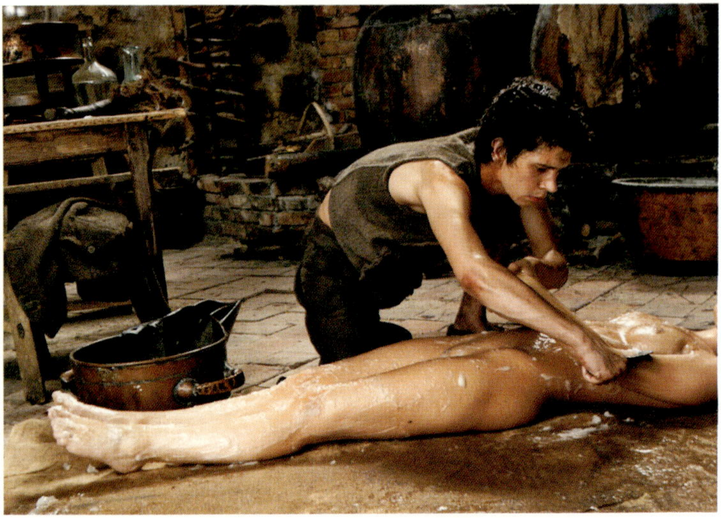

13 Duftgewinnung im Film (»Das Parfum«): Der Mörder Grenouille versucht, menschlichen Körpergeruch zu konservieren.

14 Lavendel: natürlicher Alleskönner und Star unter den ätherischen Ölen.

reren Männern in sich trägt und die Eizelle durch ihre Duftmischung gezielt die Spermien des »Super-Mannes« anlockt.

Von einigen Insekten wie Libellen und Bienen, die von mehreren Männchen mit Samenpaketen versorgt werden, kennen wir das Prinzip: Sie suchen sich das Paket mit den besten Samen aus und benutzen es immer wieder. Vielleicht wählen sich auch bei polygamen Säugetieren, die gleichzeitig von mehreren Männchen befruchtet sind, die Eizellen auf diese Weise den besten Erzeuger für die Nachkommenschaft aus. Das könnte bei einem Teil unserer nahen Verwandten, den Menschenaffen, der Fall sein und sogar beim Menschen selbst.

Natürlich hat die Eizelle nur Lockdüfte für die eigene Art. Fremde Spermien verstehen ihre chemischen Duftsignale nicht, weil ihnen die passenden Rezeptoren fehlen. Deshalb ist es nicht verwunderlich, dass man bei den Genomanalysen von Mensch und Menschenaffen (Schimpansen, Gorillas), die in weniger als einem Prozent ihrer Gene voneinander abweichen, die kleinste Diskrepanz im Gehirn (weniger als ein Prozent Unterschied), die größte dagegen im Hodengewebe findet (bis zu drei Prozent). Kreuzungen zwischen Affenarten oder gar mit dem Menschen sind offenbar nicht vorgesehen. Und dass es tatsächlich keine gibt, liegt wahrscheinlich wiederum an den Riechrezeptoren.

Nur wenn ein Spermium in der Lage ist, all die Duftbotschaften der artgemäßen Eizelle zu verstehen, kann es der Duftspur folgen. Nimmt es dagegen den Lockstoff nicht wahr, weil seine Riechrezeptoren defekt sind, zum Beispiel aufgrund einer Genmutation, wird die Befruchtung vermutlich beeinträchtigt oder sogar verhindert.

Warum geht die Natur so verschwenderisch mit Spermien um?, wollte ein Journalist von dem bekannten amerikanischen Wissenschaftler Norman Hecht wissen, der mögliche Ursachen männlicher Unfruchtbarkeit untersucht. »Der Mann hat so viele Spermien, weil kein Spermium anhalten will, um nach dem Weg zu fragen«, antwortete der Forscher. Mit ihrem langen beweglichen Schwanz, der von einem sehr effektiven Kalziummotor angetrieben wird, können Spermien bis zu vier Millimeter pro Minute zurücklegen. Eine ziemlich beachtliche Leistung, findet selbst die Feministin Gena Corea, Autorin des Buches »Mutter Maschine« und erklärte Gegnerin jeglicher Reproduktionstechnologie. Sie nannte die Spermien einmal anerkennend »die stärksten und schnellsten Lebewesen der Welt«.

Solches Lob haben allerdings nicht alle Samenzellen verdient, wie man inzwischen herausgefunden hat. Denn sportliche Höchstleistungen vollbringt weniger als die Hälfte des Spermien-Schwimmerfeldes, der Rest dümpelt träge vor sich hin, manche sind sogar unfähig, überhaupt zu schwimmen. Doch auch den faulen und missgeformten Zellen schreiben einige Wissenschaftler noch wichtige Funktionen zu. Sie stellten eine Art Barriere dar, so die These, indem sie die Köpfe aneinanderlegen und sich mit ihren Schwänzen verhaken. An diesem Hindernis bleiben dann andere Spermien hängen. Darüber hinaus soll es sogenannte »Kamikaze«-Spermien geben, deren Mission es angeblich ist, fremde Spermien mit Enzymen gezielt auszuschalten.

Neben den Kämpfern und Wegbereitern sind die eigentlichen Befruchter die schnellsten und wichtigsten Zellen und schaffen die 25-Zentimeter-Strecke zum Ei im optimalen Fall in weniger als zwei Stunden. Manche lassen sich allerdings bis zu einer Woche Zeit und müssen offenbar von den rhythmischen Kontraktionen des Eileiters und der Gebärmutter mehr zum

Ziel getragen werden, als dass sie selbst schwimmen. Aber auch das scheint die Natur zu akzeptieren, wenn vorher kein besserer Kandidat vorbeikam. Ob es allerdings die verschiedenen Samenpopulationen tatsächlich gibt, die sich gegenseitig helfen oder behindern, ist umstritten.

Wissenschaftlich belegt ist hingegen eine durchaus beunruhigende Tatsache: Weltweit laufende Studien haben ergeben, dass die Anzahl der Samen, die ein durchschnittlicher Mann pro Ejakulation abgibt, in den letzten 50 Jahren deutlich abgenommen hat; in Deutschland soll sie sich sogar halbiert haben. Zu ähnlich alarmierenden Zahlen kam das Zentrum für Reproduktionsbiologie der Pariser Universität nach einer Untersuchung französischer Männer. Finnische Wissenschaftler konnten diese Daten hingegen nicht bestätigen. Ein eindeutiger Grund für den Rückgang und die Unterschiede in den verschiedenen Ländern ist bisher nicht bekannt, doch neben der Trinkwasserqualität werden beruflicher Stress und umwelttoxikologische Einflüsse als Ursache vermutet.

Viele Paare hoffen jedenfalls lange Zeit vergeblich auf ein Kind und suchen Hilfe beim Spezialisten. Das Interesse der Wissenschaft an einer Verbesserung der Fertilitätsbedingungen ist deshalb ebenso groß wie das von Kliniken, in denen eine künstliche Befruchtung im Reagenzglas durchgeführt wird. Denn jeder Versuch ist nicht nur teuer, sondern bedeutet auch eine erhebliche Belastung für die Frau. Sie muss sich einer monatelangen Hormonstimulation und der anschließenden Eizellentnahme unterziehen, eine Prozedur, die mit jeder weiteren Wiederholung zu einer psychischen Zerreißprobe werden kann.

Obwohl bei einer Befruchtung im Reagenzglas viele Hunderttausend Spermien die Eizelle umkreisen, so ergaben Untersuchungen mit fertilitätsgestörten Männern, gelingt es in weniger als 50 Prozent der Fälle einem Spermium, die Eizelle zu befruchten. Warum, weiß bisher niemand so genau. Möglicherweise sind die Spermien nicht gesund, oder aber nicht in der Lage, die Eizelle zu erkennen. Mithilfe eines zusätzlichen Lockstoffes könnte solchen Patienten vielleicht geholfen werden. Wie wir wissen, weisen Düfte den Spermien nicht nur die Richtung, sondern helfen am Ende des langen und beschwerlichen Weges noch einmal kräftig nach, indem sie den flachen Geiselschlag des Schwanzes in eine große Amplitude verändern. Dieser »Turbo-Antrieb«, der schließlich zu einer erfolgreichen Befruchtung führt, könnte durch einen Duftstoff, der die Eizelle eng umgibt, angeschaltet werden. Würde dieser Duftimpuls verstärkt, ließen sich die Ergebnisse künstlicher Befruchtungen womöglich deutlich verbessern.

Denkbar ist sogar, dass die Eizelle über einen Duftstoff bestimmt, welches Geschlecht das künftige Baby haben wird. Je nachdem, ob Spermien ein X- oder ein Y-Chromosom tragen, produzieren sie bekanntlich männliche oder weibliche Kinder. Gäbe es ein unterschiedliches Repertoire an Riechrezeptoren auf den verschieden geschlechtlichen Spermien, könnte die Eizelle also über den von ihr abgegebenen Lockstoff bestimmen, ob ein männliches oder ein weibliches Spermium den Weg zu ihr findet. Im Moment Fiktion, vielleicht aber bald neues Wissen.

Mindestens ebenso interessant wie die Hilfe bei der Befruchtung ist ihre Verhinderung. Noch immer gibt es keine Verhütungsmethode, die Frauen vollständig zufriedenstellt. Die Nebenwirkungen aller handelsüblichen Kontrazeptiva kennt jede Frau zur Genüge, und es wäre ein großartiger Fortschritt, wenn all die zusätzlichen Kilos, die unabwägbaren Risiken und alltäglichen Unannehmlichkeiten ein Ende fänden und man die Spermien einfach umleiten oder geruchsblind machen könnte. Für den Maiglöckchenrezeptor hatten wir – wie im Kapitel »Blumenduft und Blockerstoff« beschrieben – Undecanal als Duftblocker identifiziert. In der Nase. Wie aber wirkt es auf Spermien?

Dazu führten wir einen Versuch durch: Wir lockten Spermien mit Maiglöckchenduft in eine bestimmte Richtung und gaben dann Undecanal dazu. Das Ergebnis war verblüffend: Die Spermien verloren völlig die Orientierung und irrten ziellos umher. Wir hielten ihnen praktisch die Nase zu, sodass der Lockstoff sie nicht mehr erreichte. Mit diesem Antiduft gelingt es also, spezifische Rezeptoren auszuschalten und die Duftwahrnehmung für diesen Geruch ganz gezielt zu blockieren. Ob daraus irgendwann ein ganz neues Verhütungsmittel wird? Bis dahin ist es ein weiter Weg. Unter anderem müsste dazu erst nachgewiesen werden, dass die Methode immer und überall funktioniert. Von einem fast sicheren Mittel könnte man schließlich schnell ein bisschen schwanger werden.

DIE GEHEIMEN VERFÜHRER

Unbewusste Wege in die Vergangenheit

»Stellen Sie sich vor, Sie liegen in einer Hängematte zwischen zwei Palmen am Strand. Das Meer plätschert leise, eine milde Brise umweht Ihr Gesicht und Sie schaukeln sanft hin und her.« Mit diesen leise vorgetragenen Worten begann der Uni-Professor vor über 20 Jahren unsere Sitzung in Sachen Dufthypnose, an die ich (Hanns) mich noch heute erinnere. Strand? Meer? Schön wär's gewesen, in Wirklichkeit waren wir zu fünft – Studenten und Wissenschaftler – in der Altbauwohnung des Profs in einer kleinen Seitenstraße nahe dem Nordbad in München-Schwabing und wollten die Theorie testen, dass Düfte Erinnerungen auslösen. Wir wollten wissen, wohin uns Düfte führen und welches Geheimnis wir mit ihrer Hilfe vielleicht unserer Vergangenheit entlocken können.

Der Professor war Experte für Hypnotherapie, die eine Heilung durch Hypnose und Entspannungstechniken erzielen will, und erschien uns deshalb genau richtig für unseren Eigenversuch. Wir saßen also entspannt und mit geschlossenen Augen da und ließen uns von seinen eindringlichen Worten an den sonnigen Strand eines fernen Meeres entführen. Dann begann der Professor, uns verschiedene Düfte unter die Nase zu halten. Als Ersten: natürliches Orangenaroma. Und plötzlich, als hätte jemand einen Schalter umgelegt, lag ich nicht mehr in der Hängematte, sondern saß in Spanien in einer schattigen Bar und trank frisch gepressten Orangensaft. Neben mir eine Freundin, vor uns ein entspannender Urlaub – ich fühlte mich wohl. Es folgte synthetischer Orangenduft. Und mit ihm eine völlig andere Erinnerung: an die Orangendrops mit dem künstlichen Aroma, die im Lebensmittelladen meiner Eltern in einem großen Glas aufbewahrt und den Kindern für ein paar Pfennig einzeln in Tüten abgefüllt wurden. Als Sohn des Hauses war ich natürlich absolut drops-privilegiert und nutzte diesen Vorteil auch reichlich.

Die anderen Versuchspersonen wussten von ähnlichen Erlebnissen zu berichten, als wir wieder »aufwachten«. Am meisten faszinierte mich die Geschichte einer älteren Professorin, die selbst über das Riechen des Menschen forschte. Als uns der Duft von Bohnerwachs unter die Nase gehalten wurde, sei sie davon in ihr früheres Klassenzimmer der Volksschule zurückversetzt worden, erzählte sie, und sah sogar den Lehrer und die Tafel vor sich. Sie hatte genau vor Augen, was – in altdeutscher Sütterlinschrift – an der Tafel stand. Und dann kam das Beste: Sie konnte die Buchstaben und Wörter zwar aus dem Gedächtnis noch aufschreiben, aber nicht lesen! Das hatte sie längst vergessen. Ein einzigartiges Erlebnis für uns alle und ein überzeugender Beweis, dass Düfte die Macht haben, Erinnerungen wachzurufen, die dem Bewusstsein sonst nicht mehr zugänglich sind.

Deshalb unterscheidet ja auch der Dichter Marcel Proust, dessen Geruchsassoziationen als »Proust-Effekt« berühmt wurden, zwischen dem bewussten Erinnern und der unbewussten Erinnerung, die aus der Tiefe der Vergangenheit emporsteigt. Wobei er sagt: »Das unbewusste Gedächtnis ist für mich das einzig wirkliche«, das bewusste Gedächtnis und die Intelligenz geben nur ungenaue Bilder wieder. »Kaum aber nehmen wir einen Duft von früher wahr, wie sind wir dann plötzlich berauscht!«

So wie Proust selbst von dem Madeleine-Gebäck, mit dem er als Kind getröstet worden war. Eine ganze Gefühlswelt lässt der Geschmack des Küchleins bei dem Erwachsenen auferstehen: »In der Sekunde nun, als dieser mit dem Kuchengeschmack gemischte Schluck Tee meinen Gaumen berührte, zuckte ich zusammen und war wie gebannt durch etwas Ungewöhnliches, das sich in mir vollzog. Ein unerhörtes Glücksgefühl, das ganz für sich allein bestand und dessen Grund mir unbekannt blieb, hatte mich durchströmt. Mit einem Schlage waren mir die Wechselfälle des Lebens gleichgültig … es vollzog sich mit mir, was sonst die Liebe vermag, gleichzeitig aber fühlte ich mich von einer köstlichen Substanz erfüllt: oder die Substanz war vielmehr nicht in mir, sondern ich war sie selbst. Ich hatte aufgehört, mich mittelmäßig, zufallsbedingt, sterblich zu fühlen. Woher strömte diese mächtige Freude mir zu? Ich fühlte, dass sie mit dem Geschmack des Tees und des Kuchens in Verbindung stand, aber darüber hinausging und von ganz anderer Wesensart war.«

Nicht ganz so wortreich, jedoch mindestens so eindrucksvoll sind die ganz alltäglichen Geschmackserinnerungen von Männern und Frauen, die der Autor Andreas Hartmann gesammelt hat. »Ich bin Kriegskind«, erinnert sich da eine Frau. »Immer wenn ich traurig bin, oder ein Anflug von Depressionen macht sich bemerkbar, dann backe ich Pfannkuchen. Es war ein Gefühl der Geborgenheit, wenn die Mutti Pfannkuchen gebacken hat … Pfannkuchen gab es ja nur, wenn der Bauer nebenan Milch und Eier übrig hatte. Das war ein Glücksfall.« Eine ältere Hamburgerin berichtet: »Wenn ich ein trockenes Rundstück esse und trinke dazu kalte Milch oder Kakao – aus einem weißen Emaillebecher –, dann denke ich an das Strandbad Maakendamm am Köhlbrand.« Sie habe sich deshalb extra wieder einen solchen Becher gekauft, erzählt sie am Ende ihrer Geschichte. »Wenn ich den Geruch von ›heiler Welt‹ definieren müsste«, sagt ein Mann, »würde ich sagen, dass sie wie Linseneintopf riecht.« Und die großen Sommerferien? Die schmecken nach »Müsli mit Erdbeeren und roh gegessenen Erbsen, mit und ohne Schoten. Eben so, wie es war, als ich noch zu Hause gelebt habe und man frisch Geerntetes aus dem Garten gegessen hat.«

Interessant ist, dass unser Gehirn auch umgekehrt assoziiert.

Wenn sich jemand an ein Ereignis erinnert, werden verschiedene für die Sinneswahrnehmung zuständige Gebiete im Gehirn aktiviert. Das fand das Team des Neurophysiologen Jay Gottfried heraus. Denkt jemand zum Beispiel an ein Abendessen in einem Restaurant zurück, können gleichzeitig die Hirnareale für Sehen, Hören, Riechen und Schmecken aktiviert werden. Profis unter den Riechern, wie Parfümeure oder Köche, können sich sogar Duftkompositionen im Kopf mischen, ohne dass sie tatsächlich etwas riechen. Wie Mozart Arien und ganze Opern im Geist entstehen ließ und Picasso in seiner Phantasie fertige Bilder erzeugte, ohne sie zu sehen. Neueste Forschungsergebnisse haben gezeigt, dass die Abspeicherung von Bildern zusammen mit einem Duft zwar etwas mehr Zeit in Anspruch nimmt, dafür behält man die Bilder aber viele Jahre länger im Gedächtnis.

In Gottfrieds Versuch sahen die Probanden bestimmte Gegenstände, jeweils gekoppelt mit einem bestimmten Geruch. Ihre Aufgabe war es, sich eine Verbindung oder Geschichte zwischen den beiden Reizen auszudenken. Sahen sie anschließend die Objekte, ohne etwas zu riechen, fand sich dennoch eine Aktivierung im piriformen Cortex, einem der wichtigsten Zentren für Geruchswahrnehmung im Gehirn. Erstaunlich, denn der piriforme Cortex erhält seine Informationen eigentlich direkt aus dem Riechhirn und nur dann, wenn tatsächlich ein Geruchsreiz ankommt. Dass er auch in diesem Fall reagiert, zeigt, wie man mit der Vorstellung von Dufterlebnissen das Gehirn aktivieren kann. Die Erinnerung an ein Ereignis besteht also aus verschiedenen Teilen, die in den verschiedenen sensorischen Arealen des Gehirns gespeichert sind, folgert Gottfried. Erst die Gehirnregion des Hippocampus, unser Hauptgedächtnisspeicher, scheint dann die verschiedenen Gedächtnisbruchstücke zu einem einheitlichen Ganzen zusammenzusetzen.

Manchmal reichen für ein bestimmtes Geruchsempfinden

sogar abstrakte Denkprozesse wie das Lesen von Wörtern. Ein Team der University of Oxford hat festgestellt, dass die Wahrnehmung eines Geruchs maßgeblich davon abhängt, wie er beschrieben wird. Die Erwartung, die mit einem Begriff geweckt wird, verändert nicht nur das Empfinden, sondern auch die damit verbundene Gehirnaktivität, schreiben die Wissenschaftler im Fachblatt *Neuron*. Wurde den Testern der Begriff »Cheddar« auf dem Monitor präsentiert, während sie einen käseartigen Geruch wahrnahmen, stuften sie ihn als neutral bis aromatisch ein. Erschien stattdessen »Körpergeruch« auf ihrem Bildschirm, empfanden sie ihn als Gestank, weil die abgespeicherte Erfahrung mit ekligem »Käsefußgeruch« nachwirkte. Die Suggestion durch die Begriffe reichte sogar so weit, dass geruchsneutrale Luft, die mit »Käse« angekündigt wurde, angenehmer empfunden wurde als die gleiche Luft unter der Vorgabe »Körpergeruch«. Der Unterschied ließ sich auch in der Gehirnaktivität nachweisen. »Käse« aktivierte die Gehirnareale für positive Düfte (vorderen Cortex und Amygdala) deutlich stärker.

Die Beispiele zeigen: Allein aus einer Einbildung und aus der Erinnerung heraus lässt unser Gehirn Eindrücke entstehen. Manche schlimmen oder gar grausamen Geruchserinnerungen können so lebendig werden, dass sie zu Schweißausbrüchen, Übelkeit und Herzklopfen führen. Welches Trauma durch Dufterlebnisse ausgelöst werden kann, schildern zwei amerikanische Psychologen am Beispiel eines Vietnamveteranen, der während des Krieges die Leichen anderer Soldaten verbrennen musste. Zum Anzünden wurde Diesel verwendet. Noch lange nach seiner Rückkehr aus Vietnam konnte er keine Tankstelle betreten, ohne dass ihm übel wurde.

Dieselben Autoren berichten von einer 53-jährigen Frau, die sich immer wieder ängstlich und verwirrt in einem Schrank versteckte und sich mit einem Messer in die Arme schnitt. Ihre Anfälle waren von Geruchshalluzinationen begleitet: Die Frau glaubte, eine Mixtur aus Leder, Aftershave und Alkohol zu riechen. Sie habe diesen Duft gerochen, als sie im Alter von 16 Jahren von einer Bande brutal vergewaltigt worden war, erzählte sie. Zu helfen war der Frau bei ihren Attacken nur mit einem erstaunlichen Gegenmittel: dem Duftmix aus Vanille und frisch gemahlenem Kaffee. Damit legten sich die Aufregung und ihre Ängste und die geistige Verwirrtheit verschwand.

Bei Patienten im Wachkoma ist die Dufttherapie heutzutage eine der wichtigsten Anwendungen, um die Kranken ins Leben zurückzurufen. Dabei werden vor allem Kindheits- und Lieblingsgerüche verwendet. Beim ehemaligen israelischen Ministerpräsidenten Ariel Scharon versuchte man es zum Beispiel mit dem Duft frischer Falafel, dem arabischen »Hamburger«.

Unsere Vergangenheit kann also plötzlich aufleben, wenn wir einen bestimmten Duft riechen, wir können ihn aber nicht bewusst wiedererstehen lassen. Wenn wir Glück haben, erschnuppern wir ihn irgendwo einmal wieder oder er wurde inzwischen als »Realduft« komponiert. So nennen die Hersteller Raumdüfte, die uns emotional an die Sehnsuchtsorte unserer Kindertage zurücktragen sollen. *Waschküche* heißt da einer, *Sommerregen* oder *Schneegestöber* andere. Auf Wunsch gibt es sogar ganz individuelle Erinnerungen. Wie schade, dass Andy Warhol das nicht mehr erleben dufte, der in seinen Lebenserinnerungen dem Duft des Paramount-Theaters nachtrauerte: »Ich habe den Geruch der Eingangshalle vom Paramount-Theater am Broadway immer genossen. Immer wenn ich dort war, habe ich die Augen zugemacht und tief durchgeatmet. Dann wurde das Paramount abgerissen. Ich kann mir so lange, wie ich will, ein Foto dieser Eingangshalle ansehen, aber was soll's! Nie wieder werde ich sie riechen.«

Er ist Hollywoodstar und ein Frauenschwarm: Wo Ben Affleck auftaucht, werden die Mädels schwach und verfolgen ihn scharenweise. Manchem Promi mag das lästig sein, der Amerikaner genießt die schmachtenden Blicke, die sie ihm zuwerfen. Ganz lässig und unauffällig drückt er für jeden kleinen Flirt auf seinen Zähler und bringt es auf die stattliche Zahl von 103, als er sich schließlich abends ins Hotel flüchtet. Doch dann die Überraschung: Plötzlich beachten die Mädchen ihn überhaupt nicht mehr. Vorbei am Star stürzen sie sich auf den unscheinbaren kleinen Liftboy, der sie mit einem unschlagbaren Deo auf seine Duftspur gelockt hat. Dessen Erfolg lässt Ben das Lächeln auf den Lippen gefrieren: 2372 Clicks auf dem Handzähler des Liftboys. Aber das Geheimnis ist simpel: »Spray more, get more«. Je mehr *Lynx,* desto mehr Frauen, so lautet die Botschaft des Werbespots. Den Clicker gab es beim Kauf des Deos von Axe gratis dazu.

Ein witziger Film, eine geniale Marketing-Idee und ein Megaerfolg. Für Liftboy-Darsteller Scoot McNairy, der so berühmt wurde, dass er die nächste Werbung mit Sharon Stone drehen durfte. Aber auch für Unilever, denn in England begaben sich ganze Schulklassen auf Frauenjagd. Sie sprayten sich getreu dem Werbemotto am ganzen Körper mit dem Wundermittel ein. In den Klassenzimmern soll darauf ein so furchtbarer Gestank geherrscht haben, dass die Lehrer sich weigerten, zu unterrichten. Nicht umsonst heißt das Deo *Lynx*, nach der griechischen Bezeichnung für »Luchs«.

Einmal so verführerisch duften, dass einem die Welt zu Füßen liegt, ganz egal, ob man aussieht wie ein Filmstar oder ein Fahrstuhlführer – wer träumte nicht davon. Aus keinem anderen Grund wurden Parfüms erfunden und Riechstoffe schon im Altertum verwendet. »Seht mich an«, lautet die Botschaft, »ich bin sauber, gepflegt und so erfolgreich, dass ich mir teure Düfte leisten kann.« Doch welcher Duft besitzt die Zauberkraft, mich unwiderstehlich zu machen, mir jene geheimnisvolle Aura zu verleihen, die Männerwelt zu betören und die Frauenwelt zu berauschen? Welcher ist der Duft, der am besten zu mir passt?

Stark duftende Blüten von Rose, Jasmin und Orange symbolisieren schon seit der Antike die weibliche Eleganz: Modell klassische Schönheit von üppiger Schwere. Die Frühlingsnoten von Flieder, Freesie und Maiglöckchen wurden mit einer fragilen Romantik assoziiert. Insbesondere dem Maiglöckchenduft wurde eine entspannende und erotisierende Wirkung nachgesagt. Die zarten Blumen, die auf Englisch den schönen Namen »Lily of the Valley« tragen, gelten als uraltes Glücks- und Liebessymbol und durften deshalb in keinem Brautstrauß fehlen. Heinrich Heine schwärmte: »Der Duft der Maiglöckchen bricht das Eis des Winters und der Herzen.« Kräftige Düfte von Orchideen dagegen – zumal mit Moschus und Sandelholz kombiniert – sind eine ernst zu nehmende Warnung an die Konkurrenz. Mit Patchouli und Zeder schmückt sich angeblich die Exzentrikerin und mit den frischen Düften von Zitrone, Gras und Bergamotte die Sportlerin, die – herzlich und weltoffen – nichts Böses im Schilde führt.

Hintergründig dagegen die holzigen, animalischen Duftnoten für den Herrn. Angefangen beim krautig-würzigen Thymian über das eigenwillig herbe Eichenmoos bis hin zu Leder mit seiner animalischen Note und Tabak mit dem unvergleichlich männlichen Aroma. Nicht zu vergessen die drei bekanntesten Pheromone aus der Tierwelt: Ambra aus dem Verdauungstrakt des Pottwals und Moschus aus der walnussgroßen Drüse am Bauch des männlichen Moschushirschen, die heute fast ausnahmslos synthetisch hergestellt werden; und schließlich der Zibet-Duft der gleichnamigen afrikanischen Schleichkatze, deren Absonderungen der Gesamtkomposition den sehr beliebten fäkalisch-sauren Geruch mit leichter Honignote beifügen können. Wobei kein Männerduft den Namen Parfüm tragen darf. »Männer haben viele Probleme«, beschreibt ein Journalist das Dilemma, »Bauchansatz, die Wahl der richtigen Alufelgen, und dann ist da noch ihre Angst, man könnte sie für schwul halten.« Also lernten die Produzenten, ihre Männerdüfte »Eau de Toilette« zu nennen und zu akzeptieren, dass man sie am besten über die Frauen verkauft. Das haben die Experten von Dior schon in den 50er-Jahren geahnt, als es noch keine moderne Marktforschung gab: Sie nannten ihren Herrenduft *Eau Sauvage* und können bis heute Frauen und echte Männer begeistern. Sie möchten einmal wie Bruce Willis riechen? Hier kommt Ihre Chance, denn der Star soll es auch benutzen.

Aus all den verschiedenen Blumen-, Pflanzen- und Tierdüften ein verführerisches Zusammenspiel zu entwickeln, ist die große Kunst des Parfümeurs. Dabei achtet er auf eine Folge von drei Duftnoten, die sich nacheinander entfalten: Kopfnote, Herznote und Basisnote. Die Kopfnote soll den ersten Eindruck vermitteln und Neugier auf den Duft wecken. Ihre Duftmoleküle verfliegen schnell. Dann kommt die Herznote zum Zuge: der eigentliche Charakter des Parfüms, sein Bouquet. Sie setzt sich zumeist aus Blütenaromen zusammen und bleibt über mehrere Stunden gut riechbar. Die Basisnote – das Fundament des Parfüms – soll lange haften und besteht oft aus schweren sinnlichen holzigen und animalischen Düften. Sie riecht nach Moos und Leder, feuchter Erde, Wald oder orientalischen Gewürzen. Manchmal hat sie sogar Anklänge an die Gerüche von Schweiß, Urin und Fäkalien, die – in niederer Konzentration – ebenso Emotionen wecken und Phantasien stimulieren können wie die anderen Duftkomponenten.

Während früher viel Wert auf die Herz- und die Basisnote gelegt wurde, ist seit einigen Jahren die Kopfnote immer entscheidender geworden. Viele Parfüms werden in Duty-Free-Shops oder im Vorbeigehen in einer Drogerie gekauft. Da bleibt keine Zeit, die Entwicklung der anderen Duftnoten abzuwarten oder zu prüfen, wie ein Parfüm mit dem Geruch der

Haut harmoniert. Was aber wichtig wäre, weil ein Parfüm bei jeder Person anders riecht. Wie ein Duft sich entfaltet, hängt von der Zusammensetzung der Mikroorganismen, dem Eigenduft des Menschen und dem Fettgehalt der Haut ab. Der verändert sich zudem im Lauf des Lebens, sodass selbst ein Lieblingsparfüm über die Jahre im Duft variiert.

Ebenso wie das Marketing unterliegt die Komposition von Parfüms dem Zeitgeist und der Mode, und das schon seit Ende des 18. Jahrhunderts. Damals büßten die bis dahin so beliebten Noten Moschus und Zibet ihre Popularität ein, weil man wusste: Wer es nötig hat, sich dermaßen intensiv zu beduften, will andere Körpergerüche kaschieren. Menschen, die sich sanitäre Anlagen und Bäder leisten konnten, schmückten sich stattdessen mit leichten Rosmarin-, Thymian- und Blütendüften. Zu den Duftstoffen aus natürlichen Quellen kamen seit dem Jahr 1875 synthetische dazu, deren Verwendung seitdem stetig zugenommen hat. Heute stehen einem Parfümeur neben 200 natürlichen über 2000 synthetische Riechstoffe zur Verfügung.

Das erste synthetisch hergestellte Parfüm wurde sofort ein Welterfolg: *Chanel No. 5*, 1921 kreiert und von Coco Chanel als der »Duft eines nordischen Morgens am See« gepriesen, besteht ausschließlich aus floral-fruchtig duftenden Aldehyden und ist heute ein Klassiker, der allerdings nicht mehr exakt wie damals duftet, sondern immer behutsam den Dufttrends angepasst wird. Auch *Shalimar* von Guerlain (1925) mit seiner orientalischen Schwere und später das frische *Vent Vert* von Pierre Balmain (1947) sowie *Miss Dior* (1947) mit Chypre-Duft und einem feinen Hauch von Leder wurden zu Trendsettern. Eau de Chypre nannten schon die Kreuzfahrer eine Mischung aus Harzen, Moosen, Gewürzen und animalischen Ingredienzien von der Insel Zypern, die damals auch gern als Räuchermittel benutzt wurde. Moderne Chypre-Düfte basieren auf dem frischen Duft von Bergamotte, kombiniert mit einer sinnlichen Basisnote. *Diorissimo* und *Anais Anais* sind die berühmtesten Maiglöckchendüfte und mit ihrer verführerischen Romantik bis heute aktuell.

Körperähnliche Elemente wie Moschusdüfte – lange Zeit undenkbar – wehten in den 70er-Jahren mit den Hippies von San Francisco in die alte Welt zurück. Allmählich kamen mit *Classic* von Karl Lagerfeld, *Opium* von Yves Saint Laurent oder *Poison* von Dior schwere, extrovertierte Duftnoten auf den Markt. Deren Beliebtheit wiederum nahm deutlich ab, als eine veränderte gesellschaftliche Situation neue Verhaltensregeln propagierte: Das AIDS-Virus bedrohte die Menschen, weshalb es angeraten schien, monogam zu leben oder wenigstens so zu tun. »Ein Duft sollte nur noch für den Partner bestimmt sein«, erinnert sich Thomas Obrocki, Parfümeur beim Dufthersteller Symrise. »Cocoonig« hieß der Effekt, der die leichten, klaren, dezenten Düfte brachte. Calvin Kleins *CK one*, »the fragrance for a man or a woman«, wurde zur Lifestyle-Botschaft vom Unisex und zu einem der meistverkauften Parfüms des ausgehenden 20. Jahrhunderts.

So entstehen neue Trends nicht nur aus den persönlichen Vorlieben des Parfümeurs oder des Auftraggebers, sondern sind abhängig von vielen verschiedenen Faktoren. Ganz aktuell ist dabei die Idee, beliebte Klassiker in ihrer Rezeptur umzustrukturieren. Aus *Chanel No. 5* wird *Chanel No. 5 Eau Premiere* – ein komplexes Gebilde, anders zusammengesetzt. »So ein Duft besteht aus mehreren hundert Bestandteilen, die bis auf drei Stellen hinterm Komma stimmen müssen«, sagt Obrocki und erwähnt noch einen Trend: Ehemalige Herrendüfte kommen als Damenparfüms wieder. »Bei *Poison midnight* fiel mir das auf: Es riecht wie ein alter Herrenduft von Zino Davidoff.«

Mit all diesem Wissen im Hinterkopf, sollte man sich vielleicht nicht wundern, dass die Botschaft eines Duftes manchmal ganz anders ankommt als erhofft. Wenn nämlich das Gegenüber statt »Ich bin selbstbewusst, klug und attraktiv« das Duftsignal deutet als »Ich bin so cool, dass ich mich mit dir eigentlich nicht abgeben muss« oder »Ich weiß, dass ich unwiderstehlich bin und du mir zu Füßen liegst«. Vor allem in Bewerbungssituationen kommen solche Botschaften überhaupt nicht gut an. Ein gepflegter Duft mag noch angehen, wenn die Bewerberin in Jeans und T-Shirt erscheint, da scheint sie männlichen Chefs attraktiver als ohne Parfüm. Doch sobald die Frauen parfümiert und in formellem Kostüm oder Hosenanzug auftraten, fühlten sich Männer in ihrer Gegenwart unbehaglich und beurteilten die Bewerberin als »distanziert« und »unzugänglich«. Das fand eine amerikanische Untersuchung heraus.

Überhaupt halten Männer parfümierte Kandidaten und Kandidatinnen für weniger qualifiziert und misstrauen auch ihren persönlichen Eigenschaften. Sie werden durch ein Parfüm anscheinend verwirrt und abgelenkt und fühlen sich möglicherweise beleidigt und in ihrem objektiven Urteilsvermögen angegriffen – zu diesem Schluss kamen jedenfalls die Wissenschaftler. Weibliche Chefs hingegen stören sich weder am Duft eines Mannes noch an dem einer Frau. Sie beziehen den Parfümduft offenbar nicht so sehr auf sich selbst und haben deshalb deutlich weniger Probleme mit wohlriechenden Bewerbern.

Da fragt man sich als Frau natürlich: Wie viel Duft darf denn sein, damit ich Chancen auf einen Job habe? Und gibt es Düfte, die garantierte Erfolgsmarken sind? Für das Marketing in eigener Sache haben die Supernasen dieser Welt tatsächlich manch nützliches Geheimnis parat. Und wer ihnen nicht traut: Bei der Traditionsfirma Galimard in Grasse kann sich jeder für ca. 30 Euro sein Parfüm selbst kreieren. Über 25000 Kunden haben sich inzwischen als Duftmischer versucht und dem Unternehmen unverhofft ganz erstaunliche Umsätze beschert. Neuerdings erübrigt sich sogar die Fahrt nach Frankreich, denn Parfüms zum Selbermachen gibt es nun als Baukasten in Buchläden oder im Internet zu kaufen. Entdecke den *Lynx*-Faktor in dir, sozusagen. Ein Clicker wird nicht mitgeliefert, aber Sie wissen ja aus der Werbung: Wenn Ihnen nicht eine mindestens 100-köpfige Meute folgt, ist Ihre Rezeptur noch optimierbar!

Parfüms und ihre unbewusste Wirkung

»Der Zweck, den unsere moderne Parfümerie zu erreichen sucht, besteht darin, eine sexuelle Reizwirkung zu schaffen oder zu verstärken«, betonte schon der Altmeister der Parfümeure, Paul Jellinek. Können Parfüms das wirklich? Jemanden auf mich aufmerksam machen, sodass er mich reizvoll findet?

Eine japanische Studie ging der Frage nach, indem sie das Distanzverhalten von Menschen untersuchte. Jeder Mensch – zumal ein Japaner – lässt einen bestimmten Abstand zwischen sich und anderen und nähert sich dem Gegenüber nur so weit, wie es ihm angenehm ist. Bei dem Experiment wurden Studenten aufgefordert, sich auf die gewohnte Weise aus vier verschiedenen Richtungen (von vorn, hinten, rechts, links) einer Person zu nähern, die in der Mitte des Raumes saß. Einmal war diese Person unparfümiert, ein andermal mit einer blumig-fruchtigen Mischung besprüht und schließlich mit einem frischen, wässrigen Bouquet. Das Ergebnis des Tests: Beide Duftnoten verleiteten die Studenten, näher an die Person zu treten als vorher. Die persönliche Distanz wurde beim ersten Parfüm um 50, beim zweiten um 20 Prozent unterschritten. Den ersten Duft fanden die Studenten »exotisch«, während sie den zweiten als »vertraut« beschrieben. Es überraschte die Wissenschaftler, dass der exotische Duft das Rennen machte, denn sie waren mit der Hypothese angetreten, vertraute, »zum allgemeinen Geschmack passende Düfte« seien am beliebtesten.

Was Studenten mögen, muss aber nicht jedem gefallen. Der Erfolg eines Duftes hängt nicht zuletzt davon ab, wie genau er den Geschmack einer Zielgruppe trifft: zum Beispiel den von

Mädchen, die bei einer bestimmten Modemarke einkaufen und auch nach deren Parfüm riechen wollen, oder den von Jugendlichen, die zu ihren trendigen Sportklamotten den passenden Duft suchen. Es werden sogar Parfüms für Kinder hergestellt: mit Schokolade- und Brombeernote oder – wie bei Dior – als zarte Version *Tendre Poison* des großen Duftes *Poison*. Auf diese Weise führt man den Nachwuchs frühzeitig an die richtigen Marken heran und ins Geschäft ein. Wer dann später etwas auf sich hält, weiß zu unterscheiden.

Damit sind wir bei einem kleinen Problem, das reiche Leute plagt: Gut zu riechen kann sich inzwischen jeder leisten, der Kauf eines Parfüms ist dank preiswerter synthetischer Zutaten kein Luxus mehr. So lautet denn der aktuelle Trend der »oberen Zehntausend«: Qualität statt Quantität. Das kostbarste Parfüm der Welt wird derzeit von dem französischen Parfümeur Clive Christian hergestellt und in Großbritannien verkauft: *No. 1* aus Rosenöl, Iriswurzel und Jasmin, dazu Orchidee, Pfirsich, Vanille und nicht zu vergessen Zimtrosen, von denen man 170 Stück braucht, um einen einzigen Tropfen Öl zu gewinnen. Nur 1000 Fläschchen des kostbaren Duftes werden jährlich hergestellt, da ist die Warteliste lang. Natürlich nicht, wenn man Victoria Beckham heißt: Sie bestellte die Herrennote von *No. 1* in einem kristallenen Fußballfläschchen für Ehemann David!

Für Victoria selbst – und alle Frauen, die sich ewig zu dick finden – wäre vielleicht ein anderer Tipp interessanter: Sage und schreibe sechs Kilo leichter können Sie auf Männer wirken, wenn Sie ein Parfüm mit frischen, floralen Duftnoten tragen. Das hat der Chicagoer Psychiater und Neurologe Alan Hirsch herausgefunden und bezeichnet die getestete Blumenduftmischung als das »olfaktorische Äquivalent zum Längsstreifen«. Wer um Jahre jünger aussehen will, der sollte es mit ein paar Tropfen Pampelmusensaft hinterm Ohr versuchen. Hirsch testete verschiedene Saftsorten bei Frauen und ließ Männer anschließend schätzen, wie alt die Damen wohl seien. Das überraschende Ergebnis: »Frauen, die nach rosa Pampelmusen rochen, erschienen bis zu sechs Jahre jünger, als sie waren.« Vorsicht ist dabei natürlich mit allzu intensivem Duschen vor der Liebesnacht geboten, denn danach könnte man ganz schön alt aussehen und den Liebhaber zudem mit Übergewicht schockieren.

Auch für Männer hat das Labor des experimentierfreudigen Hirsch ein Geheimrezept parat. Bei einem Versuch mit 31 Männern zwischen 18 und 64 Jahren sollte sich zeigen: Welche Duftstoffe führen bei Männern zu sexueller Erregung? Zur Wahl standen 30 verschiedene Düfte und Duftkombinationen, die den Freiwilligen per Maske vorgehalten wurden, Indiz für ihre Erregung war die Blutzirkulation in ihrem Penis. Dabei zeigte sich, dass alle 30 Düfte das Blut der Herren in Wallung brachten.

Mit Abstand den größten Erfolg wies allerdings eine Mixtur auf, die man als erotisches Hilfsmittel bisher weitgehend unterschätzt hat: der Geruch von Lavendel kombiniert mit Kürbis. »Lavender and pumpkin pie« erzeugte 40 Prozent mehr durchschnittliche Blutzirkulation. Gefolgt von »Doughnut und Lakritz« mit 31,5 Prozent und »Doughnut mit Pumpkin Pie« mit 20 Prozent. Ob diese Düfte die Männer an Sexualpartner oder an ihr Lieblingsessen erinnerten oder ob noch andere Gründe ausschlaggebend waren, vermochte Alan Hirsch nicht zu unterscheiden. Interessant wäre es, diese Experimente in Deutschland zu wiederholen und die sexuelle Attraktivität von Schweinshaxe mit Sauerkraut oder von Currywurst mit Lavendel zu prüfen.

Wie stark nationale Vorlieben vom Alltag eines Landes geprägt sind, hat der Parfümeur Paul Johnson herausgefunden. Amerikaner, die viel Fleisch essen, mögen zum Beispiel orientalische Duftnoten, während für Japaner und Skandinavier, bei denen besonders viel Fisch auf den Tisch kommt, diese Düfte einen Beigeruch von Schweiß haben. Für Südeuropäer sollten es lieber Rosmarin, Basilikum und Thymian sein – die Kräuter der Mittelmeerküche. Neben diesen würzig-frischen Noten sind bei ihnen auch fruchtig-blumige Duftakzente beliebt, wobei die betonte Basisnote wichtig ist, damit der Duft bei den höheren Temperaturen nicht so schnell verfliegt. Kein französischer Parfümeur würde es jedoch wagen, Chrysanthemenduft zu verwenden, schmückt man mit diesen Blumen denn an Allerheiligen die Gräber. In Japan dagegen, wo die Chrysantheme ein Symbol von Kraft und Stärke ist, erfreut sich ihr Duft großer Beliebtheit.

Ältere Europäer verbinden mit dem Duft von Citronellaöl den Waschtag der Familie und frisch bezogene Betten, weil früher die Haushaltsseifen fast alle mit Citronella beduftet wurden. Bei Amerikanern derselben Generation weckt er Erinnerungen an Sommerabende: Citronellaöl wurde nämlich in den USA zur Vertreibung von Insekten verwendet. Heutigen Jugendlichen dagegen sagt dieser Duft nichts mehr.

Alter und Nationalität, Pampelmuse und Pumpkin – was denn noch alles?, mag sich leicht entnervt der Parfümeur fragen, wenn er alltäglich mit ansehen muss, wie Wissenschaftler seinen Traum aus dem Flakon zerren und in seine chemischen Bestandteile zerlegen. Und prompt kommt die Antwort aus einem Berner Labor: Egal, wie sehr du dich anstrengst, liebe Profinase, die Menschen werden einen Duft auswählen, der in ihren Genen festgelegt ist. Die Forscher Milinski und Wedekind hielten 137 männlichen und weiblichen Studenten insgesamt 36 verschiedene Papierstreifen mit Jasmin, Rose, Moschus und anderen Düften unter die Nase, genotypisierten gleichzeitig deren Blut und stellten fest: Menschen mit ähnlichem MHC-Muster teilen die Vorliebe für bestimmte Duftnoten. Deshalb kann ein Mann – der ja idealerweise eine völlig unterschiedliche Zusammensetzung zu seiner Frau hat, wie wir wissen – auch so schlecht einen neuen Duft finden, der ihr gefällt. Am besten sucht sich jeder seine eigene Duftnote aus.

Nach dem, was wir über die Bedeutung der Immungene und

die Auswahl entsprechender Partner wissen, eigentlich logisch. Doch die Forscher wollten nicht glauben, wie eindeutig das Ergebnis ausfiel, und bestellten die Versuchspersonen nach zwei Jahren noch einmal ins Labor. Diesmal sollten sie zwischen je 18 Proben einen Duft für sich selbst und einen für den Partner wählen. Für sich selbst entschieden sich die Tester für denselben Duft wie schon zwei Jahre zuvor, während sie sich für ihren Partner einen wünschten, der überhaupt nicht der eigenen MHC-Zusammensetzung entsprach.

Unverblümt muss man also resümieren, dass die Wirkung von Düften ein multifaktorielles Geschehen ist, das mit genetischer Disposition offenbar genauso zu tun hat wie mit persönlichen oder kulturellen Assoziationen und den Begleitumständen, in denen ein Duft wahrgenommen wird oder zuerst gerochen wurde. Passt *Opium* auf einen Tennisplatz? Vielleicht hätte man es eher in der Oper erwartet. Manche Frauen benutzen nur ein einziges Parfüm, andere haben tatsächlich reihenweise Parfümflakons im Badezimmer stehen, die sie wie Schmuck und Schuhe passend zum Kleid wählen. Sie halten es mit der Modeschöpferin Estée Lauder, die meinte: »Parfüm ist wie die Liebe. Ein bisschen ist nie genug.«

Pheromone als Geheimwaffe des Parfümeurs?

Jeder Parfümeur kennt seinen Auftrag: Er soll Düfte entwickeln, die eine Person attraktiv machen und so als Lockmittel für das andere Geschlecht taugen. Das hat seit Jahrhunderten mehr oder weniger gut funktioniert; wirklich wundersame Dinge passieren erst, seit die Parfümwelt die menschlichen Pheromone und den »sexten« Sinn, das Vomeronasalorgan, entdeckt hat. »Die Männer umschwärmten mich wie Bienen den Honig«, freut sich eine Dame nach Gebrauch des Pheromonparfüms, während Männer begeistert feststellen: »Die Frauen fliegen auf mich« und »Meine Frau tut Dinge, die ich nie für möglich gehalten hätte.« Welche das waren, möchte man vielleicht lieber nicht wissen, aber doch erfahren: Wie konnte das passieren? Darauf hat die Werbung selbstverständlich umfassende Antworten: Es wird »ein natürliches chemisches Signal ausgesandt, das Frauen unwiderstehlich zu Ihnen hinziehen wird, ohne dass sie wissen, warum.« Verstand und Bewusstsein werden ausgeschalten, weil man Pheromone angeblich nicht riechen kann. Ein wahrer »Frauenmagnet« soll auch das neue Styling-Gel »got2be« sein: der Mann wird laut Werbung zum Alphatier – und lockt jede Frau auf seine Fährte. Umgekehrt sind Frauen, die diese Düfte tragen, ein »Signal für jeden Mann in Reichweite … so mächtig und erregend, dass es nur eine Reaktion darauf geben kann.«

Viele Wissenschaftler haben sich mit der Frage beschäftigt, ob und wie Pheromone wahrgenommen werden und wie sie Menschen beeinflussen. Doch auch die meisten »normalen« Parfüms – Wirkung hin oder her – enthalten Pheromone. Darauf weist der bekannte Forscher und Autor Günther Ohloff hin. Nicht nur tierische Duftstoffe wie Moschus und Zibet, sondern Einzelkomponenten jenes Cocktails von 300 bis 400 chemischen Verbindungen, aus denen sich menschliche Körperausdünstungen zusammensetzen. Sie heißen Gamma-Lactone, und man findet sie eigentlich im Achselschweiß und auf der Kopfhaut.

Gamma-Lactone sind gleichzeitig natürliche Bestandteile von Fruchtaromen und Blütendüften. Noch bevor man sie dort entdeckte, hatten Parfümeure bereits ihre synthetischen Äquivalente hergestellt und zur Komposition von Parfüms benutzt. Was wie cremiges Nussaroma oder fruchtiger Pfirsich riecht, sind verschiedene Sorten von Lactonen. Schon 1919 kreierte Jacques Guerlain daraus sein erfolgreiches Chypre-Parfüm *Mitsouko*, das erste von vielen mit ähnlicher Pfirsichnote. Es

»weckt die Erinnerung an die Haut einer geliebten Frau oder gar ihrer Achselhöhlen«, schrieb eine Bewunderin. Erst 1963 wurde der dafür verantwortliche Stoff Gamma-Undecalacton im Narzissenöl und schließlich im weiblichen Achselschweiß nachgewiesen.

So einzigartig sind die Steroide Androstenon, das bekanntlich ziemlich streng nach Schweiß riecht, und Androstenol mit seinem animalischen Moschusgeruch also nicht, obwohl gerade Letzteres von weiblichen Testerinnen oft als warm, exotisch und sexy bezeichnet wird. Viele Menschen können beide Stoffe nur bedingt wahrnehmen, wie der größte je durchgeführte Geruchstest der National Geographic Society in den USA zeigte, an dem 26 000 Personen teilnahmen.

Sehr kritisch setzt sich deshalb der erfahrene Duftexperte und Chemiker Stephan Jellinek mit den falschen Versprechungen der Werbung auseinander, die eine omnipotente Wirkung der Pheromonparfüms versprechen. Da verheißt die Werbung bei Androstenon-Anwendung umwerfenden Sexappeal und dramatische Verhaltensänderungen, während die wissenschaftliche Beurteilung, die ihrer Aussage zugrunde liegt, lediglich von Zeichen spricht, dass eine Veränderung im Kommunikationsverhalten stattfinden könnte, und sich vom Begriff »Nachweis« ausdrücklich distanziert. Ebenso wenig berücksichtigt werden Hinweise von Forschern, dass in Versuchen hohe Wirkstoffkonzentrationen benutzt werden, die in der Realität so gar nicht auftreten. Oft werden auch Wirkungen suggeriert, die zwar bei Insekten, Schweinen und Nagetieren, aber längst nicht beim Menschen nachgewiesen wurden. Hinzu kommt, dass einzelne Studien durch kommerzielle Interessen geprägt sind, die manche Untersuchungsergebnisse zweifelhaft erscheinen lassen.

Parfümeur Jellinek fasst seine Untersuchung deshalb mit einem umfassenden Lob auf einen Wirkstoff zusammen, der überhaupt nichts kostet: Suggestion. Durch Suggestion könnten messbare, signifikante Veränderungen von Stimmungen und Gemütsverfassungen herbeigeführt werden, sodass sich argumentieren ließe, »Pheromonparfums seien – trotz ihres zweifelhaften wissenschaftlich-analytischen Standards – nützlich, indem sie denjenigen, die an sie glauben, einen unschädlichen Weg bieten, (subjektive) Gefühle mangelnder sexueller Attraktivität oder Unzulänglichkeit aufzuheben«.

Marketing mit Wohlgefühl

Wer die Lobby des Four Points in Chicago betritt, fühlt sich gleich wie zu Haus. Der Duft nach frisch gebackenem Apfelkuchen empfängt den Gast und weckt Erinnerungen an Kindheit und heile Welt. Fragt sich nur: Wo wartet der Kuchen? Leider nirgends, wie der Gast bald feststellt, denn er ist nur ein Phantasiegebilde aus der Duftmaschine. »Unsere Gäste mögen das«, meint Sandy Swider, Chefin der Hotelkette, die auch sechs Häuser in Deutschland betreibt. Und weil der Duft in USA, Kanada und Asien so gut ankommt, soll er bald in europäischen Lobbys ausprobiert werden. Hier allerdings nicht mit der leichten Zimtnote, sondern mit dem in Europa so beliebten Vanillearoma.

Die ersten zehn Minuten sind entscheidend für das Urteil über ein Hotel, das wissen moderne Manager und überlassen nichts dem Zufall. Möbeldesign und Farben, Logos, sanfte Klänge und eben der richtige Duft gehören für eine zeitgemäße Hotelmarke zusammen. Ein ganzheitlicher Ansatz, um dem Kunden gleich von Beginn an Wohlbehagen zu vermitteln und ihm das Hotel mit allen Sinnen näher zu bringen. Starwood, zu denen auch die Sheraton-Kette mit Four Points gehört, überlegt außerdem, für jede ihrer acht Marken einen Wiedererkennungswert zu schaffen, sodass der Gast sofort weiß: Aha, Bossanova- und Jazzklänge, dazu der zarte Duft nach *White-Tea* – ich bin zweifellos im Westin, dem Erholungstempel, meiner umgehenden Entspannung steht nichts mehr im Weg.

Zu einem positiven Gesamterlebnis kann vermutlich ebenso die Idee beitragen, nicht nur die Anzeigen für die Hotels mit Duftstreifen zu versehen, sondern auch die Zimmermädchen duftmäßig mit der Hotelmarke harmonieren zu lassen. Und wenn sich der Hotelgast dann so herrlich umsorgt fühlt, dass er gar nicht mehr abreisen mag, haben die Westin-Leute ein ganz besonderes Souvenir für ihn: Er kann *White-Tea* als Raumparfüm, Öl und Duftkerze erwerben und mitnehmen.

Auf diese Weise ist der Reisende von der Erlebniswelt des »Corporate Scent«, des hoteleigenen Individualduftes, dermaßen umhüllt, dass er immer wieder kommen will. Und das ist der Sinn der Sache: Der Kunde soll sich wohlfühlen, mit der Marke positive Gefühle verbinden und sie in der Überfülle der Konkurrenz wiedererkennen, weil sie eben einzigartig ist. Werber, die gern mal eine gewisse Weltläufigkeit zur Schau stellen, nennen das »Marken-Uniqueness«. Branding hat eine zentrale Aufgabe, schreibt Martin Lindstrom, der aktuelle Guru des Multi-Sensory Branding, »und die ist, emotionale Bindungen zwischen dem Verbraucher und der Marke herzustellen. So wird der Kauf eines Produktes zum Erlebnis. Das wissen die Experten beim Elektronikhersteller Samsung, dessen Flagship Stores überall auf der Welt gleich riechen, genauso wie die Trendsetter der Mode-Labels Abercrombie & Fitch oder Victoria's Secret, durch deren Läden ein unverwechselbares Blumenbouquet weht.«

Lange vor allen anderen haben das schon die Manager von Singapore Airlines verstanden. Mit der Erfindung des »Singapore girls«, jener immer gleich sanften, gleich gekleideten, sogar gleich geschminkten Begleiterin verkauften sie mehr als bloß eine Flugreise. Sie stellten Entspannung und Wohlgefühl in den Vordergrund. Die berühmte Stewardess, deren Seidenkleid im Muster der Innenkabine gestylt war, ging als erste

»Markenfigur« ins Wachsfigurenkabinett von Madame Tussaud ein. Inzwischen hat Singapore Airlines die sensorische Markenwelt konsequent ausgebaut und beduftet alle Singapore girls gleich. Mit *Stefan Floridian Waters* nämlich, dem Corporate Scent, der den Fluggast mit einem heißen Tuch empfängt und ihn während des gesamten Fluges begleitet. Der patentierte Duft ist zum unverwechselbaren Warenzeichen geworden.

Im besten Fall führt der identitätsstiftende »Brand Scent« zu einer anhaltenden Präferenz des Kunden für ein bestimmtes Produkt, zur langfristigen Konditionierung und dauerhaften Kundenbindung. Wichtig ist dabei die Dosierung, denn ein zu starker Duft kann den Kunden auf die Nerven gehen. Experten unterscheiden drei verschiedene Schwellenkonzentrationen. Bei der Wahrnehmungsschwelle riecht man etwas, hat aber keine Ahnung, was es ist. Bei der Erkennungsschwelle weiß man, um welchen Duft es sich handelt, und bei der Unterschiedsschwelle kann man ihn aufgrund seiner Intensität von anderen Düften unterscheiden. Meist braucht man dabei jeweils eine etwa zehnmal höhere Dosis, wobei die Schwellen für jeden Duftstoff unterschiedlich sind, sodass die Kunst des Duftmarketings darin besteht, die Duftmoleküle richtig zu konzentrieren. Kunden wissen dann oft gar nicht recht, wie ihnen geschieht, finden die Atmosphäre aber irgendwie angenehm.

Ein Prinzip, das sich auch Reisebüros zunutze machen. *Sonnencreme* oder *Frische Meeresbrise* weckt Assoziationen an Sommer, Strand und unbekümmertes Vergnügen. Schon beim Betreten des Ladens taucht der Kunde in den Wohlgeruch von Freizeit, Freiheit und Abenteuer ein und bekommt einen Vorgeschmack auf die Reise. Wer will da noch lange kritisch über seinen Kontostand nachdenken? Nach Lust und Laune soll der Kunde entscheiden und »bereits bei der Buchung geistig am sonnigen Sandstrand liegen«, wie der Wirtschaftswissenschaftler Hans Knoblich schreibt.

Sehen, Hören, Riechen, Schmecken und Fühlen – ein Großangriff auf alle Sinne. Schon heute, so eine Studie, hat jeder Deutsche täglich 3000-mal Kontakt mit einem Markenprodukt: über ein Plakat, einen Fernsehspot oder eine Anzeige. Längst versinken die einzelnen Produkte in der Werbeflut immer gleicher Bilder und Worte. Welches Waschmittel wäscht nicht frisch und rein? Welche Creme hinterlässt Ihr Gesicht nicht zart, weich und jugendlich? Beim Gang durch die Innenstadt begegnen uns an jeder Ecke riesige Plakatwände und blinkende Botschaften, ohne dass wir ihnen noch besondere Beachtung schenken. Deshalb mussten zusätzliche Dimensionen her, um die Aufmerksamkeit des Kunden zu sichern und das Produkt aus der Masse hervorzuheben. In der Stadt Luzern waren deshalb erstmals Plakate zu bewundern, auf denen die Schweizer Modefirma Kofler mit duftenden Rosen für ihre neue Kollektion warb. Die gelben Blüten verzierten ein sympathisches Model und dufteten, wenn man an ihnen rieb. Ein spezieller Lack sorgte für den Marketing-Spaß. Mit einem eher zweifelhaften Vergnügen überraschten österreichische Hoteliers ihre Gäste anlässlich der Fußball-Europameisterschaft: ihr Toilettenpapier duftete nach frisch gemähtem Rasen.

Nach der optischen und akustischen Reizüberflutung schien die Duftattacke auf unser Unterbewusstsein der folgerichtige Schritt zu sein. Früher reichte eine halbnackte Schönheit, die sich zu leisen Tönen auf dem Kühler des neuen Sportwagens räkelte, um die Sehnsucht nach Luxus zu wecken, heute müssen auch noch die Ledersitze verführerisch duften, um potente Brieftaschen zu öffnen. Ganze Duftstraßen führen über eine Messe für Bäder, Saunen und Whirlpools. Mit Rosenterrassen und Wohlfühlwelten wirbt praktisch jedes Möbelhaus. Luxustempel locken mit Mangoaroma, Süßwarenläden mit künstlichem Schokoduft, nicht mal einen Supermarkt kann man mehr betreten, ohne sensorisch überfrachtet zu werden. Bunte Reklame und musikalische Begleitung waren gestern, heute gibt's Orangenduft in der Obstabteilung und Vanille bei den Keksen.

Und mal ehrlich: Der Brötchenduft, der einen gleich beim Betreten des Ladens empfängt, weckt ja tatsächlich die Lust auf Backwerk. Sie haben sich auch schon mal davon verführen lassen? Dann hätte das Aufstellen von Backautomaten im Verkaufsraum natürlich seinen Zweck erfüllt: Der Kunde soll durch den anregenden Backgeruch zum Kauf angeregt werden. Besonders interessant sind solche Lockdüfte für Bäckereien in abgelegenen Seitenstraßen; hier nimmt der aus dem Ventilator nach außen geblasene (oft künstliche) Brotduft die Kunden förmlich »an der Nase« und führt sie direkt ins Geschäft hinein. Genauso machen es Betreiber von Kaffeegeschäften, die köstliches Kaffeearoma versprühen, oder Kinobesitzer, die ihre mageren Umsätze mit Popcornduft aufzupeppen versuchen. »Air-Design wirkt in der Dingwelt wie Glutamat in der Kochindustrie: als purer Geschmacksverstärker der Kauflust«, schreibt ein Journalist.

Kritiker verurteilen die raffinierten Sinnesreize daher als üblen Trick der Werbewirtschaft und als heimliche Manipulation. Neben dem Werben für die hervorragenden Eigenschaften und glänzenden Wirkungen eines Produktes, kann der Duft nämlich fehlende Eigenschaften zu ersetzen versuchen. Eine glatte Täuschung also, die in der Werbersprache »Simulierungsfunktion« heißt. Da wird ein Schuh oder eine Handtasche aus Kunststoff mit Lederspray beduftet und der Konsument arglistig hinters Licht geführt.

Auch die »Maskierungsfunktion« beruht auf dem Vorspielen falscher Tatsachen. Zu diesem Zweck gibt es inzwischen unzählige Duftmittel und Parfümspender. Beispiel Auto: Die Palette reicht vom Neuwagenspray, das aus der alten Schrottmühle den Mief vieler Jahre vertreiben und, so ein Werbespruch, »Ihrem Gebrauchtwagen die frische Aura eines Neuwagens verleihen« soll, über den Reifen, der nach Rosmarin riecht, bis hin zum berühmten Wunderbaum mit seiner beispiellosen Erfolgsgeschichte. Seit den 60er-Jahren des letzten Jahrhunderts ist die Beliebtheit dieses Klassikers ungebrochen, jedes Jahr verkauft die Herstellerfirma Böhm allein in Deutschland eine zweistellige Millionenzahl. Absoluter Hit ist übrigens nicht Kiefer oder Tanne: Ein Drittel aller Papptannen des Jahres 2006 verströmte *Vanillaroma,* dicht gefolgt von *Sportfrische* und eben *New Car.* Abgeschlagen dagegen *Grüner Apfel, Kirsche* oder *Zitrone, Kokosnuss* oder *Nelke*, ganz zu schweigen von *Zauberduft*, *Südseetraum* und *Blaue Orchidee*.

An dieser Art von Beduftung scheiden sich allerdings die Geister. Während einige am liebsten ihre ganze Wohnung vom Schuhschrank bis zur Rumpelkammer damit begasen, sind andere deutlich kritischer, wie im Internet zu lesen ist. »Will man sein blaues Wunder erleben, so gibt es nichts Unschöneres und Kitschigeres als diese Bäumchen, die riechen wie Stinktier in Not und die Umgebung umgehend verpesten.«

Die Autoindustrie – stets um die Wohlgerüche ihrer Produkte bemüht – muss deshalb behutsam vorgehen, um empfindliche Nasen nicht zu beleidigen. Als erster und einziger Hersteller baut Citroën seit dem Jahr 2004 serienmäßig einen eigenen Parfümspender in das Mittelklassemodell C4 ein. »So ein neues Auto hat doch gewisse Eigendüfte, die nicht unbedingt jedem gefallen«, erklärt Pressesprecher Immo Mikloweit. »Da zieht es manch ein Autofahrer vor, seinem Wagen eine persönlich ausgewählte Duftnote zu geben.« Von Mimose bis Menthol, von Lavendel bis Lotus kann der Kunde zwischen zehn eigens kreierten Parfümnoten wählen. Audi und andere große Autobauer beschäftigen ganze Teams von Designern, darunter Supernasen, die sich ausschließlich mit der Auswahl und Kontrolle des Materials befassen. Stoffe, Kunststoffe und Leder der diversen Zulieferer werden auf ihre Qualität getestet, schließlich sollen sie auch unter Sonneneinstrahlung und hohen Temperaturen nicht anfangen zu stinken. Gerbstoffe und Lösungsmittel, Weichmacher oder UV-Absorber, Lacke, Kleb- und Schaumstoffe, sie alle bringen Eigendüfte mit, die zunächst analysiert und anschließend eliminiert werden müssen, ehe der Wagen vom Band rollt. Das Ziel der Bemühungen sei ein geruchsneutrales Auto, sagen die Hersteller.

Dass ein bekannter Sportwagenhersteller längst Kunstledersitze verwendet und den fehlenden Lederduft per Duftstreifen ins Auto holt, der unter den Fahrersitz geklebt und bei jeder Inspektion erneuert wird – wahrscheinlich alles Gerüchte. Denn Autobauer geben sich bei diesem Thema lieber bedeckt. Düfte können nämlich beim Fahren gefährlich werden, wie eine Studie des Royal Automobile Clubs in England warnt. Jasmin, Kamille oder Lavendel wird entspannender Einfluss auf hitzige Fahrer nachgesagt, können aber auch einschläfernd wirken. Beim Geruch von frischem Brot oder Gebäck bekommt der Fahrer Hunger und drückt allzu sehr aufs Gas, um schnell zum Essen zu kommen. Frisches Gras und Blumen klingen harmlos, verleiten jedoch leicht zum Träumen. After Shaves und Parfüms sollen gar imstande sein, die Gedanken auf erotische Abwege zu locken. Dann doch lieber Zitronen- und Kaffeeduft: Sie wirken konzentrationsfördernd. Pfefferminze ist ebenfalls gut, denn sie macht den Fahrer weniger reizbar. Eine besonders verkehrsberuhigende Wirkung aber scheint der typische Neuwagengeruch zu haben: Er führt dazu, dass der Mensch umgehend vorsichtiger fährt.

Wie sich eine gezielte und clever ausgedachte Beduftung unmittelbar in bares Geld verwandeln lässt, zeigen zwei Erfindungen des umtriebigen Neurologen und Psychiaters Alan Hirsch aus Chicago. Richtig: der Pumpkin-Pie-Mann. Er komponierte für einen Autokonzern aus Detroit eine Duftnote, die endlich mit dem schlechten Image ihrer Verkäufer aufräumen und ihnen eine honorige Aura verschaffen soll: *Honest Car Salesman*. Die Droge »Ehrlicher Autoverkäufer« lässt gegenteilige Eindrücke gar nicht erst entstehen, schafft beim Kunden unbemerkt Vertrauen und wird dem Konzern einen rasanten Absatz von Straßenkreuzern bescheren, rechnet der Fachmann.

Diese Art der Umsatzsteigerung hat schließlich schon in Las Vegas funktioniert. Dort nebelte der Geruchsforscher zwei Spielhallen mit unterschiedlichen Duftgemischen ein. Beide Mixturen rochen angenehm, enthielten aber verschiedene Essenzen. Das Ergebnis war verblüffend: Im ersten Spielsaal fühlten sich die Besucher so animiert, dass die einarmigen Banditen dem Besitzer 45 Prozent mehr Geld einspielten als im zweiten Spielsaal. Dort blieb der Umsatz unverändert, genauso wie in den nicht besprühten anderen Sälen. Was der Wunderdunst enthielt? Das interessierte natürlich auch alle Kasinobesitzer brennend. Erfahren haben sie es nicht, denn wahrscheinlich zieht der Erfinder es vor, mit seinem Produkt viel Geld zu verdienen und sein Rezept zum bestgehüteten Geheimnis seit der Erfindung von Coca-Cola zu machen.

Der Kunde im Dickicht der Duftwerbung

Ein trotz vieler Tricks nicht restlos gelöstes Rätsel stellt sich den Duftdesignern, und das ist der Kunde. Reagiert er tatsächlich auf die Duftbotschaften, wie er soll? Und welcher Duft gefällt ihm so gut, dass er eine unwiderstehliche Lust auslöst, diesen Wohlgeruch sofort zu besitzen? Das weiß niemand so genau. Vielleicht mag einer gar keinen Apfelkuchen, weil seine Großmutter eine furchtbare Furie war? Pech für die Manager der Four-Points-Hotels, die sich alle Mühe gegeben haben, eine Duftmischung zu finden, die geschlechts- und altersübergreifend als angenehm empfunden wird. Denn so muss er riechen, der Duft für alle: Wie eine Art olfaktorische Fahrstuhlmusik, die individuelle Präferenzen überwindet, aber kulturelle durchaus berücksichtigt.

Wie bei den Parfüms gibt es bei Artikeln des täglichen Lebens in verschiedenen Ländern unterschiedliche Lieblingsdüfte. Ein Waschmittel in den USA soll nach Moschus und Vanille riechen, auch gern mal nach Apfel oder Zimt, wobei die eingesetzten Gerüche nicht naturidentisch sein müssen. Undenkbar im ökologiebewussten Deutschland und in anderen europäischen Ländern, wo nur frisch duftende Wäsche echte Sauberkeit verspricht. Japaner bevorzugen dagegen übertrieben süßliche Düfte und würden sich sogar in einem Laden wohlfühlen, der dezent fischig riecht. Dem durchschnittlichen Mitteleuropäer stinkt dagegen bisweilen schon der Einkauf im Asia- oder Indienladen hierzulande.

Der Mensch liebt eben Düfte, die er aus dem Alltag kennt und mit positiven Empfindungen verbindet. Die sind allerdings nicht immer einfach zu produzieren. Nichts schlimmer als ein Lederduft, der in der falschen Konzentration abgegeben wird und dem potenziellen Käufer das Gefühl vermittelt, er säße samt Sofa mitten in einem Kuhstall. Es sei denn, man möchte den Gestank nutzen, um die Finanzen anzukurbeln, wie die britischen Firmen, von denen Duftexperte Charles Wysocki berichtet: Deren Rechnungen werden mit einem Mief getränkt, der beim Empfänger unbewusst den Wunsch weckt, sich das stinkende Papier möglichst schnell wieder vom Hals zu schaffen – durch Zahlung, versteht sich.

Deutlich irritiert reagieren Kunden, wenn ihre Nase ihnen eine Botschaft vermittelt, die partout nicht zur Information der Augen passen will. Wenn Menschen Lilien riechen, so fand eine Studie mit 80 Freiwilligen an der Universität Göttingen heraus, kann dieser Duft zwar die Attraktivität eines Blumendüngers steigern, nicht aber die eines Mineralwassers. Ein Teil der Probanden zeigte sich auch beim Blumendünger leicht verunsichert: Wieso riecht der plötzlich nach Lilien? Diese Zweifel seien aber zu vernachlässigen, erklärt der Marketing-Experte, »weil sich die Konsumenten nach einiger Zeit an die Duftanwendung im Rahmen der Markenführung gewöhnen und der beobachtete Effekt der Vertrautheit weicht«. Soll heißen: Bald kauft keiner mehr Blumendünger ohne Lilienduft. Entsprechend zieht er selbstbewusst den Schluss: Es sei eindeutig vorteilhaft, »zur Markenführung einen markenkongruenten Duft zu verwenden«. Wenn der Kunde bekommt, was er erwartet, reagiert er entsprechend. So kann ein Anbieter für Karibikreisen mit einem passenden Duft dreimal soviel »markenspezifische Assoziationen« auslösen wie mit einem unpassenden. »Bei einem unpassenden Duft gingen die Assoziationen sogar in die Richtung von Winterbildern, also in eine völlig falsche Richtung.«

Der Duft muss folglich zum Produkt passen, doch selbst dann klappt die Sache nicht immer. Wenn Gartenzeitschriften nach Gras riechen, steigert das nicht unbedingt deren Verkauf, wie eine andere Studie zeigt. Die Leute erwarten einfach nicht, dass eine Zeitschrift überhaupt riecht. Anders in einem Gartencenter. Da kann ein angenehmer Blumenduft sehr wohl eine Wirkung haben. Er führt dazu, dass die Verkäufer als signifikant kompetenter angesehen wurden. Hier kennt sich jemand wirklich mit Pflanzen aus, scheinen die Kunden zu denken, würden sonst die Blumen so herrlich duften?

Versuchsreihen wurden gestartet, um den Verbraucher, das unbekannte Wesen, mit seinen Stimmungen und Emotionen umfassend zu durchleuchten. So untersuchte der Göttinger Wirtschaftswissenschaftler und Marketing-Experte Hans Knoblich, welchen Einfluss die Beduftung am »Point of Sale« auf die Stimmung und das Verhalten der Konsumenten hat. Beurteilen sie einen bedufteten Laden wirklich anders?

Knoblich und sein Team wählten eine Buchhandlung, weil sie vermuteten, dass sich ein Kunde hier länger aufhält, und die Duftnote Sandelholz, weil die von Testern als passend ausgewählt worden war. Dieser Duft würde dazu führen, dass die Kunden besser gelaunt, positiver gestimmt und kauflustiger sein würden, vermuteten die Wissenschaftler. Die Ergebnisse der Studie gaben ihnen allerdings nur zum Teil recht. Die Kunden gaben zwar an, dass ihnen die Anmutung des Ladens besser gefiel, und sie beurteilten das Buchsortiment positiver, ihre emotionale Befindlichkeit änderte sich jedoch genauso wenig wie ihr Eindruck von der Ladengestaltung oder ihre Kaufzufriedenheit. Immerhin kam es signifikant häufiger zu Spontankäufen. 16 Prozent der Käufer gaben an, dass sie etwas kauften, ohne eine Kaufabsicht gehabt zu haben.

In etwa decken sich die Zahlen mit den Ergebnissen einer Studie von Anja Stöhr von der Universität Paderborn, die als Pionierarbeit in Sachen Marketing schon vor zehn Jahren erschien, auf die sich professionelle Bedufter aber immer noch gern berufen. Zwar kam es damals in dem bedufteten Sportgeschäft nur zu sechs Prozent mehr Spontankäufen, die Kaufbereitschaft stieg allerdings um 15 Prozent, und die Verweildauer der Kunden verlängerte sich um 16 Prozent. Eine italienische Supermarktkette weiß inzwischen sogar von Umsatzzuwächsen von bis zu 45 Prozent zu berichten, wenn in der Obst-und-Gemüse-Abteilung Erdbeerduft verströmt wird. Peter Weinberg, ehemaliger Leiter des Instituts für Konsum- und Verhaltensforschung der Universität Saarbrücken fasst die Ergebnisse zusammen: »Dort, wo es gut riecht, fühlt sich der Kunde wohl, wo der Kunde sich wohlfühlt, bleibt er länger, wo er länger bleibt, kauft er mehr und vor allem lieber.«

Am besten funktioniert das Ködern von Kunden, wenn verschiedene sinnliche Reize sich ergänzen. »Sensorische Synergien« nennt der Experte solche Erlebnisse. Wenn man also zur Karibikreise nicht nur das Kokusnussaroma, sondern auch leise Klänge und ein Foto vom traumhaften Palmenstrand präsentiert, der den Kunden bei der Buchung einer Reise erwartet.

In Japan ist die Beduftung von Firmenräumen alltägliche Praxis. Minze im Büro soll die Konzentrationsfähigkeit steigern, und japanische Forscher haben gezeigt, dass Büroangestellte, die Lavendelduft atmen, den ganzen Tag flink und munter arbeiten – ohne jedes Nachmittagstief. In Deutschland steht man der allseitigen Beduftung kritischer gegenüber. Seit drei Jahren läuft ein Pilotprojekt an ausgewählten deutschen Schulen, um herauszufinden, ob Kinder mit den richtigen Düften leichter lernen. Statt abgestandener Luft und billigem Haargel gab es per Duftsäule ins Klassenzimmer verströmte ätherische Öle wie Zitrone, Grapefruit, Orange oder Lavendel. Würde die Zahl der Rechtschreibfehler im Dunst von Zitronenduft um die Hälfte sinken, wie ein ähnliches Experiment in den USA gezeigt hatte?

Den meisten Beteiligten gefiel das Projekt, wie die Auswertung der Fragebogen ergab. »Lehrer berichten, die Kinder seien in den duftenden Klassenräumen wesentlich weniger aggressiv und viel aufmerksamer«, sagt Dietrich Wabner, Professor für Chemie an der TU München, der das Projekt wissenschaftlich betreut. Auch die Kinder fanden die Sache »cool« und gingen gern in die Schule, sodass sich tatsächlich der Notendurchschnitt verbesserte. Etwa die Hälfte der Eltern berichtete ebenfalls von positiven Erfahrungen und sagte, die Konzentrationsfähigkeit ihrer Kinder bei den Hausaufgaben sei gestiegen. Doch gefiel nicht allen Eltern das Projekt, und manche lehnten eine Teilnahme ihrer Kinder von vornherein ab, weil sie allergische Reaktionen fürchteten. Die Industrie dagegen sieht in den Lerndüften einen Trend und brachte so bezeichnende Produkte wie *Duftset Einstein Junior* auf den Markt, laut Werbung ein großartiges »Geschenk für helle Köpfe, das hilft, Schulstress abzubauen und die Konzentration zu fördern«.

Werden wir unbemerkt manipuliert und durch Duftessenzen krank?, fragen auch Verbraucherschützer. Selbst wenn nur sehr geringe Konzentrationen eingesetzt werden, könnten überempfindliche Menschen darauf reagieren, fürchtet der Deutsche Allergie- und Asthmabund: Insbesondere Asthmatiker und Menschen mit MCS (multiple chemische Sensibilität) könnten Unwohlsein, Kopfschmerzen oder Übelkeit empfinden, wie aus einzelnen Erfahrungsberichten hervorginge. Das Umweltbundesamt lehnt Duftstoffe in Innenräumen generell ab. Präventiv sozusagen, denn weder weiß man Genaues über die verwendeten Stoffe, noch liegen empirische Daten zur Gesundheitsgefährdung vor. »Aus Gründen der Vorsorge empfiehlt das UBA sogar, Duftstoffe in öffentlichen Gebäuden, in denen Einzelne keinen Einfluss auf die Beduftung nehmen können – wie Büros, Kaufhäusern und Kinos – zu verbieten.«

Nun gibt es praktisch keinen Innenraum ohne Duft. Menschen riechen – im besseren Fall nach Parfüm, Deo oder Seife. Wieweit deren Duftstoffe eine Gesundheitsgefahr darstellen, dazu mehr im Kapitel »Duftdiagnosen, Krankheiten und Therapien«. Die Raumbeduftung wird jedenfalls von den meisten Käufern als angenehm empfunden, und das ist wahrscheinlich das größere Problem: Wir fühlen uns so wohl im Supermarkt, dass wir mehr einkaufen als geplant. Brauche ich tatsächlich noch Kaffee? Will ich wirklich jetzt ein Stück Kuchen essen? Solche Fragen stellen sich plötzlich gar nicht mehr, denn die Fallstricke der Werbung sind verführerisch. Sie zu kennen könnte helfen, ab und zu den Verstand einzuschalten, auch wenn die Botschaft eindeutig auf den Bauch zielt.

Ein besonderer Fall sind Kinder, und die Besorgnis der Eltern, sie würden durch Düfte in der Schule manipuliert, ist durchaus verständlich. Kinder reagieren generell empfindlicher auf sensorische Reize als Erwachsene, wobei Schulkinder die sensibelste Phase ihres Lebens bereits hinter sich haben. Schon in frühester Kindheit werden nach neuestem Wissen die Grundlagen für spätere Allergien gelegt.

Abgesehen von der körperlichen Gesundheit gilt aber für Kinder in besonderem Maß: Sie sollten unbedingt vor Gefahren geschützt werden. Vor der Manipulation durch die Hersteller von Babyprodukten zum Beispiel. Denn wer seinen Duft bei Babys etablieren kann, erwirbt eine lebenslange Garantie für die Beliebtheit seiner Produkte. Der Duft gehört dann zur

Familie, ist vertraut, angenehm und verheißt Geborgenheit. Diesem Umstand verdankt die Vanille ihre zunehmende internationale Beliebtheit. Schon die Muttermilch hat einen leichten Vanillegeruch, und das Aroma wird seit Langem für Babynahrung und andere Babyprodukte verwendet. Wenn Mütter ihren Babys tatsächlich etwas Gutes tun wollen, sollten sie versuchen, die eigene Nase und den Bauch zu vernachlässigen, die ihnen das Produkt mit dem betörenden Duft wahrscheinlich dringend empfehlen, und stattdessen auch in diesem Fall den Verstand einzuschalten: Babys brauchen keine Kosmetik, sie duften selbst am besten.

ALLES GESCHMACKSSACHE

Vom Riechen, Schmecken und Glücklichsein

»Der Geschmack ist ein Kuss, den der Mund sich selbst vermittels der schmackhaften Speise gibt. Mit einem Male erkennt er sich, wird sich seiner selbst bewusst«, schwärmt der Philosoph Michel Serres über das glückliche Gefühl des Wohlgeschmacks und das oralerotische Vergnügen, wenn Nahrungsmittel nicht einfach verspeist, unbedacht verschlungen oder in sich hineingekippt werden, sondern in ihrer ganzen Fülle essthetisch bewusst geschmeckt und gekostet werden. Was Serres vielleicht nicht gemeint hat, aber durch seine Wortwahl ausdrückt: Das Schmecken ist auch eine sehr intime Tätigkeit. Kein anderer Sinn lässt die Dinge so nahe an den eigenen Körper herankommen wie der Geschmackssinn. Er ist die letzte Hürde, kann gerade noch rechtzeitig Warnsignale abgeben, bevor der Körper sich das Fremde einverleibt. Wir kauen und zerlegen den fremden Stoff, prüfen Aroma, Konsistenz und Wohlgeschmack und entscheiden schließlich, ob er genießbar ist oder nicht.

Damit unterscheidet sich das Schmecken auf interessante Weise von allen anderen Sinneswahrnehmungen. Sehen und Hören sind grundsätzlich passiv: Die Rezeptorzellen empfangen Signale ohne weiteres Zutun. Um einen Geschmack oder gar ein Aroma wahrzunehmen, muss das Individuum dagegen aktiv werden. Schnüffeln, Schmatzen, Kauen und Schlucken sind gefordert, um das persönliche Geschmackserlebnis jedes Menschen zu wecken. Deshalb können wir Geschmackswahrnehmungen so schlecht vergleichen – auch unsere eigenen – und schon gar nicht quantifizieren. Wie viel Mal besser schmeckt uns ein aufwendig zubereiteter Seeteufel als eine simple Currywurst? Oder umgekehrt? Niemand wird diese Fragen beantworten können.

Wenn wir hier vom Schmecken sprechen, meinen wir das umfassende Geschehen, das sich im Mundraum und vor allem in der Nase abspielt. Gerade deren Beitrag zur Sinnlichkeit einer exzellenten Mahlzeit wird meist gänzlich missachtet. »Es hat mir wunderbar gerochen«, wer sagt das schon nach einem leckeren Abendessen? Dabei wäre es wissenschaftlich gesehen korrekt, während der von uns benutzte Ausdruck »Das hat mir wunderbar geschmeckt« aus der Sicht eines Physiologen eher unzutreffend ist.

Zur gigantischen Chemosymphonie, die ein Essen zum Sinneserlebnis macht, liefert der eigentliche Geschmackssinn nur die Basisdaten von süß, sauer, salzig oder bitter (vielleicht noch *umami*, der würzige Geschmack von Suppenwürfeln, der von Wissenschaftlern allerdings nicht anerkannt ist). Den Rest besorgen andere Rezeptoren im Mundraum. Wenn wir das cremig-sahnige Fett analysieren und die adstringierenden Substanzen wahrnehmen, scharf oder prickelnd schmecken, weich oder bissfest, kalt oder warm fühlen, dann wirken tausende Moleküle gemeinsam auf die Sensoren des trigeminalen Systems, ein noch weitgehend unerforschtes Sinnesorgan in Mund und Nase, und nur das Zusammenspiel aller Sinnesrezeptoren lässt uns zufrieden und glücklich zurück. Umgekehrt gilt übrigens genauso: Der Gemütszustand ändert die Wahrnehmung für Geschmäcker. Wir können nur richtig schmecken und genießen, wenn wir glücklich sind.

Diesen spannenden Zusammenhang stellten britische Wissenschaftler von der University of Bristol erst kürzlich fest. Sie gaben Freiwilligen stimmungsaufhellende Medikamente, die im Gehirn die Botenstoffe Serotonin und Noradrenalin heraufsetzen. Ein erhöhter Serotoninspiegel, so beobachteten sie, führte zur besseren Wahrnehmung eines süßen und bitteren Geschmacks, mehr Noradrenalin machte die Probanden empfindlicher für bittere und saure Noten. Beide Stoffe sind erniedrigt bei allen Menschen mit Depressionen oder Angststörungen. Ziel der Wissenschaftler ist deshalb, einen einfachen Geschmackstest zu entwickeln, damit Kranke schnell das richtige Medikament bekommen.

Wenn es also um das Geschmackserlebnis in all seiner Fülle geht, trägt unser eigentlicher Geschmackssinn dazu nur wenig bei. Wir schmecken ausschließlich mit der Zunge, und die kann bestenfalls eine Essiggurke von einer Banane unterscheiden. Sie wäre aber nie in der Lage, die Nuancen eines kulinarischen Schlemmermahls zu erkosten. Welch ein grobes Sinnesinstrument die Zunge darstellt, können wir testen, wenn wir uns die Nase zuhalten, die Augen schließen und dann versuchen herauszufinden, was wir gerade essen oder trinken. Können Sie eine rohe Kartoffelscheibe von einem Stück ungekochten Kohlrabi unterscheiden? Schweinefleisch von Lamm? Oder gar verschiedene Weine? Wahrscheinlich werden Sie verwundert feststellen, wie wenig »Geschmack« Sie empfinden, wenn die Duftmoleküle der Speisen nicht gleichzeitig die Riechrezeptoren der Nase erreichen. Mit einem schweren Schnupfen geht es uns wie beim Nasezuhalten, und wir sagen oft: »Es ist doch egal, was ich esse, ich schmecke es ja eh nicht.«

Normalerweise wandern Duftmoleküle aus dem Mund durch eine Verbindungsröhre mit der Nase sozusagen von hinten zu unseren Riechzellen, ein Vorgang, der »retronasales Riechen« heißt und wesentlich zu unserem Geschmackserleben beiträgt. Wären wir sehr aufmerksame Beobachter unserer Empfindungen, würden wir bemerken, dass ein Löffel voll Zucker, Salz oder Essig selbst bei verstopfter Nase die gewohnten Empfindungen auslöst. Was passiert also auf unserer Zunge? Wie schmeckt sie, ob wir Nougatpralinen naschen, Salzstangen knabbern oder saure Drops lutschen?

Nur auf der Zungenoberfläche findet man Geschmacksknospen mit Sinneszellen, die für die vier Qualitäten spezifisch sind. Geschmacksstoffe auf der Zunge lösen in ihnen eine Erregung aus, die vom Geschmacksnerv empfangen und als elektrische Impulse an unser Gehirn weitergeleitet werden. Die Signale werden sowohl in die Gehirnabschnitte für Emotionen geleitet wie auch in die sensomotorischen Felder für Mimik (weshalb man beim Zitronelutschen unweigerlich das Gesicht verzieht – allein schon bei der Vorstellung), Temperatur, Schmerz oder das Brechzentrum sowie in höhere Gehirnstrukturen, in denen außerdem Duftreize aus der Nase ankommen (Abbildung 8). Das ist übrigens ein Grund, warum man mit Geschmacksstoffen die Duftkomponente in Nahrungsmitteln verstärken kann. Etwas Pfeffer auf Erdbeeren, eine Prise Zucker in der Tomatensuppe oder ein Tropfen Essig in der Soße sind deshalb keine unsinnige Modeerscheinung, sondern intensivieren tatsächlich das Aroma.

Bis vor gar nicht langer Zeit glaubte man, dass unsere Zunge in verschiedenen Arealen unterschiedlich empfindlich für die Grundgeschmacksrichtungen sei, an der Spitze besonders gut süß schmecken könne, an den Seiten besser salzig und sauer und am Zungenhintergrund bitter. So haben wir es in der Schule gelernt und so steht es in fast allen Lehrbüchern. Eine glatte Fehlinformation. Wie das passieren konnte? Ein banaler Interpretationsfehler war der Grund. 1901 veröffentlichte der angesehene deutsche Wissenschaftler David Hänig die Ergebnisse einer großen Studie im Rahmen seiner Habilitation mit dem Titel »Zur Psychophysik des Geschmackssinnes«. Hänig schreibt darin, dass es Unterschiede für die Sensitivität »süß« zwischen der Zungenspitze und den Rändern gibt, diese allerdings weniger als fünf Prozent betragen, also vernachlässigbar sind. Zur Verdeutlichung fügte er eine Verteilungskurve bei, allerdings ohne Beschriftung. Als 40 Jahre später Edwin Boring, der berühmte Psychologiehistoriker an der Harvard University in den USA, Hänigs Ergebnisse für sein Buch über Sinneswahrnehmungen verwendete, übernahm er das Diagramm, war aber nicht in der Lage, im deutschen Text die Details zu lesen. Kurzerhand beschriftete er die Kurve so, dass sie einen Unterschied von 100 Prozent symbolisierte. Auf diese Weise begründete er eine Fehldeutung, die sich in der gesamten Fachliteratur etablierte und nahezu 100 Jahre lang immer wieder fortpflanzte. Erst in den letzten Jahren haben mehrere Forscher erneut die Geschmacksempfindungen untersucht und relativ geringe Unterschiede in der Verteilung auf der Zunge festgestellt. Solches Fehlverhalten bei Lehrbuchautoren muss man sich wirklich mal auf der Zunge zergehen lassen.

Von Zuckerstücken, sauren Gurken und bitteren Pillen

Wir Menschen besitzen für jede der vier (oder mit umami fünf) Geschmacksrichtungen spezifische Sensoren in unseren Geschmacksinneszellen. Welche das sind, hat ein amerikanischer Geschmacksforscher herausgefunden, dessen Name ihm ganz offenbar schon in der Wiege den Berufsweg wies: Charles Zuker. Nachdem das gesamte menschliche Genom entschlüsselt war, half Zuker maßgeblich bei der Identifizierung der Geschmacksrezeptoren. Er mag so überrascht gewesen sein wie wir heute, als er feststellte, dass der Mensch für den heiß geliebten Süßgeschmack nur drei verschiedene Rezeptoren hat, dagegen über 30, um bitter zu schmecken. Katzen haben übrigens gar keinen Süßrezeptor mehr, wie neueste wissenschaftliche Daten zeigen. Deshalb ist der Begriff »Naschkatze« eigentlich völlig unangebracht.

Unsere drei Rezeptoren beim Süßgeschmack haben sich auf den klassischen Zucker (Glucose, Saccharose) und künstliche Süßstoffe spezialisiert sowie auf D-Aminosäuren. Unser Körper ist hauptsächlich auf den klassischen Zucker aus, denn er kann durch dessen chemischen Abbau am schnellsten und ganz direkt Energie erzeugen. Ein Stück Traubenzucker auf dem Weg zur Bergspitze oder vor dem Marathonlauf bringt rasch zusätzliche Energie und hilft die Leistung zu steigern. Die Wahrnehmung der Aminosäuren ist wichtig, weil sie als Bausteine der Proteine unserer Zellen für unser körperliches Wohlbefinden essenziell sind. Ein wichtiger und sinnvoller biologischer Evolutionsmechanismus, um unseren Körper mit den richtigen Nährstoffen zu versorgen. Warum wir allerdings künstliche Süßstoffmoleküle erkennen können und sogar extreme Empfindlichkeiten dafür entwickelt haben, ist bis heute unklar. Schließlich haben sie keinen Nährwert. Zufall oder Irrtum der Natur?

Wer unter der Devise »Sauer macht lustig« seinen verkaterten Kopf mit Rollmöpsen und Essiggurken zu kurieren wagt, macht auf jeden Fall eines richtig: Er ergänzt Salze, die durch übermäßigen Alkoholgenuss verloren gehen, und schickt seinen Serotoninspiegel nach oben, was den Gehirnstoffwechsel positiv beeinflusst. Zu viel Säure wiederum kann schaden. Allerdings wird keiner freiwillig Essigessenz oder Salzsäure trinken, davor bewahrt uns der Sauergeschmack. Naturgeschichtlich betrachtet ist die Geschmacksempfindung »sauer« ein Warnsignal vor dem, was man auch in der Chemie so bezeichnet, nämlich einen niedrigen pH-Wert. Und der kommt unter anderem bei unreifen Früchten oder verdorbenen Lebensmitteln vor.

Salz ist ein lebenswichtiger Mineralstoff für den Wasserhaushalt des Körpers, für das Nervensystem und den Knochenaufbau. Als Kochsalz verwenden wir meistens Natriumchlorid, das sich aus positiv geladenen Natrium- und negativ geladenen Chloridionen zusammensetzt. Alle Mineralien, die im Wasser zu positiv und negativ geladenen Teilchen zerfallen, zum Beispiel Kalium-, Kalzium- oder Magnesiumchlorid, sind Salze. Deshalb muss es nicht immer das klassische Natriumchlorid sein, wenn wir einen Salzgeschmack erzeugen wollen. Menschen mit Bluthochdruck, die Natrium meiden sollen, können genauso auf Kaliumchlorid zurückgreifen. Auf jeden Fall sollte man täglich mindestens vier bis sechs Gramm Salz zu sich nehmen, möglichst aber nicht mehr als 15 Gramm, denn Salz kann in Überdosen schädlich sein, und Kinder können sogar daran sterben. Das Salz in der Suppe wäre für den täglichen Bedarf übrigens gar nicht nötig, denn alle tierischen und pflanzlichen Zellen, die wir essen, enthalten genug davon. Allerdings schmecken Speisen, die wir nicht zusätzlich salzen, ziemlich fad. Deshalb war Salz immer kostbar und wurde als »weißes Gold der Erde« auf extra angelegten Salzstraßen um die Welt transportiert.

Die Geschmacksrichtung umami wird eigentlich durch ein Salz erzeugt, nämlich Natriumglutamat, das aber durch die Aminosäure Glutamat auch eine Süßkomponente hat. Eigene Rezeptoren dafür gibt es nicht, deshalb ist umami keine neue fünfte Geschmacksqualität. Entdeckt wurde sie, als der japanische Forscher Kikune Ikeda im Jahr 1908 verblüfft vor seinem Tofu saß, weil es plötzlich viel schmackhafter war als sonst. Ein Löffel Seegras hatte dem faden Essen Aroma und Fülle verliehen. »Umami« bedeutet soviel wie »fleischig, herzhaft, große Köstlichkeit«. Ikeda machte sich also auf die Suche und konnte aus dem Gras *Japonika laminaria* den verantwortlichen Wirkstoff, das Glutamat, isolieren. Es wurde daraufhin in vielen anderen Speisen gefunden, wiewohl in deutlich geringerem Maß, wie zum Beispiel in Spargel, Tomaten, Käse und Fleisch. Glutamat ist also nicht das chemische Produkt eines ehrgeizigen Food-Designers, sondern ein natürlicher Inhaltsstoff vieler Lebensmittel und sogar des menschlichen Körpers. Selbst die Muttermilch enthält Glutamat.

Der Stoff ist außerdem der wichtigste erregende Neurotransmitter im Gehirn des Menschen. Nahezu jede Kommunikation zwischen Nervenzellen im Gehirn, die zu einer Erregung führt, wird darüber vermittelt. Gehirnzellen bilden Glutamat selbst. Da es eine körpereigene Substanz ist, kann keine Allergie dagegen entstehen. Trotzdem ist das Glutamat bei uns in Verruf geraten. Man findet viele Berichte über das sogenannte »Chinarestaurant-Syndrom«, denn asiatische Lebensmittel (Sojasauce, Seetang, grüner Tee oder getrocknete Shiitake-Pilze) enthalten hohe Mengen Glutamat. Warum solche Reaktionen möglich sind, darüber streiten die Fachleute noch immer. Einige glauben an eine Überempfindlichkeit, andere daran, dass Glutamat ins Gehirn gelangen und dort eine übermäßig erregende Wirkung auf die Nervenzellen ausüben könnte. Wieder andere halten Histamin oder psychosomatische Reaktionen für ursächlich.

Ein ganz besonderes Phänomen ist der Bittergeschmack, ein uraltes Produkt der Evolution. Wenn es um Bittergeschmack geht, sind wir Menschen zu Höchstleistungen fähig, können einen Magenbitter von einer Zartbitterschokolade oder von espressobitter unterscheiden. Da viele Pflanzen giftige Inhaltsstoffe besitzen, die bei Mensch und Tier Bitterempfinden hervorrufen, dient uns diese Geschmacksempfindung nebenbei als Warnsystem. Der Bitterstoff schützt uns und die Tiere, aber auch die Pflanze selbst, die natürlich ungern verspeist wird. Der Mensch kann Bitterstoffe noch in kleinsten Mengen schmecken, Chinin oder Nikotin sogar in Verdünnungen von eins zu einer Million.

Wir kennen Tausende verschiedener Bitterstoffe aus unterschiedlichen chemischen Klassen, und jeder Mensch nimmt ihre Intensität anders wahr. Die Abneigung gegen Bitteres ist – wie die positive Bewertung von Süßem – genetisch vorbestimmt. Schon Neugeborene schmatzen zufrieden vor sich hin, wenn sie Süßes schmecken. Bitterstoffe dagegen verursachen Grimassen und lautes Geschrei. Wer Kinder hat, kennt den Kampf um Grapefruit und Rosenkohl. Furchtbar gesund, findet die Mutter. Schmeckt aber scheußlich, finden die Kinder, denn sie haben für die leichte Bitternote nichts übrig. Genauso wenig mögen sie Kaffee, Zartbitterschokolade oder Bier.

Im Lauf des Lebens ändert sich das Bitterempfinden, und mit zunehmendem Alter lernt man Bitteres schätzen, den Aperitif ebenso wie einen Kräuterlikör, vielleicht auch Artischocken und Radicchio. Wahrscheinlich sind Bitterstoffe tatsächlich für die Verdauung und zur Bekömmlichkeit wichtig, weil sie Galle und Bauchspeicheldrüse anregen und so zum Beispiel bei der Aufspaltung von Fetten helfen. Erst kürzlich haben Forscher Bitterrezeptoren im menschlichen Magen- und Darmbereich entdeckt. Auch Süßrezeptoren konnten im Darm nachgewiesen werden, die vielleicht dafür sorgen, dass eine Sättigung früher eintritt. Und wer schneller satt ist, erspart sich viele überflüssige Kalorien und dem Körper übermäßige Verdauungsarbeit.

Hitzewellen und Kälteschocks: Ein Nerv als Scharfmacher

Am schlimmsten trifft es einen unerwartet. Man beißt beherzt in ein vermeintliches Paprikastück und stellt Sekunden später fest: Peperoni. Doch da ist schon alles zu spät. Der Mund steht in Flammen, Tränen schießen in die Augen, und der Schweiß bricht aus den Poren. Der Scharfmacher Capsaicin hat eine brennende Hölle entfacht. Es stockt einem der Atem, und schon beginnt der Speichel zu fließen, hilflos bleibt der Mund offen stehen, vergeblich auf ein kühles Lüftchen von außen hoffend. Instinktiv unternommene Löschversuche mit dem tränenblind ertasteten Wasserglas erweisen sich als kontraproduktiv, denn Wasser verteilt das Capsaicin überall im Mund und führt zu noch intensiverer chemischer Reizung. Also mehr Brennen, Schmerz und Hitze – bis ein kundiger Mensch Milch empfiehlt. Milch oder Brot, beides kann Capsaicin binden.

Und während man sich noch die Stirn tupft und die Nase schnäuzt, fragt man sich vielleicht: Wieso braucht der Mensch scharfe Gewürze, wenn er sich von harmlosem Kartoffelpüree ernähren könnte? Sobald der Schmerz nachgelassen hat, fällt die Antwort leicht. Peperoni, Chili und Cayenne sind eben viel schmackhafter und interessanter als fader Brei. Das haben inzwischen sogar Schokoladenhersteller entdeckt und peppen ihre süßen Sachen erfolgreich mit Pfeffer oder Chili auf.

Kenner können über solche Spielereien nur milde lächeln. In ihren Kreisen werden wahre Meisterschaften ausgefochten: Wer isst die schärfste Sauce, wer hält trockenen Auges durch, wenn andere schon ins Taschentuch schniefen? Der Schärfegrad einer Salsa oder einer Currywurst-Sauce wird dabei in einer aus Mexiko stammenden Grad-Skala zwischen 1 und 10 oder aber in Scoville-Einheiten angegeben. Wilbur L. Scoville war ein Pharmawissenschaftler, der 1912 ein Verfahren entwickelte, bei dem Chili mit Alkohol versetzt und zermahlen wurde. Die Capsaicinlösung wurde so lange mit Wasser verdünnt, bis die von Scoville ausgewählten Tester keine Schärfe mehr im Mund verspürten. Das Verdünnungsverhältnis ergab die Maßeinheit. Mit 120 000 Scoville führt eine Sauce namens »Vicious Vampire« die Hitliste der Top Ten eines Internet-Saucenanbieters an, gefolgt von »Holy Shit« und »Dave's Total Insanity«. Da reichen ein paar Wassereimer nicht, um die Schärfe zu neutralisieren, das Verdünnungsverhältnis bei diesen Chili-Spezialitäten muss wohl eher in Badewannen gemessen werden.

Die Schärfe im Mund macht allein den Reiz nicht aus. Je schärfer der Chili, desto stärker der Kick im Kopf, denn Capsaicin fördert ganz nebenbei die Ausschüttung von Endorphinen im Körper. Das Glückshormon, das beim Küssen oder bei positiven Erlebnissen euphorische Gefühle weckt, wird nämlich auch in Notfallsituationen aktiviert: Wenn's im Mund brennt, beispielsweise, weil jemand zu tief in den Salsatopf mit »Crazy

Jerry's Brain Damage« gelangt hat. An scharfes Essen kann man sich aber gewöhnen. Experimente haben gezeigt, dass die freien Nasenendigungen des Trigeminus sich »zurückziehen«, wenn sie ständig gereizt werden, und danach Monate brauchen, bis sie die alte Empfindlichkeit wieder erlangen.

Beim Spiel mit dem Feuer reizen wir mit dem Nervus trigeminus, auch Schmerznerv genannt, einen der stärksten unserer Hirnnerven. Seine Nervenenden sind überall im Mund verteilt – an Gaumen, Zunge, Zähnen und Schleimhaut –, in der Nase, in den Augen und sogar in der Gesichtshaut (Abbildung 9). Wenn wir also die Peperoni für unser Essen geschnitten haben und uns dann zufällig die Augen reiben oder den Finger in die Nase stecken – was man glücklicherweise ja so gut wie nie tut –, erleben wir den gleichen brennenden Schmerz, die gleiche Schleimproduktion und den gleichen Tränenfluss wie beim Essen.

Der Trigeminus ist auch verantwortlich für Zahnschmerzen und viele Arten von Kopfschmerzen. Manche bemitleidenswerten Menschen werden diesen Schmerz nie mehr los und können schier unerträgliche Qualen erleiden. Gut kann ich mich noch an meinen Großvater erinnern (Hanns), der oft über Tage nicht ansprechbar war, weil er solche Schmerzen im Zahnfleisch hatte, dass jeder versuchte, ihm und seiner schlechten Laune aus dem Weg zu gehen. Seine Nerven lagen im wahrsten Sinne des Wortes blank. Trigeminusneuralgie hieß das geflügelte Wort, das von uns Kindern gefürchtet war, denn es verhieß nichts Gutes.

Die trigeminale Sensorik soll uns natürlich nicht nur quälen, sie hat auch eine positive Seite. Sie lässt uns die Aromen aller Gewürze und Kräuter schmecken – von Rosmarin über Thymian und Oregano bis hin zu Senf, Zwiebeln, Knoblauch und Ingwer –, und die adstringierenden Inhaltsstoffe von Rotweinen oder unreifen Früchten werden darüber erkannt. Gleichzeitig warnt sie vor schädlichen Umwelteinflüssen und schützt damit den Körper bei Gefahren. Manche Stoffe werden durch den Schleim und die Tränen gleich wieder aus dem Körper gespült. Außerdem erhalten wir durch Empfindungen wie heiß, brennend, stechend oder beißend vom trigeminalen System das Signal: Achtung, ein möglicherweise zelltötender oder schädlicher Reizstoff liegt in der Luft.

Der *Nervus trigeminus* ist an das vegetative Nervensystem gekoppelt. In der chinesischen Heilkunde nennt man es Yin und Yang, in unserer Medizin Sympatikus und Parasympatikus, jeweils zwei Gegenspieler, die Erregung und Beruhigung erzeugen können und idealerweise im Gleichgewicht stehen. Unser Schmerznerv arbeitet natürlich überwiegend mit dem Erreger, dem Sympatikus zusammen, um uns zu warnen. So bewirken Ammoniak-(Salmiak-)Dämpfe in den Augen eine Tränensekretion, die Nase läuft und verspürt stechende Schmerzen, und im Mund fließt vermehrt Speichel. Diese Reaktionen sind Schutzmechanismen unseres Körpers, denn sie helfen, die Schadstoffe zu verdünnen und auszuwaschen.

Aber auch die Lust an der Schärfe ist – wie alle Geschmacksempfindungen – nicht sinnlos. Die Inhaltsstoffe der Peperoni töten schädliche Bakterien ab, und der Scharfstoff des Pfeffers wirkt als potenter Insektenkiller. Scharfe Gewürze wie Knoblauch, Ingwer, Curry oder Pfeffer können auch den Appetit anregen, die Verdauung ebenso wie die Durchblutung im Magen-Darm-Trakt fördern und Verdauungssekrete stimulieren. Dass uns beim Verzehr einer thailändischen Suppe heiß wird, hat gleich zwei Vorteile: Unser Körper wird innerlich erwärmt, während auf der Haut feinperliger Schweiß verdunstet und angenehm abkühlt.

Wie all diese Empfindungen genau ausgelöst werden, wusste man bis vor einigen Jahren nicht. Das änderte sich, als man zu Beginn dieses Jahrtausends im menschlichen Genom eine Rezeptorfamilie fand, die für Temperatur- und chemische Reize empfindlich ist: die Thermo-TRPs. Man findet sie vor allem auf dem Trigeminus. Der vielleicht faszinierendste und größte Alleskönner dieser Kanalfamilie ist der TRPA1, ein Rezeptor, der gleichzeitig sowohl für Schmerz- und Kälteempfindungen zuständig ist als auch für Knoblauchgeschmack und für die Schallwahrnehmung in unseren Gehörzellen. Wir hören also mit dem Knoblauchrezeptor und fühlen damit Kälte und Schmerz. Und nicht nur Knoblauchinhaltsstoffe können ihn aktivieren, sondern ebenso Löwensenf, Meerrettich oder Rosmarin.

Ziemlich spektakulär ist die Tatsache, dass die Natur uns für jeden Zehn-Grad-Temperatursprung einen eigenen TRP-Kanal mitgegeben hat (Abbildung 10). Auf den reichlich kalten Rezeptor TRPA1, der uns Temperaturen bis zehn Grad Celsius meldet, folgt die immer noch kühle Variante des TRPM8, der bei zehn bis 20 Grad in Schwung kommt. Er wurde früher CMR-Kanal genannt, Kälte-(Cold-) und Menthol-Rezeptor. Menthol und Eukalyptol sind seine Spezialität, jetzt wird klar, warum wir beim Lutschen solcher Bonbons immer ein Kältegefühl empfinden.

Die beste Kühlung liefert die Pfefferminze, die den Wirkstoff Menthol enthält und zur Pflanzengattung Mentha gehört. Schon die Ägypter haben Pfefferminzpflanzen kultiviert. In Europa wurde sie zuerst im zwölften Jahrhundert von Hildegard von Bingen bei Magen- und Darmerkrankungen, Erkältungen, Krämpfen und Gicht eingesetzt. Selbst schmerzlindernde Wirkungen gehen von dieser Substanz aus, denn ihre kühlende Wirkung mildert brennende Schmerzen. So kann Menthol bei Verbrennungen und Entzündungen ebenso eingesetzt werden wie bei zu scharfem Essen – da hilft im Zweifel ein kalter Joghurt mit Pfefferminzblättern. Unser Gehirn bekommt den elektrischen Reiz der trigeminalen Nervenzellen und unterscheidet nicht zwischen Kälte und Menthol, weil die Natur eben doch nicht so erfinderisch war, dass sie für jede Empfindung neue Rezeptoren entwickelte. Manchmal hat sie auch Bewährtes beibehalten und in anderem Kontext wieder verwendet.

Am anderen Ende der Temperaturskala arbeitet der TRPV1-Rezeptor. Er wird erst bei Temperaturen über 42 Grad Celsius geöffnet, kann aber auch chemisch aktiviert werden, etwa durch Capsaicin. Dessen umfassende Wirkung ist übrigens seit vielen Tausend Jahren bekannt. Chilipflanzen wurden in Südamerika schon vor 7000 Jahren angebaut und sind seit dem 16. Jahrhundert auf der ganzen Welt verbreitet. Amerikanische Ureinwohner verwendeten Chili zuerst als Mittel gegen Zahn- oder Gelenkschmerzen, eine Wirkung, die von der europäischen Volksmedizin dankbar übernommen wurde. Bis heute benutzen wir ABC-Pflaster (Arnika, Belladonna, Capsicum), das den Wirkstoff Capsaicin in hoher Konzentration enthält, gegen Muskel- und Gelenkschmerzen. Capsaicinhaltige Salben helfen bei Hexenschuss, Migräne, Gürtelrose oder trigeminalen Neuralgien. Immer wird die Haut warm oder gar heiß, was eine Heilung durch bessere Durchblutung fördert.

Unser Labor in Bochum arbeitet zurzeit intensiv an zwei weiteren Mitgliedern dieser Temperatursensoren, dem TRPV3 und TRPV4, die durch angenehme Temperaturen um die 30 Grad aktiviert werden. Auch für sie gilt es chemische Substanzen zu entdecken, mit denen sie stimuliert werden. Damit könnte man an einem ungemütlichen Wintertag oder in brütender Sommerhitze ein angenehmes Hautgefühl behalten. Interessant ist, dass diese Kanäle tatsächlich in menschlichen Hautzellen zu finden sind. Einer davon, der V3-Kanal, wird – wie wir inzwischen wissen – durch Kampfer aktiviert, das in vielen Salben enthalten ist und auf der Haut ein wohlig warmes Gefühl erzeugt. Wir nennen diese TRP-Kanäle deshalb im Laborjargon immer die Wellness- oder Kuschelrezeptoren.

Hier schließt sich der Kreis wieder zu meinem Großvater, der gegen seine Trigeminusneuralgie klassische Schmerzmittel nahm, aber auch auf Gewürznelken kaute, um den Schmerz zu lindern. Eugenol, der Duft- und Inhaltstoff der Nelke, aktiviert ebenfalls den TRPV1-Kanal und löst eine süßwürzige bis scharf schmeckende Empfindung aus. Im alten China mussten alle Untertanen, die sich dem Kaiser näherten, eine Gewürznelke im Mund haben, damit sie ihn stets mit frischem Atem erfreuten. Ein guter Tipp auch für alle Knoblauchesser und andere von Mundgeruch Geplagten. Die Kelten und Germanen benutzten die Nelke, um beim Räuchern Insekten fern zu halten, und der Zahnheilkunde dient sie als gutes Hausmittel gegen Zahnweh. Ganz abgesehen natürlich von ihrer unverzichtbaren Rolle als klassisches Lebkuchengewürz und bei Grog, Glühwein und Feuerzangenbowle.

Aromastoffe und andere Geschmacksfragen

»Ein köstlicher, gleichzeitig zarter und aromatischer, an Schokolade erinnernder, von reinen Röstaromen geprägter Duft entsteigt der Tasse. Der Schaum steht hell und fest und lässt sich auch durch energische Löffelarbeit nicht zerstören. Der erste Schluck: sanfte Bitterkeit, runde Fülle, sauberer Geschmack von karamelisiertem Brot, weder ölig noch aggressiv, sondern voll und würzig …« Haben Sie erraten, wovon hier geschwärmt wird? Richtig, von einem Espresso. Gleichzeitig verrät der Text, welche Wünsche des Konsumenten bei der Herstellung berücksichtigt werden wollen: Der Kaffee soll nicht nur schmecken, er soll auch lecker aussehen und die richtige »crema« mitbringen.

Schmecken ist nicht nur eine Körperfunktion, sondern eine anspruchsvolle Tätigkeit. Auge, Tastsinn, Geschmack und Nase spielen zusammen, sogar das Ohr bekommt eine Rolle, um den kompletten Eindruck zu erhalten. Kartoffelchips und Knuspermüsli müssen eben ordentlich krachen, um die Knabberlust des Käufers zufriedenzustellen. Selbst der Sound beim Abbrechen von Schokolade wird akribisch erforscht. So stehen an der Universität Wien Spezialgeräte bereit, die im Auftrag großer Nahrungsmittelproduzenten über Mikrofone exakt das Geräusch beim Abbrechen von Schokostückchen und beim Crashen von Cornflakes oder Crackern analysieren und nach den Wünschen des Konsumenten optimieren.

Und natürlich muss die Konsistenz stimmen. Von rohem Fisch erwarten wir eine weiche, fast gelartige Beschaffenheit, Fleisch darf Fasern haben, Pudding soll im Mund schmelzen. Tausende von Sensoren auf der Zunge, den Lippen und der Mundschleimhaut tragen zu solchen Empfindungen bei. Eine Herausforderung an moderne Food-Designer, wenn es um die Herstellung von Nahrungszusätzen und Fertigprodukten geht. Denn längst ist unser Essen nicht mehr nur das, was wir zu schmecken glauben.

Bei der wichtigsten Komponente, dem Aroma, wird mit kreativen Kompositionen kräftig nachgeholfen. Aromen sprechen unsere Geschmacks- und Geruchsrezeptoren gleichermaßen an. Chemisch gesehen bestehen sie aus einer Vielzahl von flüchtigen Einzelsubstanzen und Stoffgemischen, die im Nahrungsmittel gebunden sind und durch das Kauen freigesetzt werden. Beim Atmen gelangen die flüchtigen Stoffe an unsere Riechrezeptoren, und wir nehmen das Aroma wahr. Je länger jemand an einem Stück Schokolade lutscht, es kaut und die zähe Masse im Mund bewegt, also auch deren Oberfläche vergrößert, desto mehr Schokoaroma macht sich breit und bleibt selbst dann noch haften, wenn die Schokolade längst geschluckt ist.

Überhaupt ist das Kauen eine vernachlässigte Tätigkeit, der man erheblich mehr Aufmerksamkeit schenken sollte, weil dabei die Durchmischung der Speisen mit Enzymen stattfindet, die uns helfen, schon im Mund Zucker aufzuspalten und vorzuverdauen. Aus Versuchsreihen, die Forscher an einem Ernährungsinstitut aufgestellt haben, geht eindeutig hervor, dass die Anzahl der Kaubewegungen, die Dauer des Kauvorgangs, die Intensität der Kauarbeit und deren Geschwindigkeit sich bei verschiedenen Menschen ganz erheblich unterscheiden. »Die großen Unterschiede, die während dieses Experiments bei den Versuchspersonen auftraten, lassen vermuten«, so ihr Fazit, »dass Aroma und Geschmack des jeweiligen Nahrungsmittels individuell ganz unterschiedlich wahrgenommen werden.«

Die meisten Obst- und Gemüsesorten enthalten von Natur aus ein breites Spektrum an Aromastoffen. Erdbeeren und Bananen haben mehr als 150 einzelne Komponenten, um ihr Aroma zu produzieren, bei frisch geröstetem Kaffee machen über 300 Aromastoffe den unnachahmlichen Geschmack aus. Etwa 10 000 verschiedene Aromastoffe sind bis heute identifiziert, mehr als ein Viertel davon wird inzwischen von den Flavoristen der Lebensmittelindustrie eingesetzt. Wobei diese Geschmacksspezialisten mit großem Fingerspitzengefühl vorgehen müssen. In der Regel aromatisiert ein Gramm Aromastoff rund 100 Kilogramm Lebensmittel, in Einzelfällen reicht deutlich weniger. So kann die winzige Menge von 0,2 Milliardstel Gramm Menthenthiol pro Liter schon ausreichen, um den Geschmackseindruck von frischem Grapefruitsaft auszulösen. Damit gehört es zu den wirkungsvollsten Aromastoffen, die wir kennen. In der Industrie wird der Stoff trotzdem kaum eingesetzt, weil es so schwer ist, ihn gleichmäßig in einem großen Flüssigkeitsvolumen zu verteilen. Eine Spur zu viel macht alles furchtbar bitter und ungenießbar.

Ob Joghurts oder Suppen, Fertiggerichte oder Süßigkeiten, Säfte oder Brausen, sie alle bekommen durch einen Schuss Aroma die Extraportion Geschmack. Schätzungsweise 15 bis 20 Prozent aller Lebensmittel, darunter auch Diätkost oder kalorienarme Lebensmittel, werden geschmacklich aufgepeppt. Besonders hilfreich kann das für alte Menschen sein, deren Geschmacksempfinden nachgelassen hat und denen deshalb die Lust am Essen vergangen ist – und die permanent an Gewicht verlieren.

Welche Aromen zugesetzt werden, ist die zweite Frage. Es gibt natürliche, naturidentische und künstliche. Natürliche Aromastoffe werden aus pflanzlichen oder tierischen Rohstoffen gewonnen oder mithilfe von Enzymen, Hefen oder Bakterien mikrobiologisch hergestellt. Der Name sei eine arglistige Täuschung des Verbrauchers, merken deshalb kritische Ernährungsexperten an: »Natürliches Aroma muss nur in der Natur vorkommen, das heißt, es kann auch von ganz anderen Organismen erzeugt werden als von denen, deren Namen es trägt.« Wobei sich die Hersteller gegen das hartnäckige Gerücht zur Wehr setzen, sie zauberten Erdbeeraroma aus puren Sägespänen. »Richtig ist vielmehr, dass Wurzeln und Baumrinden aromatischer Hölzer einen wichtigen Rohstoff für die Aromenproduktion darstellen – wie zum Beispiel Zimt-, Süß- oder Sandelhölzer.« Wie sonst sollte auch die Nachfrage nach Erdbeerprodukten gedeckt werden? Die gesamte Erdbeerernte der Welt würde gerade mal ausreichen, um etwa fünf Prozent des amerikanischen Bedarfs an Erdbeerprodukten zu decken. »Natürliches« Himbeeraroma gewinnt man übrigens aus Zedernholz. Und für Pfirsich, Kokosnuss oder Apfel wird auf die Hilfe von Schimmelpilzen zurückgegriffen. Ist zwar nicht schädlich, klingt aber nicht gerade appetitlich. Kein Wunder, dass die Industrie den Verbraucher darüber nicht detailliert informiert.

Naturidentische Aromen sind chemisch hergestellte Stoffe, die in ihrer Struktur und Wirkungsweise mit dem aus der Natur stammenden Original identisch sind. Beide Aromasorten werden in Europa nicht als Zusatzstoffe eingeordnet und durchlaufen keine Zulassungsverfahren, weil sie auch in natürlichen Lebensmitteln vorkommen. Auf dem Etikett ist lediglich »Aroma« vermerkt. Künstliche Aromastoffe dagegen dürfen nur eingesetzt werden, wenn sie für ein bestimmtes Lebensmittel zugelassen sind. Allerdings spielen sie in der Lebensmittelproduktion kaum eine Rolle und finden hauptsächlich in der Kosmetikindustrie Verwendung. Beliebt sind dagegen Reaktionsaromen, die durch Erhitzen entstehen und einer Bratensoße auf pflanzlicher Basis einen typischen Fleischgeschmack mitgeben. Oder Raucharomen, die den Fleischbetrieben langwierige Prozeduren in Räucheröfen ersparen.

Es ist ein offenes Geheimnis, dass die appetitlichen Räucherschinken, die in so manchem deutschen Bauerndorf als Spezialität verkauft werden, noch nie einen Kamin von innen gesehen haben. Ihr Aroma wird ihnen stattdessen mittels einer Rauch-aroma-Salz-Lake im Schnellverfahren verpasst. Der Schinken wird dazu von außen fest eingepinselt und vakuumverpackt. Nach wenigen Tagen ist das Aroma tief in das Fleisch eingedrungen und das Rauchimitat perfekt. Es schmeckt vielleicht nicht ganz so gut wie ein original geräucherter Schinken, dafür kostet es weniger. Denn allzu teuer dürfen Lebensmittel hierzulande nicht sein. Viele Verbraucher kaufen, was billig ist, ohne zu überlegen, ob Schinken, Wurst, Eier oder Käse zu so einem geringen Preis überhaupt in guter Qualität herstellbar sind. »Das Essverhalten von euch Deutschen werde ich nie verstehen!«, lässt eine Autorin ihren französischen Freund erzählen. »Ihr fahrt zur Tankstelle und kauft das teuerste Öl für den Motor eures Autos, aber beim Kauf von Olivenöl für den Salat spart ihr jeden Cent …!«

Der Renner unter allen Aromen ist ein Stoff, der uns vorwiegend in Eiscremes und Puddings begegnet: Vanille. Weltweit geliebt und immer wieder neu komponiert. Bei den Franzosen gern mit Rum- und Anisnoten verfeinert, bei den Deutschen lieber etwas buttriger, bei den Engländern mit leichtem Touch von Ei und Kondensmilch. Doch Vanille kann auch Bitteres maskieren und Schärfe reduzieren und ist deshalb bei vielen Produkten im Einsatz, ohne dass man es überhaupt merkt. In Schokolade, in vielen Milchprodukten und sogar im Ketchup.

Vanillin war das erste natürliche Aroma, das im Labor fabriziert wurde, und zwar vom Chemiker Wilhelm Haarmann im Jahr 1874 in Holzminden. Endlich waren Hersteller von Süßspeisen und Backwaren unabhängig von den teuren Vanilleschoten aus Übersee. Haarmanns Coup ersparte nicht nur der

Industrie viel Geld, sein Patent legte auch den Grundstein zu einem der weltweit größten Unternehmen der Aromen- und Duftstoffherstellung. Dort kümmert sich jetzt eine ganze Abteilung um Vanilleprodukte, mit eigenem Global Business Development Director Vanilla. »In unserer Rezepturbibliothek führen wir gut 38000 Rezepturen, in denen Vanillin enthalten ist. Rund 2500 davon sind derzeit aktiv«, berichtet Oliver Nembach, Vanillespezialist bei Haarmanns Nachfolgefirma Symrise.

Neben der Weiterentwicklung erprobter Duft- und Geschmacksrichtungen ist die Aromenindustrie beständig auf der Suche nach ganz neuen Stoffen. Ideen dazu liefert die Natur massenhaft, vor allem wenn man in den tropischen Wäldern Indiens, im entlegenen afrikanischen Busch und im Dschungel Südamerikas sucht. Da findet man Pflanzen, die unsere herkömmliche Geschmacksempfindung völlig verändern können, wie die Kletterpflanze *Gymnema sylvestre.* Ihre Säure verursacht einen nahezu vollständigen Ausfall der Süßempfindung und wird deshalb in der traditionellen Medizin verwendet, um den Heißhunger auf Zucker und die Blutzuckerwerte zu kontrollieren. Sie eignet sich allerdings nicht als Mittel zum Abnehmen, weil sie zusätzlich eine unangenehme, stark adstringierende Wirkung hat, die stundenlang ein pelziges Gefühl im Mund erzeugt. Noch verrückter ist ein Inhaltsstoff der »Wunderfrucht« des Strauches *Synsepalum dulcificum*. Nach dem Zerkauen der Frucht schmecken Zitronen wie süße Orangen und Essig wie lieblicher Wein.

Dass nicht alles immer so schmecken muss, wie wir es gewohnt sind, beweist die Molekularküche. Eine Kochtechnik, die erst 1990 von einem Professor der Chemie an der altehrwürdigen Sorbonne in Paris entwickelt wurde und tief in die Trickkiste der Physik und Chemie greift, ohne dass man zu Hause dafür gleich ein eigenes Labor einrichten müsste. Zwar wird nicht Essig in Wein verwandelt, aber bekannte Aromen und Nahrungsmittel erhalten eine derart veränderte Konsistenz, dass man weder seinen Augen noch den eigenen Geschmacksknospen traut. Weiche Blätter von Kohl und Gemüse werden in flüssigem Stickstoff zu glasharten Scherben, feste Scheiben von roter Beete zergehen wie Gelee auf der Zunge, und kaviarkleine Tropfen explodieren im Mund, um wahlweise Fruchtaroma oder Knoblauchgeschmack freizusetzen.

Die Überraschung ist das eigentliche Erlebnis der experimentierfreudigen Küche. Der britische Physiker Nicolas Kurti klagte einst: »Wir kennen die Temperatur im Innern eines fernen Sterns, wissen aber nicht, wie es in einem Soufflé aussieht.« Er und seine Kollegen Köche stellten die Fragen, die in der Küche zu kulinarischen Sensationen führten. Wie kommen verschiedene Konsistenzen zustande? Durch Hitze, Kälte und viel Gelatine. Warum ist es so schwer, krosse Fritten zu braten? Weil sie von innen Dampf verströmen, wenn sie aus dem Ofen kommen. Wie kann ich Eis mit heißen Himbeeren mal anders servieren? Alles zu einer Emulsion mixen und in 190 Grad kaltes, farb-, geruch- und geschmackloses Flüssiggas tauchen. Wenn sich die Nebelschwaden lichten, kommt eine Eiskugel mit einer Schale von minus 80 Grad zum Vorschein, die im Innern eine 20 Grad warme Flüssigkeit birgt.

Zwar meinen einige Kritiker, so Wolfram Siebeck, journalistischer Vorkoster der Nation, die Errungenschaften der molekularen Gastronomie seien »ungefähr so wichtig wie ein Auspuff an einem Segelflugzeug«, aber den Restaurantbesuchern macht es offenbar so viel Spaß, dass beim katalanischen Molekulargastronomen und Drei-Sterne-Koch Ferran Adrià vom El Bulli in Roses alle Plätze bereits auf Monate im Voraus ausgebucht sind. Dort findet man so exotisch klingende Gerichte wie Bonbons aus Olivenöl, in Lakritz pochierten Lachs oder Brombeer-Tabak-Sorbet auf der Karte. Den Gästen schmeckt es genauso gut wie den Profikostern: Im Jahr 2008 wurde der spanische Gourmettempel von einer britischen Fachzeitschrift zum dritten Mal in Folge als »bestes Restaurant der Welt« ausgezeichnet.

Nachsitzen für Fast-Food-Freunde

Essen ist heutzutage zur Nebenbeibeschäftigung geworden – beim Autofahren frühstücken, vor dem Computer einen Salat knabbern. Alles soll schnell gehen und wenig Mühe machen, am besten noch nicht mal beim Kauen. Perfekt wäre hier ein Menü aus Astronautennahrung. Da kämen Melone mit Schinken, Wienerschnitzel und Walnusstorte direkt aus der Tube. Aber nehmen wir dabei bewusst wahr, was wir essen? Welches Geschmacksempfinden haben wir eigentlich noch? Der natürliche Geschmackssinn vieler Bundesbürger sei verkümmert, meinen Fachleute, weil wir zu viele Nahrungsmittel mit künstlichen Geschmacksverstärkern zu uns nehmen. Ein europäischer Durchschnittskonsument verspeise 19 Kilogramm Industriekonzentrate pro Jahr, erklärt die österreichische Gesellschaft für Agrarmarketing AMA. Darin enthaltene Geschmacksverstärker führten dazu, dass unser Gaumen nicht mehr oder schwerer empfänglich ist für natürliche Aromen. Das gleich als »Angriff der Killer-Burger« zu deklarieren und entsprechendes Essen für die Ursache sämtlicher kleineren Übel und sogar tödlicher Krankheiten zu erklären, wie es einige Bestsellerautoren tun, ist ein Panikverstärker, der nur der eigenen Auflage dient, und führt zur Resignation bei allen, die es nicht schaffen, fünfmal am Tag biologische Obst- und Gemüseportionen zu sich zu nehmen. Ist ja sowieso egal, sagen die sich, greifen weiterhin zu Schokoriegel und Fertiggericht und werden nie erleben, dass es Spaß machen kann, gesünder zu essen – weil man einfach mehr schmeckt.

Wer sich von Fast Food und Fertignahrung ernährt, wird manche Geschmäcker nie erleben, denn Fertiggerichte verfügen gegenüber Naturprodukten über wesentlich weniger Geschmacksvarianten. Die sind dafür umso intensiver vertreten, allen voran der süße Geschmack, denn Menschen lieben Süßes, und süße Produkte verkaufen sich entsprechend gut. Tomatenketchup enthält ungefähr 20 Prozent Zucker, weshalb Kinder finden, dass er eigentlich zu jedem Essen passt und immer auf den Tisch gehört. Auch sogenannte Kinderlebensmittel sind nach einer Untersuchung des Forschungsinstituts für Kinderernährung (FKE) in Dortmund vor allem auf süß getrimmt. Von der angeblich gesunden Milchschnitte, die in Wirklichkeit wenig Milch, dafür hauptsächlich Fett und Zucker bietet, bis zum übersüßten Joghurt-Zwerg, dem vermeintlichen Proteinknaller. »Der Kinderdrink ›Biene Maja‹ enthält je nach Gewicht der Zuckerstückchen auf einen Liter 44 Stück Würfelzucker. Eine Flasche Cola enthält 28, das ist dagegen das reinste Diätgetränk«, kritisiert Thilo Bode von der Organisation Foodwatch. »Sie denken, der Drink ist gesund für Kinder. Aber Sie kaufen eine Kalorienbombe.«

Mit dem Ergebnis, dass jedes fünfte Kind in Deutschland zu dick ist und sich schon in jugendlichem Alter mit dem Abspecken herumplagen muss. Wobei schon viel gewonnen wäre, wenn Kinder und Jugendliche einfach auf all die Brausen und Fruchtsäfte, Eistees und Malzgetränke verzichten würden: Aus einer 0,33-l-Flasche Cola kann der Körper etwa 200 Kalorien gewinnen! Kontrollieren kann man den Zuckergehalt nicht, weil er auf dem Etikett nur unter dem Begriff »Kohlenhydrate« auftaucht.

Dass viele Kinder keine frischen Erdbeeren mehr mögen, weil sie nur die weichen Früchte aus der Dose kennen, ist nicht verwunderlich. Wer mit aromaintensiven Fertigprodukten und Fast Food aufwächst, kann mit den feinen Geschmacksunterschieden, die natürliche Produkte bieten, später kaum noch etwas anfangen. 25 Prozent der Jugendlichen zwischen zehn und 14 Jahren können noch nicht einmal mehr süß, sauer, salzig und bitter unterscheiden, für sie schmeckt alles irgendwie gleich. Um eine solche Entwicklung aufzuhalten, ist es wichtig, Kinder beizeiten an den Geschmack von echtem Obst und Gemüse heranzuführen, dann können sie nämlich später Natur- und

Kunstprodukte unterscheiden und denken nicht, dass alle Kühe lila sind und Fanta der reinste Orangensaft ist.

Vielfältiges und sensibles Schmecken beginnt schon im Babyalter oder sogar noch früher, denn das Essen der Mutter bestimmt den Geschmack des Fruchtwassers und später der Muttermilch. Je abwechslungsreicher sich die Mutter während der Schwangerschaft und der Stillzeit ernährt, desto eher akzeptiert ihr Baby später neue Geschmäcker. Das haben Studien am amerikanischen Chemical Senses Center und am Europäischen Zentrum für Geschmacksforschung ergeben. Dort füllten die Forscher den Babys leicht salzige, saure oder bittere Flüssigkeiten in ihre Fläschchen – süß zu testen ist überflüssig, jedes Baby mag Süßes – und filmten dann ihre überraschten, interessierten oder angeekelten Gesichtsausdrücke.

Kleinkinder testen aus lauter Neugier. Sie beobachten, was die anderen Familienmitglieder essen und wollen das Gleiche probieren. Dabei sollte man Kindern neue Speisen mehrmals anbieten, sie aber auf keinen Fall zum Essen zwingen. »Es geht darum, die Kinder anhand von einer großen Auswahl an Nahrungsmitteln diverse Geschmacksrichtungen und Aromen kennenlernen zu lassen«, erläutert Pascal Schlicht vom Europäischen Zentrum für Geschmacksforschung. Frühkindliche Ernährungsgewohnheiten begründen dabei nicht nur lebenslange Vorlieben für bestimmte Lebensmittel, sondern bilden auch die Grundlage für kulturelle und ethnische Unterschiede in den Essgewohnheiten weltweit.

In Frankreich gibt es schon seit den 70er-Jahren »Classes du Goût«, Stunden, in denen Schülern Geschmacksunterricht erteilt wird. Nun sollen die Schulkantinen und die Eltern verstärkt in die Geschmackserziehung einbezogen werden, um deutlich zu machen: Der Geschmack hat einen Platz in der Erziehung und deshalb ebenso in der Schule. In Deutschland, wo der Kochunterricht meist auf die Grundschule beschränkt ist, hilft Eurotoques mit, den guten Geschmack zu fördern. Eurotoques ist eine Vereinigung europäischer Spitzenköche, die unter dem Motto »Was Hänschen schon kann, braucht Hans nicht mehr zu lernen« die Grundlagen für natürlichen Lebensstil und qualitätsbewusstes Essen schaffen wollen. Dazu veranstalten sie unter anderem Seminare an Schulen, um mit frischen Zutaten die Geschmacksnerven von Schülern zu trainieren und deren Interesse an vielseitigem Essen zu wecken. An »Geschmacksstationen«, an denen ähnlich schmeckende Lebensmittel verkostet werden, wird die Zunge mit süß, sauer, salzig und scharf bekannt gemacht. Am Ende lernen die Schüler, ein ganzes Menü zuzubereiten.

Aber es ist nie zu spät. Auch Erwachsene können ihre Geschmacksnerven zu neuem Leben erwecken und eine bewusste Wahrnehmung trainieren. Das beginnt mit gründlichem Kauen. Dazu sollte man versuchen, künstliche Aromen und Geschmacksverstärker wegzulassen, damit sich der Geschmack wieder regenerieren kann. Anschließend kann man mit stärkeren Reizen wie Zimt und Anis beginnen und dann versuchen, die feineren Aromen herauszuschmecken. Wie schmeckt echtes Kartoffelpüree im Gegensatz zum Tütenprodukt, wie naturtrüber Orangen- oder Apfelsaft verglichen mit synthetischen Fruchtsaftgetränken? Nicht nur »süß«, »sauer« oder »bitter« schmecken, sondern auch den zarten Schmelz der geschlagenen Sahne im Mousse au Chocolat und die kleinen bissfesten Mangoldstückchen in der sämigen Suppe – sozusagen den Geschmacksgipfel der Gesamtkomposition erklimmen.

Um die Vielfältigkeit der Geschmacksrichtungen und Aromen machen sich zunehmend wieder mehr Forscher und Züchter Gedanken und besinnen sich auf fast vergessene Obst- und Gemüsesorten. Allzu lange haben ausschließlich makelloses Aussehen, Haltbarkeit und gute Transporteigenschaften bestimmt, welche Tomaten, Äpfel oder Erdbeeren in die Supermärkte kamen. Das Aroma blieb dabei auf der Strecke. Jetzt wird das genetische Potenzial alter Sorten neu entdeckt. Allein

383 Erdbeersorten lagern in den Gewächshäusern und Kühlkammern des bundeseigenen Instituts für Obstzüchtung in Dresden-Pillnitz – die größte Sammlung Europas. Dazu kommen 843 Apfel-, 194 Süßkirsch- und 162 Pflaumensorten, die darauf warten, in Reinform oder in neuen Züchtungen auf den Markt zurückzukehren. Auch private Züchter erinnern sich an die aromatischen Äpfel aus Großmutters Garten, bauen alte Sorten an und verkaufen sie direkt und mit großem Erfolg auf den Wochenmärkten, wo sich bekanntlich die eigentlichen Feinschmecker der Nation herumtreiben.

Zur neuen Geschmacksvielfalt passt vielleicht am besten die schon ältere Slow-Food-Bewegung – sich genießerisch Zeit nehmen und natürliche Produkte verwenden – oder der Trend zum Sensual Food, das die Lust am bewussten Schmecken fördern und verkümmerte Geschmackswahrnehmungen reaktivieren will. Damit wird die uralte Wahrheit eines französischen Feinschmeckers zur aktuellen Erkenntnis. Der Philosoph und vermutlich erste Gastronomiekritiker Brillat Savarin hat schon in seinem Buch »Physiologie des Geschmacks« aus dem Jahr 1825 den entscheidenden Gedanken angesprochen: »Die Geschmäcke sind unzählig, denn jeder lösliche Körper besitzt einen besonderen Geschmack, der keinem anderen ganz ähnlich ist.«

Die raffinierten Gaumenspiele des Weines

Tief granatrot leuchtet der 1966er Château Haut-Brion aus Graves im Glas, und die Nasenflügel des Sommeliers beben, als er daran riecht. »Steinobst und Rosinen, begleitet von Zedernholztönen sowie unterschiedlichen Gewürzaromen«, lautet seine Duftdiagnose. Sein Nebenmann erschnüffelt dagegen eindeutig Pflaume, flankiert von dezenten Röstaromen und leicht animalischen Tönen, während ein dritter Experte neben Leder noch dezenten Pfeifentabak wahrnimmt. Der sich anbahnende Streit wird mit einer Kompromissformel beigelegt: Es handelt sich um einen wirklich großen Wein, harmonisch in seiner Komplexität und elegant in der Vielfalt seiner Aromen.

Wenn Önologen, Weinhändler und Sommeliers sich treffen, um Weine zu verkosten, wird gern heftig diskutiert. Eher Vanille und Johannisbeere oder doch eine Spur Harz und frisches Holz? Selten einmütig fällt der Eindruck vom zweiten Wein in der Runde aus, einem Château Palmer aus Margaux: Er duftet intensiv nach Fell und kaltem Pferdeschweiß, befinden die Kenner, begleitet von allerlei Kräutern, Leder und Zedernholz. Während der Barolo aus Alba komplett anders daherkommt – mit einem betörenden Bouquet aus Walderdbeeren und Brombeeren nämlich, in dem Anklänge von weißem Trüffel mitschwingen und eine verführerische Aromatik von Rosen, Veilchen und Teer. Im Mund von geschmeidiger Struktur mit geschliffenen Tanninen endet er leicht herb, mit Noten von Bitterschokolade, Kaffee und Schwarzkirschenmarmelade.

Dem normalen Weintrinker fällt es schwer, derlei Feinheiten zu erspüren, weil sein Geschmacks- und sein Geruchssinn wenig geübt sind. Ein Weinaroma enthält mehr als 80 verschiedene Duftstoffe, die entsprechend viele Riechzelltypen in unserer Nase aktivieren und damit ein komplexes Muster für »Wein« im Gehirn erzeugen. Die Hälfte davon erkennt jeder sofort, denn das sind die klassischen Düfte, die in allen Weinen dieser Erde vorkommen. Die andere Hälfte ist spezifisch für unterschiedliche Rebsorten. Erst durch viel Üben lernt man allmählich das typische Muster für jede Weinsorte und kann dann zum Beispiel einen Riesling von einem Silvaner unterscheiden. Durch noch mehr Üben können die Profis verschiedene Anbaulagen ausmachen, obwohl sich deren Muster nur minimal unterscheiden. Und absolute Top-Sommeliers erkennen Muster, die nur in ein oder zwei von den insgesamt über 80 aktivierten Riechzelltypen differieren. Damit können sie sogar einzelne jahrgangsspezifische Duftkomponenten erschnüffeln.

Um den Wein in seiner ganzen Sensorik zu erfassen, brauchen wir aber mehr als das Riechen mit der Nase. Erst das bewusste Verkosten, das Herumspülen im Mund, liefert weitere Informationen. Am Gaumen werden die über die Nase bereits wahrgenommenen Aromen bestätigt und durch die Wärme des Mundes und das Kauen neue Aromastoffe freigesetzt. Die Zunge analysiert die Säure und die Süße, das Salzige und Bittere, und der *Nervus trigeminus* erfasst den Alkoholgehalt, vor allem aber die Adstringenz, das pelzig Speichelzieherische, den typischen Geschmack nach Eichenfass und Tanninen. Nimmt man einen kleinen Schluck, erkennt man auch den Abgang, das »finish«, das entsteht, wenn über die Kehle von hinten nochmals Aromen in unsere Nase aufsteigen.

Um alle Feinheiten zu erspüren, wird oft sogar der reine Genusstrinker zum Duftakrobaten, der schnüffelnd und schnaubend, saugend und schmatzend die Weinprobe zur Show stilisiert. Eigentlich genügte es ihm zu wissen, ob ihm ein Wein schmeckt oder nicht, aber er präsentiert sich gern als Kenner, der mit jedem Nasenzug nebst Dutzenden von Frucht- und Blumendüften viele weitere interessante Duftnoten entdeckt. Da reicht es nicht, Pfirsich zu identifizieren, es muss schon ein nepalesischer Wildpfirsich sein. Schwenken diese selbsternannten Experten das Glas links herum, diagnostizieren sie andere Düfte als beim Schwenken nach rechts. Dabei würde eine einfache, sachliche Beschreibung genügen. Riecht der Wein sauber, angenehm, klar, ist die für die Rebsorte oder Region typische Farbe zu erkennen? Ist das Bouquet arm oder reich, schwach, hart oder weich? Riecht man mehr frische, reife oder alte, morbide Töne? Hat sich der Wein bereits geöffnet oder verhält er sich zugeknöpft und will seine Fülle noch nicht preisgeben? Dominieren die traubeneigenen Aromastoffe, die Düfte aus der Verarbeitung oder die Gär- oder Lageraromen?

Wie steht es um Säure oder Abgang? Hält der Gaumen, was die Nase verspricht?

Emile Peynaud, der legendäre Önologe aus Bordeaux, hat neun Aromagruppen unterschieden: die animalischen Düfte, wie Wild und Fleisch, die balsamischen, etwa Pinie, Harz und Vanille, die holzigen, wie frisches Holz von Eichenfässern, die Gewürzdüfte, zum Beispiel Pfeffer, Nelke, Zimt, Muskat, Ingwer, Anis, Trüffel und Minze, und die empyreumatischen, wie Karamell, Rauch, Toast, Leder und Kaffee. Dazu kommen alle blumigen Düfte, wie Veilchen, Rose, Flieder und Jasmin, die fruchtigen, etwa schwarze Johannisbeere, Himbeere, Pfirsich, Aprikose, Kirsche, Pflaume oder Feige, vegetabile Düfte von Kräutern, Tee, Pilzen, Laub und Gras und schließlich chemische, wie Azeton, Hefe, Wasserstoffsulfid, Ethylalkohlol und Säure.

Die meisten dieser Düfte findet man in sogenannten Aromarädern wieder, die zum Teil über 100 verschiedene im Wein enthaltene Geruchsnuancen auflisten. Das an der Universität von Kalifornien in Davis entwickelte Aromarad für Weiß- und für Rotweine hat sich dabei zum Renner entwickelt. Wie kann man ein Aroma treffend beschreiben? Nicht jedem fällt das Wortschöpfen so leicht wie unseren eingangs zitierten Kreativschmeckern. Da hilft das Aromarad, denn es arbeitet ausschließlich mit Geruchsbeschreibungen aus dem täglichen Leben. Ein Riesling wird als fruchtig beschrieben, die Aromen Pfirsich, Aprikose Zitrone und Apfel werden genannt, Honig und frisches Gras spielen eine Rolle.

Wem das zu theoretisch ist, der kann eine Kollektion aus über 100 Aromastoffen, in kleinen Fläschchen abgefüllt, als Aromabar erwerben. Damit kann man täglich üben, 15 verschiedene Stein- oder Kernfrüchte im Duft zu unterscheiden oder die holzigen Noten von Zeder, Kiefer, Süßholz, Eiche oder Tanne zu identifizieren. Auch einfache Sets sind im Handel, die sich auf die zwölf wichtigsten Aromen beschränken:

das Eichenlakton aus den Holzfässern zum Beispiel und das an schwarze Johannisbeeren erinnernde Mercaptomethylpentanon, das manche Sauvignon-blanc-Weine auszeichnet und das Cassis-Aroma der Scheurebe erklärt. Allzu hoch konzentriert erzeugt es allerdings den ungeliebten Duft von »Katzenpisse«. Interessanterweise stellte man fest, dass die Menge an Mercaptomethylpentanon abhängt von der Art der Hefe, die zur Vergärung des Weines eingesetzt wird. In den USA wird oft statt der Naturhefe der Trauben eine Zuchthefe verwendet, die so viel von dem klassischen Sauvignon-blanc-Duft produziert, dass nahezu aus jeder Traubensorte ein solcher Wein hergestellt werden kann. Auch bei uns werden verschiedene Reinzuchthefen benutzt, um zusätzlich Aromastoffe wie Brombeere, Aprikose oder Ananas in den Wein zu bringen.

Die Traubenaromen des jungen Weins bestehen meist aus frischem Apfel, Zitrone, Pfirsich, Johannisbeere oder Blütenduft, hinzu gesellen sich im Lauf der Jahre die Alterungsaromen, die nach Rosinen, Karamell oder Schokolade schmecken können. Die Materialien der Lagerung geben ebenfalls eigene Noten ab. Reift der Wein in Eichenfässern, bekommt er den typischen Barrique-Geschmack. Manche Holzdüfte werden durch Stoffwechselprozesse noch einmal verändert, sodass es zu Sekundär-Barrique-Aromen wie Kaffee-, Mokka-, Zimt-, Nelke- und vor allem Vanilleduft kommt. Nach zwei Jahren haben die teuren Eichenfässer ihre gesamten Aromastoffe abgegeben und müssen erneuert werden, weshalb Wein häufig in Glas- oder Plastikbehältern gelagert und mit einem Säckchen Eichenspänen präpariert wird. Eine Methode, die inzwischen auch in Europa erlaubt ist und einen Wein hervorbringt, der geschmacklich selbst von Kennern fast nicht von einem Wein aus dem Holzfass zu unterscheiden ist.

Die USA gehen noch einen Schritt weiter: Dort können die Eichenspäne zusätzlich mit Tanninpulver und anderen Stoffen aromatisiert werden. Bedenkt man, dass ein Eichenfass um 600

Euro kostet und manche Weine Jahre darin lagern müssen, die Barrique-Aromen aber billig sind und bereits nach zwei bis zehn Tagen das gewünschte Duftergebnis liefern, wundert es nicht, dass in so mancher Weinkellerei die Weine mit allerlei Zutaten aufgepeppt werden. Unterhalb bestimmter Grenzwerte dürfen Zusatz- und Konservierungsstoffe zugemischt werden, die den Wein haltbarer machen oder das »Mundgefühl« verbessern. Der Verbraucher erfährt davon nichts, weil Wein nicht dem Lebensmittelrecht unterliegt.

Inzwischen gibt es sogar eine Methode, den Wein künstlich altern zu lassen. Der Elektronikfachmann Christian Kossack hat dazu eine Weinzeitmaschine erfunden, die den Reifungsprozess radikal abkürzt. Während die Geschmacksmoleküle sonst jahrelang vom Wasser umschlossen sind, werden sie bei Kossacks Methode von elektromagnetischen Wellen zur Resonanz angeregt, sprengen ihre Wasserkäfige und können so ihr Aroma viel früher entfalten. Ein Test mit dem Gaschromatografen, einem hoch empfindlichen Analysegerät für Aromadüfte, zeigt, dass der Wein Duftstoffe enthält, die sonst erst nach jahrelanger Lagerung vorhanden sind.

Die neuesten Entwicklungen im Weinbau schließen die Gentechnologie mit ein. Noch sind gentechnisch veränderte Reben nicht zugelassen, aber es wird bereits an Rebsorten gearbeitet, die zum Beispiel resistent gegen Pilze sind. Viren und Insekten sind eine weitere Plage im Weinbau. In Epernay, im Forschungslabor der Champagnerfabrik Moët & Chandon, gibt es schon jetzt eine Chardonnay-Rebe, die gegen die verbreitete Reisigkrankheit resistent ist. Die meisten Aromastoffe werden von der Pflanze ohnehin nur produziert, um Mikroorganismen und Schädlinge abzuwehren. Der Schritt zur gentechnisch veränderten Rebsorte, die bestimmte gewünschte Aromastoffe in hoher Konzentration produziert, ist deshalb nicht weit. Versuche hierzu laufen in den USA. Werden sie erfolgreich abgeschlossen, wird man entsprechende Weine sicher auch bald in

Europa kaufen können. Denn das Weinhandelsabkommen zwischen den USA und der EU, das zum 1. Januar 2006 in Kraft trat, lässt heute schon US-Weine mit Zusatzstoffen für Farbe und Geschmack zum Verkauf zu, die bislang in Europa nicht produziert werden dürfen.

Manche Weine könnten ganz ohne alle Zusätze wunderbar schmecken, wären sie nicht vorzeitig verdorben. Da freut man sich auf einen edlen Tropfen, und dann riecht man es schon am Korken: Hier stimmt was nicht. Ganz schön ärgerlich. Der Korkgeschmack entsteht durch Mikroorganismen, die in der Korkrinde sitzen und mit einer Chlorverbindung reagieren, die beim Waschen und Bleichen in den Korken gelangt. Das Endprodukt heißt Trichloranisol – eine ziemlich scheußliche Geschmacksnote. Bis zu drei Prozent aller Weine werden dadurch ungenießbar.

Hauptlieferant für Kork ist Portugal. Dort wächst die Korkeiche, die mit 25 Jahren zum ersten Mal geschält werden darf. Wenn man dann noch bedenkt, dass erst die dritte Ernte für die Korkproduktion geeignet ist und die Eiche nur alle neun Jahre geschält werden darf, wird klar, dass Kork zu den seltensten und wertvollsten Rohstoffen gehört. Nach der Ernte wird die Rinde mindestens ein halbes Jahr lang unter freiem Himmel getrocknet, gekocht und desinfiziert und, damit ihre Oberfläche möglichst glatt ist, mit einem Parafin- oder Silikonwachs überzogen. Bei sachgerechter Lagerung hat sie eine Lebensdauer von zehn Jahren und länger. Kostbare Weine werden nach längerer Lagerung vom Winzer daher neu verkorkt.

Wegen der Billigkorken auf dem Markt, durch die jedes Jahr Schäden in Millionenhöhe entstehen, verwenden die Winzer nun verstärkt Silikon- oder Glaskorken oder Drehverschlüsse. Die Funktion des Naturkorkens ist allerdings nicht nur, die Flasche zu verschließen, sondern er soll die Weine »atmen« lassen; außerdem werden über den Kork Mikroorganismen in den Wein gebracht, die nachweislich die Aromazusammensetzung eines edlen Tropfens positiv verändern. All dies ist mit Silikon-, Glas- oder Schraubverschlüssen natürlich nicht möglich.

Schon Hippokrates wusste 400 Jahre vor Christus, dass im Wein nicht nur »veritas« (Wahrheit), sondern auch viel »sanitas« (Gesundheit) liegt, und empfahl mit Wasser verdünnten Wein bei Kopfschmerzen und Verdauungsstörungen. Die alten Griechen und Römer benutzten Wein als Kräftigungsmittel für Genesende, als Beruhigungs- und Schlafmittel, als Schmerzmittel und vor allem bei vielen Magen- und Darmerkrankungen. Er wurde zum Desinfizieren von Wunden, für Umschläge, Einreibungen und Massagen verwendet. Seit dem Mittelalter wurde in vielen Gegenden Deutschlands von den Franken und Merowingern Wein angebaut, vor allem die Sorte Elbling, der später vom Riesling und Traminer verdrängt wurde. Selbst die Krankenkassen unterstützten den Konsum, und bis Anfang des letzten Jahrhunderts konnte man ihn sogar auf Rezept bekommen. Die moderne Medizin entdeckte im Wein neben Vitaminen (C und B6), Mineralien und Spurenelementen vor allem Polyphenole und Gerbstoffe als gesundheitsfördernde Inhaltsstoffe. Wie bei den meisten Pharmaka gilt aber auch beim Wein: Die Dosis ist entscheidend, und zu viel schadet.

Warum erleiden Franzosen, die doch bekannt sind für gutes Essen und üppigen Weinkonsum, nur halb so viele Herzinfarkte wie andere Europäer?, fragten sich Wissenschaftler vor einigen Jahren und nannten dieses Phänomen das »French-Paradoxon«. Die Antwort war eindeutig: Es liegt am regelmäßigen Rotweintrinken. Ein geringes Maß Alkohol pro Tag kann das »böse« LDL-Cholesterin absenken und das »gute« HDL-Cholesterin fördern sowie durch seine gerinnungshemmende Wirkung das Thromboserisiko senken. Doch welche spezifischen Inhaltsstoffe verschaffen gerade dem Rotwein seinen Mythos? Es sind die bioaktiven Rotweinphenole. In Schalen und Kernen bildet die rote Traube über 100 verschiedene Arten davon, die alle unterschiedlich schmecken. Da für die Entstehung der satten roten Farbe die ganzen Trauben verwendet werden müssen, kommen auch die gesundheitsfördernden Substanzen ins Glas. Die Phenole schützen als klassische »freie Radikalfänger« Trauben gegen Bakterien und Insekten und den Menschen gegen die Übel des Alters. Wahre Wunderwaffen sollen sie sein: das Krebs-, Herzinfarkt- und Diabetesrisiko senken, die geistige Leistungsfähigkeit erhalten und den Schlaf verbessern.

Zu besonderer Berühmtheit brachte es das Resveratrol, das nicht nur ein interessanter adstringierender Stoff auf unserem Gaumen ist, sondern die reinste Anti-Aging-Droge. Sie wurde als potentes Mittel gegen Hautalterung und Krebs identifiziert, außerdem bewirkt sie – nach einem ähnlichen Mechanismus wie das Potenzmittel Viagra – eine bessere Durchblutung. Hier wird der bekannte Spruch »Rotwein ist für alte Knaben eine von den besten Gaben« wissenschaftlich bestätigt. Und auch äußerlich angewendet kann das Resveratrol Unglaubliches leisten: Es gilt als das beste bekannte Präparat für kräftigen Haarwuchs.

Doch zurück zu Duft, Bouquet und Geschmack des Rebensaftes. Wenn es Ihnen nicht so leicht fällt, einen jungen Burgunder von einem fünf Jahre alten Merlot zu unterscheiden, Sie weder Kirsche auf der Zunge noch Pflaume im Abgang identifizieren können, sondern einfach nur erkennen, ob ein Wein Ihnen schmeckt oder nicht, dann seien Sie getröstet: Selbst Profis fällt die Beurteilung von Weinen manchmal nicht so leicht, wie sie gern glauben machen. Sehr erstaunlich fiel eine Degustation aus, bei der ich (Hanns) selbst teilgenommen habe. 100 Experten sollten acht verschiedene Weine verkosten, vier Rot- und vier Weißweine. Der Sommelier erzählte zu jedem Wein eine eigene Geschichte und beschrieb seine Merkmale. Daraufhin gaben alle Teilnehmer auf Zetteln ihre Bewertungen ab. Und keiner der Weinkenner bemerkte dabei den kleinen Test: Zwei der angebotenen Rotweine stammten aus derselben Flasche. Ein bisschen peinlich, zugegeben, aber längst nicht so unglaublich wie ein anderes Experiment, an dem zehn bekannte Sommeliers aus Pariser Feinschmeckerlokalen teilnahmen. Sie sollten in völliger Dunkelheit aus zehn verschiedenen Weinen die fünf weißen und die fünf roten herausschmecken. Das gelang keiner einzigen der Profizungen. Offenbar »trinkt« das Auge weit intensiver mit, als man es für möglich hält. Erst als der Test auf einen weißen und einen roten Wein reduziert wurde, lagen die meisten von ihnen richtig. Unglaublich, finden Sie? Das hätten Sie auch noch geschafft? Der Test ist schnell gemacht, probieren Sie ihn einfach mal aus!

DUFTDIAGNOSEN, KRANKHEITEN UND THERAPIEN

Duftstoffe als Auslöser von Allergien

Sie lieben Orangen. Also greifen Sie in die Obstschale und beginnen, die Schale mit einem Messer einzuritzen. Was geschieht? Ihre Hände fühlen sich vielleicht etwas klebrig an, aber vor allem steigt Ihnen sofort der typische fruchtige Duft in die Nase, das wunderbar intensive Aroma macht sich breit, und die Vorfreude auf den ersten süßen Bissen steigt. Das Schälen einer Orange – eine absolut harmlose Angelegenheit, könnte man meinen, zumindest für Menschen, die mit Messern umgehen können. Wenn man allerdings den neuesten Empfehlungen des Umweltbundesamtes und den kürzlich verabschiedeten EU-Richtlinien folgt, handelt es sich keineswegs um eine risikofreie Tätigkeit. Im Gegenteil, denn von der Orange geht eine Gefahr aus, die man als Duftangriff auf unsere Gesundheit werten muss.

Beim Schälen haben Sie Ihre Haut nämlich gerade mit Substanzen in Berührung gebracht, die in die Liste der besonders gefährlichen Duftstoffe der EU-Kosmetikrichtlinien aus dem Jahr 2003 aufgenommen wurden. Dazu zählen das Citral und das Citronellol, beides natürliche Bestandteile der Orangenschale, die auch als Duftstoffe im ätherischen Öl zu finden sind. Die natürliche Frucht enthält davon etwa 20 000 ppm (pars per million, Teile pro Million). Nach der EU-Richtlinie müssen Firmen den Orangenduft Citral auf sämtlichen Produkten deklarieren, die mehr als 10 ppm enthalten. Auf der Orange müsste also ein Aufkleber warnen: »Schadet Ihrer Gesundheit. Kann allergische Reaktionen hervorrufen.«

Eine schwierige Thematik, wie aus diesem Beispiel erkennbar wird. Tatsache ist: Die Nase selbst und die Riechzellen kann man durch Gerüche nicht schädigen, es sei denn, man atmet Tag für Tag Lösungsmittel ein, wie es früher bei Malern vorkam oder heute bei »Schnüfflern«. Das schädigt alle Zellen in der Nase und im Körper gleichermaßen. Komplizierter wird die Sache bei Allergien. Auf der einen Seite steigt die Zahl der Allergiker, auf der anderen Seite wollen wir nicht auf wohlriechende Hautcremes, Shampoos und Badezusätze verzichten. Deswegen die Frage zu stellen, »ob man es überhaupt tolerieren soll, dass natürliche oder synthetische Chemikalien bewusst in die Atemluft abgegeben werden«, wie es das Umweltbundesamt tut, klingt allerdings eher grotesk. Keinen Duft mehr für niemand? Schluss mit Parfüms und Deos, Blumensträußen in öffentlichen Räumen oder Orangenkisten im Supermarkt? Eine ebenso trübsinnige wie undurchführbare Idee, um der steigenden Zahl von Allergikern zu begegnen.

Das Umweltbundesamt spricht von einer halben Million Menschen, Allergiker- und Asthmaverbände von bis zu drei Millionen, die auf Duftstoffe allergisch reagieren. Verschiedenste Symptome wie brennende Augen oder Kopfschmerzen, Taubheitsgefühle oder Übelkeit, in seltenen Fällen sogar Aggressionen, Depressionen und Asthmaanfälle sind die Folge. Am häufigsten treten Hautbeschwerden auf, denn Duftstoffe wirken in der überwiegenden Zahl der Fälle als Kontaktallergene, das heißt, dass Cremes und Waschmittel, deren Inhaltstoffe lange auf die Haut einwirken, besonders problematisch sind. Duftstoffzusätze sind die Hauptursache für die Unverträglichkeit von kosmetischen Mitteln und – nach Nickel – der zweithäufigste Grund von Kontaktallergien. Dabei wird die Haut rot und beginnt zu jucken, manchmal bilden sich Bläschen oder nässende Stellen.

Auslöser können synthetische Duftsubstanzen sein, aber auch pflanzliche Aromen. Zimt- und Nelkenöl, Eichenmoos (gern in Herrenparfüms) oder Perubalsam (ein stark duftendes Baumsekret) gehören zu den Spitzenreitern unter den problematischen Stoffen, wobei das Eichenmoos, als schleimlösend und reizmildernd bekannt, gern gegen Husten und Erkältungen eingesetzt wird. Die Ursache für eine Duftstoffallergie ist in jedem Fall eine überschießende Reaktion des Immunsystems: Die fremde Substanz wird von den körpereigenen Zellen als Eindringling bekämpft. Warum manche Menschen empfindlicher reagieren als andere, weiß man nicht. Auch eine wirkungsvolle Therapie ist nicht in Sicht. Den Betroffenen bleibt nur eines: den auslösenden Stoff zu meiden.

Dazu muss man ihn erst einmal kennen. Oft wissen nicht einmal die Hersteller so genau, was sich in ihren Produkten befindet, weil sie ein fertiges Duftgemisch einkaufen. Meist werden ätherische Öle aus Pflanzen extrahiert und bestehen nicht selten aus mehr als 100 verschiedenen Duftkomponenten, die noch dazu je nach Standort und Klima unterschiedlich sein können. So zeigten Analysen, dass von 120 Duftkomponenten im französischen Lavendel oft nur die Hälfte identisch ist mit denen eines Lavendels aus Afrika oder Südamerika. In 31 Proben von Parfümklassikern und -neuheiten fanden Analysten der Zeitschrift *Ökotest* nicht nur bedenkliche Inhaltsstoffe aller Art wie Pestizide und Insektizide, sondern auch umstrittene Düfte. »Bis auf drei Ausnahmen enthalten alle Parfüms Duftstoffe, die Allergien hervorrufen können.«

Welchen Umfang dieses Problem tatsächlich hat oder in der Zukunft annehmen wird, darüber streiten sich die Fachleute. Die einen sehen uns in wenigen Jahren zum Volk von multiplen Allergikern mutieren, die anderen finden, dass trotz des vielfältigen Einsatzes von Duft- und Riechstoffen die Erkrankungszahlen bei Kontaktallergien rückläufig sind. Manch einer zweifelt auch an der Vorgehensweise der Kollegen, wie der Dermatologe und Allergologe Reinhard Breit von der Universität München. Er kritisiert, dass Studien und ihre Ergebnisse oft schwer vergleichbar sind, weil die Randbedingungen nicht identisch sind. So werden eigene Patienten als Testpersonen ausgewählt, die schon wegen Kontaktallergien anderer Art behandelt werden. Oder die Studien weisen mathematische Fehler auf, ihre Ergebnisse sind nicht signifikant, oder sie untersuchen in Wirklichkeit gar nicht, was sie sollen. Denn wer kann schon sagen, ob es sich tatsächlich um eine Allergie handelt, wenn die Haut rot wird und juckt? Vielleicht ist es nur eine gewöhnliche Hautirritation, weil in allen Duftmixturen Alkohol verwendet wurde? Der Spezialist aus München kommt zumindest zu dem Schluss, »dass es so schlimm um die Sache mit den Düften und den Allergien gar nicht stehen kann«.

Dass die steigende Zahl von Allergien insgesamt Anlass zur Sorge ist, bestreitet hingegen niemand. Menschen reagieren allergisch auf Pollen und Hausstaubmilben, auf Hunde, Katzen oder andere Tiere, auf Pilze, Nahrungsmittel oder Insektengifte. Und eben auf Düfte. Aber wie wichtig Letztere als Auslöser wirklich sind, ist angesichts des immens gestiegenen Allergiepotenzials noch weitgehend unerforscht. Wenn sich in einem Körper über Jahre hinweg Allergene und Schadstoffe ansammeln, reagiert er plötzlich auch allergisch auf Duftstoffe. Vielleicht sogar auf solche, die er bis dahin immer gut vertragen hat. Dann kann man sie meiden, die Ursache des Übels ist damit aber nicht beseitigt.

Immerhin kennen wir inzwischen die EU-Liste der 26 Duftstoffe mit dem größten allergenen Potenzial. Seit dem Jahr 2005 müssen Kosmetika und Wasch- sowie Reinigungsmittel gekennzeichnet werden, wenn Duftsubstanzen darin bestimmte Konzentrationen überschreiten, doch ist diese Liste nicht unumstritten. So kritisiert Axel Schnuch, der bekannte Göttinger Allergologe, dass die genannten Düfte nicht in allen Fällen relevante Allergieauslöser sind, wie der Informationsverbund Dermatologischer Kliniken (IVDK) in einer Untersuchung an über 60 000 Patienten festgestellt hat. Er fand nur bei acht der Substanzen ein besonders hohes allergenes Potenzial, dafür identifizierte er andere, die nicht auf der Liste stehen, als problematisch.

Eine tickende Duftbombe ist – streng nach EU-Richtlinien bewertet – so manches Naturprodukt. Nicht nur die Orange enthält viel zu hohe Konzentrationen an allergenen Duftstoffen, auch das Eugenol in Gewürznelken, das Geraniol in Rosen oder das Citral im Zitronensaft sind für Allergiker das reinste Gift. Da ist persönliche Erfahrung gefragt. Wer immer wieder hochgradig allergisch auf Erdbeeren, Erdnüsse oder Lilien reagiert, wird sie natürlich meiden. Eine offizielle Deklaration ist dagegen dann sinnvoll, wenn allergene Inhaltsstoffe in Produkten enthalten sind, in denen man sie nicht gleich erkennt und gar nicht vermutet.

Eine duftfreie Welt hat es nie gegeben. Im Gegenteil: Früher stank es gewaltig. Nach Abfällen, nach Fäkalien, nach toten Tieren und nach Menschen ohne Bad und Waschmaschine. Heute leben wir in einer nie dagewesenen Kultur der künstlichen Beduftung. Und wir tragen selbst einen gehörigen Teil dazu bei. Wir verwenden Parfüms, um unsere Mitmenschen damit einzufangen und positiv für uns zu stimmen, Deos, Raumsprays und WC-Steine. Was können wir also tun? Wir können uns in einen Glassarg legen wie Michael Jackson, um zumindest vor den Düften anderer geschützt zu sein. Oder sparsam damit umgehen, denn die Nase gehört zu unseren empfindlichsten Sinnesorganen. Wenn wir dann noch versuchen, qualitativ hochwertige und natürliche Produkte zu verwenden, ist dies ein weiterer Schritt zum Wohlbefinden.

Ein Rosenöl von der Kirmes ist einfach zu billig, um gut zu sein. Um einen Tropfen natürliches Rosenöl zu erhalten, müssen mehr als 300 Blüten verarbeitet werden. Ein ganzes Fläschchen davon ist ein kostbarer Duftschatz. Massenprodukte dagegen enthalten synthetische Rosenimitate oder Naturstoffe, die in nahezu homöopathischen Dosen in Lösungsmitteln schwimmen. Die wiederum können unsere Haut, aber auch unseren Schmerznerv reizen. Dampft in einer Aromalampe billiges ätherisches Öl in wenig Wasser gelöst stundenlang vor sich hin, bis die Flüssigkeit immer dicker wird und schließlich als verkohlter Rest endet, können – ähnlich wie bei den beliebten Duftteelichtern oder Räucherstäbchen – zusätzlich sogar kanzerogene Stoffe und Konzentrationen von Düften in der Luft entstehen, die der *Nervus trigeminus* äußerst übel nimmt. Umgehend beschert er uns Kopfschmerzen, Übelkeit oder womöglich Atembeschwerden. Werden Parfüms und Duftstoffe direkt auf die Haut aufgetragen, können Rezeptoren für einige der Duftmoleküle (wie Nelken, Zimt) Reaktionen der Hautzellen auslösen. Sprühen Sie das Parfüm daher lieber auf die Kleidung, oder testen Sie es vorher auf Verträglichkeit.

Überhaupt nicht gesund ist das Beduften von Kindern unter sechs Jahren. Alle wissenschaftlichen Daten weisen darauf hin, dass sich unser Immunsystem und damit auch Allergien im Kindesalter etablieren. In ihren ersten Jahren sind Kinder besonders empfindlich für allergene Produkte. Zwar enthalten Kindershampoos und -cremes oft nur geringe Konzentrationen von Duftstoffen, in Parfüms dagegen werden teilweise sehr viel höhere Konzentrationen eingesetzt. Kinder brauchen aber weder parfümierte Kosmetikartikel noch Raumbeduftung – sie riechen von Natur aus gut. Salben auf pflanzlicher Basis sind ebenfalls mit Vorsicht zu verwenden, denn scheinbar harmlose Wirkstoffe wie Teebaumöl oder Arnikaextrakt können eine lebenslange Kontaktallergie verursachen.

Ob ein Produkt bei Ihnen eine Kontaktallergie auslöst, können Sie selbst testen. Tragen Sie es einige Tage lang auf den Unterarm auf. Wenn die Haut keine Reaktion zeigt, können Sie es ohne Bedenken verwenden. Sind Sie sich nicht sicher, wechseln Sie zu einer anderen Marke. Das Gleiche gilt für Haushalts- oder Waschmittel. Wenn Sie nicht wissen, welches der Übeltäter ist: alle absetzen und nacheinander wieder benutzen. Oder Sie entschließen sich, auf Duftstoffe ganz zu verzichten und fortan nur noch parfümfreie Kosmetika und Waschmittel zu benutzen. Was dann garantiert reizfrei, aber eben auch ziemlich reizlos wäre.

Die blinde Nase – Wie Riechstörungen entstehen und behandelt werden

Es war ein herrlicher Wintertag in den Schweizer Alpen. Nachts hatte es geschneit, morgens strahlte die Sonne vom wolkenlosen Himmel. Absolut nichts ließ das Unglück erahnen, das Thomas Tanner an diesem Tag geschehen sollte. Um zwei älteren Skifahrern auszuweichen, kam der 22-jährige Medizinstudent ein Stück von der Piste ab. Ein Fehler, der ihn fast das Leben gekostet hätte. Denn was aussah wie ein harmloses Waldstück mit Schneeverwehungen, entpuppte sich als felsiger Untergrund mit großen Steinen. Auf einen davon prallte Thomas mit dem Gesicht. »Im ersten Moment dachte ich nur, meine Nase ist weggeflogen«, erinnert er sich. Tatsächlich war sie fast abgerissen, das Siebbein zerstört, die Stirn zerschmettert. Per Hubschrauber wurde er ins Universitätskrankenhaus von Zürich geflogen, wo ihn mehrere Chirurgen zugleich operierten. Sein Leben konnten sie retten, nicht aber seinen Geruchssinn.

»Ich sollte im Krankenhaus immer viel trinken, aber alles schmeckte schrecklich langweilig und irgendwie gleich.« Süß, sauer, salzig und bitter konnte er schmecken, aber keinerlei Aroma. 25 Jahre sind seit dem Unfall vergangen. Thomas hat festgestellt, dass das Essen nicht ganz so fade ist, wenn er es stark würzt. Die Schärfe von Chili oder Senf kann er genauso wahrnehmen wie Zwiebeln – bei deren Zubereitung ihm wie anderen Menschen die Augen tränen – und Mentholbonbons. All diese Eindrücke liefert der *Nervus trigeminus*, unser Warn- und Schmerznerv, der auch bei Geruchsblinden intakt bleibt.

Noch etwas hat Thomas beobachtet: Statt des Geruchsinns haben sich andere Wahrnehmungen geschärft. »Ich habe ein Empfinden für muffige Räume und spüre die Luftfeuchtigkeit.« Wann er das Riechen besonders vermisst? Manchmal sehnt er sich danach, den Körpergeruch seiner Frau zu riechen, erinnert sich an die wunderbaren Düfte in einer Holzhandlung oder in einer Bäckerei und würde zu gern noch mal den Zweitaktergeruch seines alten Heinckel-Rollers in der Nase spüren – den Duft von Freiheit und Abenteuer. Aber als Arzt gebe es immerhin auch Vorteile: »Wenn mal wieder ein stinkender Patient in die Notaufnahme kommt, stört mich das nicht so wie die Kollegen.«

Ein etwas zynischer Scherz angesichts einer Diagnose, die einen lebenslangen Verlust an Lebensqualität bedeutet. Wir alle kennen das Gefühl nichts zu riechen aus Zeiten der Erkältung, machen uns aber keine großen Sorgen, weil wir wissen, dass dieser Zustand bald vorübergeht. Für Geruchsblinde dagegen sind die Aromen von Käse, Schokolade oder Rotwein für immer dahin. Genauso wie die herrlichen Düfte der Jahreszeiten – der erste Flieder, frisch gemähtes Gras, die Pilze im Herbst oder der Schnee, der sich in der kalten Winterluft ankündigt. Sogar Erinnerungen gehen verloren, wenn nie mehr der Duft des Tannenbaumes oder von Lebkuchen an die Kindheit erinnert und eine Brücke in die Vergangenheit schlägt. »Die Sinnenwelt ist irgendwie in Grau getaucht. Alles riecht und schmeckt grau«, schildert eine Patientin ihre Erfahrungen mit dem unsichtbaren Defizit, das viele Menschen bis zur Depression verzweifeln lässt.

»Als ich nichts mehr riechen konnte«, erzählt ein anderer Patient, »da war es, als sei ich plötzlich erblindet. Das Leben hat für mich viel von seinem Reiz verloren – man macht sich ja gar nicht bewusst, wie viel vom Geruch abhängt. Man *riecht* Menschen, man *riecht* Bücher, man *riecht* die Stadt … der Geruch bildet einen breiten unbewussten Hintergrund für alles andere. Meine Welt war mit einem Schlag viel ärmer geworden.«

Eines der größten Probleme für geruchsblinde Menschen ist die Unfähigkeit, Körpergerüche wahrzunehmen. Nicht nur, dass sie auf den ganz individuellen Duft eines geliebten Menschen verzichten müssen und damit auf die sexuelle Lust, die er erzeugen kann, sie haben auch keine Möglichkeit zu kontrollieren, wie sie selbst riechen. Stinke ich nach Schweiß? Habe ich schlechten Atem? Muss ich die Wäsche wechseln, den Pullover waschen? Eine 62-jährige Frau, die seit ihrer Geburt geruchsblind ist, beschreibt die Verunsicherung im Alltag: »Als junger Mensch habe ich viel geschwitzt und mich deshalb mindestens zweimal am Tag umgezogen. Auch während ich im Büro gearbeitet habe. Stets aus Angst, es könnte riechen. Und noch heute wechsle ich meine Kleidung beim Kochen oder wenn ich das Haus verlasse. Meine Höschen wechsle ich zweimal am Tag, manchmal sogar ein drittes Mal zur Nacht. Ich habe vielleicht einen Minderwertigkeitskomplex, der auch vor der Bettwäsche nicht haltmacht, besonders im Sommer. Und ich lüfte viel, rund um die Uhr, weil ich immer Angst habe, die Luft könnte schlecht sein.«

Mit dem Schicksal der Geruchsblindheit leben weit mehr Menschen als bisher angenommen, wie eine aktuelle Studie von Medizinern der Universitäten Münster und Dresden zeigt. Untersucht wurden 1300 zufällig ausgewählte Männer und Frauen im Alter zwischen 25 und 75 Jahren. Knapp vier Prozent von ihnen konnten überhaupt nichts riechen. Bei 18 Prozent der Teilnehmer stellten die Wissenschaftler eine verminderte Riechfähigkeit (Hyposmie) fest; diese Probanden konnten zwar alles riechen, brauchten dazu aber viel höhere Duftkonzentrationen als Normalriechende. Bei den 35- bis 44-Jährigen waren darunter dreimal so viele Männer wie Frauen. Womit sich einmal mehr bestätigt: Frauen können besser riechen. Übrigens: Die häufige Annahme, dass Rauchen den Geschmackssinn beeinträchtigt, konnte die Studie nicht bestätigen. Nur Kettenraucher, die mehr als 20 Zigaretten pro Tag rauchen, riskieren, beide Sinne lahmzulegen. Doch auch denen hilft die Natur mit ihrem Regenerationsvermögen: Sobald sie mehrere Wochen clean sind, riecht und schmeckt alles wieder wie früher.

Die häufigste Ursache für Riechstörungen ist das Alter. Bei den über 80-Jährigen beträgt das Riechvermögen lediglich noch etwa 20 Prozent eines gesunden jungen Menschen und bei 90-Jährigen sogar nur noch zehn Prozent. Teilweise sind daran die Stammzellen schuld, die mit der Zeit immer leistungsschwächer werden und die Riechzellen nicht mehr vollständig ersetzen können. An zweiter Stelle folgen Erkrankungen der Nase: Polypen, Entzündungen oder Allergien, aber vor allem virale Infekte. Was sich wie ein normaler Schnupfen anfühlt, entpuppt sich immer häufiger als Virusinfektion, die zu einem anhaltenden Riechverlust führt. Der Schnupfen geht, aber der ewig gleiche Geschmack bleibt. Wie kann das sein, wo doch unsere Riechzellen alle vier Wochen komplett erneuert werden? Eine Erklärung dafür sehen Wissenschaftler darin, dass es aggressiven Viren gelingt, nicht nur die Riechzellen zu schädigen, sondern auch unsere Stammzellen.

Unfälle sind ebenfalls eine wesentliche Ursache für Riechverlust, besonders Autounfälle. Ein Aufprall des Kopfes gegen die Windschutzscheibe oder ein Schleudertrauma können dazu führen, dass das Siebbein mit den winzigen Poren zerstört wird und die feinen Nervenverbindungen abreißen. Das Gleiche kann bei Stürzen auf den Hinterkopf passieren, zum Beispiel beim Skaten, Reiten, Fahrradfahren oder einfach nur, wenn man auf der Kellertreppe ausrutscht. Häufig bleiben diese Menschen für immer ohne Geruchssinn, weil zwischen nachwachsenden Riechzellen und Riechhirn keine Verbindung mehr entstehen kann.

Meistens verläuft ein Riechverlust jedoch schleichend. Bei vielen neurogenerativen Erkrankungen wie Alzheimer oder Parkinson gehören Beeinträchtigungen des Geruchssinns zu den ersten messbaren Symptomen. Nur etwa die Hälfte aller

Parkinson-Patienten leiden unter Schüttellähmungen, hingegen über 90 Prozent unter nachlassendem Riechvermögen. Deshalb werden inzwischen Teststäbchen, die alltägliche Gerüche wie Leder, Zimt oder Pfefferminze verströmen, zur Früh- und Verlaufsdiagnose dieser Krankheiten eingesetzt.

Manche Menschen sind auch ohne erkennbare Ursache von einem partiellen Riechverlust betroffen. Zwar besitzen alle Bewohner dieser Erde, ob Europäer, Asiaten oder Urstämme aus Papua-Neuguinea, die gleichen 350 Typen von Riechrezeptoren, doch treten durch Vererbung statistische Schwankungen auf, die kleine Unterschiede bewirken.

Ganz zufällig können einige Menschen also bestimmte Düfte nicht riechen. Ohne Riechtest fällt das meistens gar nicht auf, weil natürliche Düfte oder Parfüms aus komplexen Duftmischungen bestehen und man nicht merkt, wenn einer fehlt. Außerdem kann derselbe Duft oft nicht nur einen unserer 350 Rezeptortypen, sondern verschiedene aktivieren, sodass er über die »Ersatzrezeptoren« doch erkannt wird. Bei manchen Duftstoffen klappt das nicht, sie scheinen Unikate unter den Rezeptoren zu haben. So riechen zum Beispiel ein Drittel der Menschen kein Isobutanal, das charakteristisch für Malzgeschmack ist. Natürlich können solche Menschen trotzdem Malzgeruch wahrnehmen, da er sich aus vielen Komponenten zusammensetzt, aber eben etwas anders als »Normale«, ohne es zu bemerken. Rund ein Fünftel aller Menschen sind geruchsblind für Pyrrolin, das den Spermageruch charakterisiert, und sogar fast die Hälfte nehmen Androstenon nicht wahr, den im menschlichen Schweiß und Urin vorkommenden Duft.

Ein besonderer Fall von Riechstörung ist die Kakosmie, bei der ein Patient nach einem Riechverlust plötzlich Tag und Nacht von üblen Gerüchen begleitet wird. Ein früherer Universitätskollege bat mich (Hanns) deshalb um ein Gespräch. Als er in mein Büro kam, erschrak ich sehr, denn er hatte stark an Gewicht verloren. Er erzählte mir, dass im Jahr zuvor ein Virus sein Riechvermögen hinweggerafft habe. In den letzten Monaten sei alles sogar noch schlimmer geworden, weil alltägliche Getränke wie Bier, Kaffee oder Orangensaft plötzlich wie Benzin oder Lösungsmittel schmeckten. Dies war auch der Grund seiner starken Gewichtsabnahme: Er war kaum mehr in der Lage, genügend Flüssigkeit und Nahrung zu sich zu nehmen – aus Ekel vor dem benzinartigen Gestank. Eine mögliche Erklärung für das Phänomen könnte die Regeneration einiger weniger der 350 Zelltypen in unserer Nase sein, nämlich genau derjenigen, die für Benzin- und Lösungsmittelgeruch zuständig sind. Und da im Bier-, Kaffee- und Weinaroma winzige Spuren dieser benzinartigen Moleküle vorhanden sind, schmecken und riechen diese Getränke nach Lösungsmitteln, wenn man sonst nichts wahrnehmen kann. In so einem Fall hilft manchmal nur ein Veröden der Nasenschleimhaut, um gar nichts mehr zu riechen. Auch mein Kollege entschied sich schließlich schweren Herzens dafür.

Beim überwiegenden Teil der Patienten ist diese »Miefperiode« erfreulicherweise nur ein Zwischenstadium auf dem Weg der Gesundung. Bei ihnen kehrt nach und nach der komplette Geruchssinn zurück, und sie können wieder so gut riechen wie vorher. Dieser Prozess kann allerdings Wochen oder Monate dauern und auch durch Medikamente oder Vitamine nur wenig beschleunigt werden.

Bei manchen Patienten mit dauerhafter Schädigung hilft Cortison, dies kann aber wegen seiner schweren Nebenwirkungen nicht langfristig eingesetzt werden. So gibt es Patienten, die sich jedes Jahr vor ihrem Urlaub den Luxus einer Dosis Cortison leisten. Innerhalb von einem Tag können sie wieder riechen und während ihres Urlaubs das Essen und Trinken genießen wie in alten Zeiten. Nach zwei bis drei Wochen lässt die Wirkung nach, und sie sind wieder geruchsblind – bis zum nächsten Jahr.

Bei Erkrankungen der Nasenschleimhaut, wie Polypen oder anatomischen Verengungen, hilft meistens eine operative Therapie, bei unfallbedingten Schädigungen ist sie immerhin in etwa 30 Prozent erfolgreich. Auch durch regelmäßige Riechübungen von ein paar Minuten morgens und abends lassen sich erstaunliche therapeutische Erfolge erzielen. Mit einem ähnlichen Training schulen Firmen, die auf professionelle Supernasen angewiesen sind, die Riechfähigkeit ihrer Mitarbeiter. Natürlich müssen die Bewerber dafür schon eine einschlägige Begabung mitbringen.

Kann man einen Menschen so trainieren, dass er wie ein Hund Duftspuren erschnüffeln kann? Das wollten kalifornische Wissenschaftler wissen und starteten ein spektakuläres Experiment. Sie staffierten ihre Versuchspersonen mit Augenmasken, Ohrenschützern, Handschuhen sowie Knie- und Ellenbogenschonern aus. Auf allen vieren sollten die Kandidaten über eine Rasenfläche kriechen und dabei allein ihrer Nase folgen. Als Duftspur diente eine Schnur mit feinem Schokoladengeruch. Die erste interessante Entdeckung war: Drei Viertel der 32 Probanden konnten der Spur auf Anhieb folgen. Sie machten es übrigens wie die Hunde und erschnüffelten sich den richtigen Weg in der charakteristischen Zickzackbewegung, damit die Nase sich nicht an den Duft gewöhnte. Zur Kontrolle mussten sie dieselbe Prozedur noch einmal mit Nasenkneifer durchlaufen, und siehe da: Wenn sie nur durch den Mund atmeten, fand keiner von ihnen die Schokostrecke.

Dann wollten die Forscher wissen, welchen Einfluss das Üben auf den Schnüffelerfolg hat. Zwei Männer und zwei Frauen wiederholten das Experiment an drei Tagen jeweils dreimal. Am Ende brauchten sie für die zehn Meter lange Strecke nur noch halb so lange wie am Anfang, das Training hatte ihre Leistung also ganz wesentlich verbessert. Auffallend schlecht schnitten übrigens diejenigen ab, denen man ein Nasenloch verstopfte. Die Forscher sahen darin eine Bestätigung ihrer These, dass Menschen Gerüche lokalisieren können, wenn sie beide Nasenlöcher benutzen. Eine Behauptung, die in der Fachwelt seit Jahrzehnten umstritten ist. Viele Forscher stehen auf dem Standpunkt, das Richtungsriechen sei ausschließlich Tieren vorbehalten oder nur mit dem *Nervus trigeminus* möglich.

Während die meisten Menschen sich über einen feinen Geruchssinn freuen, bereitet er anderen Probleme. Von Schwangeren wissen wir, dass sie manches viel intensiver riechen, selbst bis dahin angenehme und vertraute Gerüche werden so übermächtig und eklig, dass sie zu Übelkeit und Erbrechen führen. Doch genauso kann das Gegenteil passieren: Rund ein Drittel der schwangeren Frauen erlebt Düfte weniger intensiv, weil die Nasenschleimhaut aufgrund der vielen Hormone anschwillt. Auch durch Stoffwechselkrankheiten oder Tumore können solche Effekte hervorgerufen werden. Andere Krankheiten, wie zum Beispiel die Schizophrenie, können zu ungewohnten Geruchserlebnissen und sogar Geruchshalluzinationen führen. Die Patienten glauben dann womöglich, am Essen den Schweißgeruch des Kochs zu erkennen oder die Gefühle und Gedanken ihrer Mitmenschen an Gerüchen ablesen zu können. Ähnliche Halluzinationen können Menschen ereilen, die ihr Gehirn mutwillig mit Drogen umnebeln und sich unversehens zwischen lauter seltsamen Gerüchen wiederfinden, statt einfach auf bunten Wolken dahinzuschweben.

Vielleicht fragen Sie sich nach all den Schilderungen von Riechstörungen: Wie steht es eigentlich um meine eigene Nase? Funktioniert sie, wie sie soll? Oder bin ich eher der Blindfisch unter den Geruchskünstlern? Am Ende dieses Buches haben Sie Gelegenheit, Ihr Geruchsvermögen zu testen, und wir sagen Ihnen, wie Sie es trainieren können. Sie brauchen dazu nur ein paar alltägliche Utensilien und ein bisschen Zeit.

Stinken wie die Pest. Krankheiten und ihr Geruch

In einem Pflegeheim im amerikanischen Bundesstaat Rhode Island lebt ein grauweißer Kater namens Oscar, der das medizinische Personal mit einer besonderen Fähigkeit fasziniert: Er scheint den nahenden Tod riechen zu können. Dann legt er sich neben den Patienten und weicht nicht mehr von seiner Seite. In 25 Fällen traf Oscars »Vorhersage« bislang zu. Das Pflegepersonal ist inzwischen dazu übergangen, die Angehörigen zu verständigen, wenn sich der Kater bei einem Patienten niederlässt. Denn das bedeutet in der Regel, dass der Kranke noch weniger als vier Stunden lebt. »Er macht nicht viele Fehler. Er scheint zu verstehen, wenn Patienten im Sterben liegen«, erklärt David Dosa, Facharzt für Altersheilkunde und Medizinprofessor an der Brown-Universität in Providence, der das Phänomen in einem Wissenschaftsjournal beschrieb. »Viele Angehörige finden Trost darin, dass die Katze ihrem sterbenden Familienmitglied Gesellschaft leistet«, sagt Dosa, und sie sind froh, rechtzeitig gerufen zu werden, um sich von ihren Lieben verabschieden zu können. Im Sommer 2007 wurde Oscar mit einer Wandplakette für seine »mitfühlende Hospiz-Pflege« geehrt.

Tiere mit ihrer feinen Nase können Gerüche wahrnehmen, die der Mensch nicht riecht oder zu riechen verlernt hat. Der herannahende Tod sendet einen ganz typischen Geruch aus, das beobachten bisweilen auch Menschen, die Sterbende begleiten: leicht süßlich, was von der bereits beginnenden Zerstörung der Körperzellen herrührt. Auf dem Land, wo Tote bis zur Bestattung zu Hause aufgebahrt werden, kann man diesen Verwesungsgeruch noch heutzutage wahrnehmen. In der Stadt dagegen stirbt man im Krankenhaus, und da riecht es nach Putzmitteln und sterilen Reinigungslösungen, nicht nach Tod, was man nicht unbedingt bedauern muss. Auch bei der Diagnostik von Krankheiten verlassen sich moderne Ärzte nicht mehr auf ihre Nase, sondern auf hoch spezialisierte Analysetechnik. Das Schnuppern und Schnüffeln ist schließlich eine sehr intime Art der Untersuchung und nicht jedermanns Sache. Das war früher ganz anders.

Von der ältesten überlieferten Plage der Menschheit hat sich bis heute eine Redensart gehalten: Das stinkt wie die Pest. Wobei die Pest selbst zwar ekelhafte Eiterbeulen mit sich brachte, der bestialische Gestank, der sie umgab, aber eher auf die hoffnungslos überfüllten Krankensäle mit ihren fauligen Strohmatratzen, auf die verdreckten Latrinen und die in den Straßen verwesenden Leichenberge zurückzuführen ist, die diese Krankheit binnen kurzer Frist produzierte. Viele Krankheiten senden dagegen selbst Geruchssignale aus, die den alten Ärzten Aufschluss über das Leiden ihres Patienten gaben und es heute immer noch tun, wenn man sie denn zu deuten weiß. So riecht der Atem eines schwer Zuckerkranken nach Äpfeln, weil durch den gestörten Zuckerabbau eine große Menge Apfelsäure entsteht. Riecht ein Patient am ganzen Körper nach Ammoniak, weiß ein kundiger Arzt: Hier liegt eine Erkrankung der Leber vor. Ein penetranter Zersetzungsgeruch kommt häufig durch einen Lungenabszess zustande, während schwere Nierenerkrankungen einen urinartigen Körpergeruch hervorrufen.

Manche Ärzte waren wahre Meister auf diesem Gebiet. Sie wussten, dass Masern wie gerupfte Federn riechen, Scharlach nach gemähtem Gras und Pocken wie ein Raubtierkäfig von innen. Wenn der saure, milchige Geruch von Wöchnerinnen zu stinken beginnt, hieß es, kündigt sich das Milchfieber an. Lungenkrankheiten und Krebs sind oft von fauligen Dünsten begleitet, hingegen verströmen Typhuspatienten einen überraschend angenehmen Duft nach frischem Brot. Selbst psychische Krankheiten lassen sich mit der Nase aufspüren. So hat man festgestellt, dass manche Schizophrenie-Patienten ziemlich penetrant riechen. Die Ärztin Kathleen Smith vom Molcolm-Bliss-Krankenhaus in St. Louis, Missouri, fand heraus, dass der unangenehme Geruch sich verstärkte, wenn die Patienten sehr krank sind, und schwächer wird, wenn sich ihr Zustand wieder bessert. Was zu der Frage führt: Sind womöglich auch am Ausbruch von Schizophrenie Störungen des Stoffwechsels schuld?

Schon bei Neugeborenen und Babys gibt es seltene Stoffwechsel-Erbkrankheiten, die sich an ihrem Geruch erkennen lassen. Die Ahornsirupkrankheit (Leuzinose) ist sogar danach benannt: Der Urin dieser Babys riecht nämlich nach Ahornsirup. Die Kinder erben eine Störung im Aminosäurestoffwechsel, die schon in der ersten Lebenswoche zu Krämpfen und später zu Hirnschäden führt, wenn sie nicht behandelt wird. Eine ähnliche Ursache liegt vor, wenn Neugeborene nach Schweißfüßen riechen. Auch dann läuten bei Ärzten die Alarmglocken. Doch keine Angst, wenn Sie ein Kind erwarten: Sie sind nicht auf die gute Nase des Arztes angewiesen. Beim routinemäßigen Stoffwechselscreening, dem Standardprogramm nach der Geburt, wird das Baby auf diese Krankheiten untersucht.

Dass Körper-, Mund- und Uringerüche Aufschluss über den gesundheitlichen Zustand eines Menschen geben, berücksichtigen heutzutage noch Ärzte, die mit ganzheitlichen Methoden wie Homöopathie, TCM – der traditionellen chinesischen Medizin – oder nach ayurvedischer Tradition behandeln. »Ein auffälliger Geruch ist fast immer ein Hinweis auf innere Hitze«, heißt es in der TCM-Lehre. Danach können Patienten zum Beispiel sauer, verbrannt, süß, scharf oder faulig riechen. Entsprechend wird nicht nur eine Krankheit diagnostiziert, sondern eine Konstitution.

Die ayurvedische Medizin beschreibt drei Lebensenergien, die sich im Idealfall im Gleichgewicht befinden, in der Wirklichkeit aber mehr oder weniger unterschiedlich verteilt sind. Zu starke Abweichungen führen zu Krankheiten. Der nervöse und erschöpfte Vata-Patient produziert sehr wenig geruchlosen Schweiß und wenig schwach riechenden Urin. Wohingegen der energiereiche Pita-Typ, der zu Bluthochdruck und Magenleiden neigt, viel stark riechenden Schweiß und ebenso stark riechenden Urin von sich gibt. Der Kapha-Typ wiederum ist liebevoll, aber träge, neigt zu Diabetes und Asthma und schwitzt viel, wobei sein Schweiß wie auch der Urin nicht stark riecht.

Duftspezialisten der besonderen Art sorgten kürzlich in Kalifornien für Schlagzeilen: Fünf Hunde – drei Labradore und zwei portugiesische Wasserhunde – erwiesen sich als effektives Frühwarnsystem für Krebspatienten. Ein Forscherteam hatte sie drei Wochen lang darauf trainiert, anhand von Atemproben Brust- und Lungenkrebs zu erkennen: Immer wenn die Hunde die für Krebszellen typischen Stoffwechselprodukte erschnüffelten, bekamen sie eine Belohnung. Anschließend ließen die Wissenschaftler 31 Patienten mit Brustkrebs, 55 mit Lungenkrebs und 83 gesunde Menschen in Plastikröhrchen pusten. Bei den Kranken war der Krebs erst kurze Zeit zuvor diagnostiziert worden. Als die Hunde an den Atemproben schnupperten, erzielten sie Trefferquoten, die selbst die Ärzte erstaunten: Mit 99-prozentiger Sicherheit fanden sie die Patienten mit Lungenkrebs, zu 88 Prozent diejenigen mit Brustkrebs.

Im ersten Fall waren die Hundeschnauzen also fast genauso gut wie aufwendige Labortests oder die Computertomografie, im zweiten Fall erreichten sie fast die Zuverlässigkeit einer Mammografie. »Wir waren total überrascht von dem guten Ergebnis«, sagt der leitende Arzt Michael McCulloch. Schon in früheren Studien hatten Hunde die Forscher mit der Sensibilität ihrer Schnauzen verblüfft. Einem britischen Forscherteam war es gelungen, sieben Hunde verschiedener Rassen so zu trainieren, dass sie Blasenkrebspatienten durch Riechen an deren eingetrockneten Urinproben von gesunden Probanden unterscheiden konnten. Ein besonders begabter Schnauzer namens George konnte nach nur wenigen Monaten Übung sogar sechs von sieben Gewebeproben mit schwarzem Hautkrebs identifizieren.

Werden wir also über kurz oder lang in jeder Praxis auf haarige Assistenten stoßen, die an unseren Muttermalen schnüffeln und mehr oder weniger diskret Auskunft über unsere Ausdünstungen erteilen? Das wohl eher nicht, denn dazu sind selbst trainierte Hunde einfach zu launisch und unzuverlässig. Sie lassen sich nicht nur durch Wurstbrote von der Arbeit ablenken, sondern auch durch ein zu starkes Rasierwasser, sie halten sich an keine festen Arbeitszeiten und ihre Tagesform schwankt erheblich. Aber sie haben eines bewiesen: dass Krebszellen bestimmte flüchtige und duftende Substanzen produzieren, deren Muster in der Atemluft nachzuweisen sind. Und sie haben die Forschung damit auf die Idee gebracht, das Prinzip »Hundeschnauze« nachzubauen und eine elektronische Nase zu erfinden, die alle Vorteile der feinen Tiernase ohne deren Nachteile bietet. Noch sind solche Sensoren Zukunftsmusik, aber in nicht allzu ferner Zeit ist sicher mit Erfolgen der Wissenschaftler auf diesem Gebiet zu rechnen.

Orangenduft und Himmelsluft: Aromatherapie, Wellness und mehr

Sie haben Angst vorm Zahnarzt? Allein der Gedanke an Bohrer und Spritze treibt Ihnen den kalten Schweiß auf die Stirn? Da sind Sie in allerbester Gesellschaft. Rund 70 Prozent aller Deutschen reicht schon der typische Geruch nach Desinfektionsmitteln und Medikamenten, um schlimmste Visionen von Folter und Pein zu beschwören. In der Bochumer Praxis von Gabriele Marwinski müssen sich die Patienten weniger fürchten als anderswo, denn sie werden mit dem Duft von frischen Orangenschalen beruhigt. Mit dem Thema »Angstfreie Praxis« kennt die Zahnärztin sich aus, sie hat darüber bei dem bekannten Experten für Zahnarztphobien Hans-Peter Jören promoviert und an einer großen Studie der Universität Wien mitgearbeitet. Dabei wurde untersucht, welche Wirkung es auf Patienten hat, wenn das Wartezimmer nach Orangen oder Lavendel riecht. Das Ergebnis: Patienten hatten unter dem Eindruck der ätherischen Öle deutlich weniger Angst vor einer Behandlung.

Viele von ihnen haben als Kinder oder Jugendliche beim Zahnarzt ein Trauma erlitten und werden durch den für Zahnarztpraxen typischen Geruch CCP (Chlor-Campher und Phenol) immer wieder daran erinnert. Das Orangenöl kann ihn offenbar überdecken und so den konditionierten Reiz ausschalten, der den Zahnarztgeruch jahrelang mit Angst und Schmerz gleichsetzte.

Eine Verbesserung der Stimmung und Entspannung konnte auch Matthias Laska von der Universität München in seiner Studie feststellen. Schon in geringsten Konzentrationen beruhigten Orangen- und Lavendelduft die Probanden. Der Inhaltsstoff in ätherischen Ölen aus Zitrusschalen und -blüten, der für Entspannung und Entkrampfung sorgt, hat den zungenbrecherischen Namen Methylanthranilsäure. Aber Achtung: Nur naturreines Orangenaroma fördert die angenehme Atmosphäre. Die Düfte dürfen auf keinen Fall zu stark dosiert werden, sie wirken bereits an der Wahrnehmungsgrenze.

Diese Erfahrung kann ein Reisender am Frankfurter Flughafen auch ganz ohne Zahnarztbesuch machen. Er braucht nur vom Lufthansa-Auslands- in das Inlandsterminal zu wandern. Der direkte Weg führt durch eine riesige, 270 Meter lange Röhre, doch jahrelang nahmen Passagiere weite Umwege auf sich – der Tunnel machte ihnen offenbar Angst. Erst als der etwa achtminütige Aufenthalt darin mit Musik und spezieller Beleuchtung untermalt wurde, begannen die Fluggäste, sich mit ihm anzufreunden. Doch attraktiv machte ihn dann der richtige Duft, ein Design aus naturreinen ätherischen Ölen, dem es mit einem Hauch von Frühling offenbar gelingt, das Aufkommen beklemmender Gefühle zu verhindern. Die präzise Choreografie von audiovisuellem Erlebnis und entspannenden Düften bescherte der ehemals ungeliebten Verbindung einen deutlichen Anstieg der Besucherzahlen. Und immer wenn die Belüftung zum Service mal abgeschaltet werden muss, so wird berichtet, benutzen sofort viel weniger Fluggäste den Tunnel.

Ätherische Öle sind Duftstoffe, die in den Blüten, Blättern oder Wurzeln von Pflanzen eingelagert sind. Pflanzen schützen sich damit vor Krankheiten, extremer Kälte und Hitze sowie vor Austrocknung. Und manche Öle können noch viel mehr, sie ähneln nämlich in ihrer Struktur den Hormonen und Vitaminen. Wie diese Stoffe unterstützen sie die Fruchtbarkeit, indem sie die Bildung von Samen fördern, aber sie erleichtern auch die Ausscheidung von Giftstoffen und können Keime, Viren und Bakterien abtöten oder sind gegen Pilze wirksam. Letzteres fanden vor Kurzem Wissenschaftler heraus, als sie sich fragten, warum bestimmte Frauen im Orient nie an Pilzerkrankungen leiden. Das überraschende Ergebnis: Traditionell stellen sich dort manche Frauen mit ihren langen Röcken so lange über Räucherschalen mit Weihrauch und Myrrhe, bis der Rauch durch den Stoff nach außen dringt. Diese tägliche Prozedur bewahrt sie vor Infektionen. Einige ätherische Öle sind hingegen giftig, vor allem die Alkaloide. Jedes Jahr sterben mehrere Tausend Menschen am Genuss von Pflanzen, die diese Stoffe enthalten, wie zum Beispiel die Tollkirsche, die Herbstzeitlose oder der Schierling, berühmt-berüchtigt durch den »Schierlingsbecher«, den Sokrates leeren musste.

Der Mensch kennt und nutzt die Wirkung von Düften seit Jahrtausenden. Manche ätherischen Öle werden beim Berühren oder Zerreiben freigesetzt, wie man beim Streichen über einen Thymianbusch oder beim Reiben frischer Minze sofort riechen kann. Andere Öle verflüchtigen sich erst, wenn man die Wurzeln anschneidet, wie beim Ingwer oder beim gelben Enzian.

Doch auch die Destillierkunst war schon früh bekannt. Archäologen entdeckten ein Destilliergerät in einem 5000 Jahre alten Grab in Mesopotamien.

Die Aromatherapie zählt zu den ältesten überlieferten medizinischen Anwendungen. Schon im frühen Altertum dienten Wohlgerüche nicht nur als Opfer für die Götter, sondern man reinigte auch den eigenen Körper damit. Im Mittelalter waren Kräuterfrauen die Experten der Pflanzenwelt – nicht immer zu ihrem Vorteil, wie man weiß. Die unerklärliche Wirkung ihrer Arzneien machte sie in den Augen der Kirchenführer zu Komplizen des Teufels, und nicht selten endeten sie als Hexen oder Ketzerinnen auf dem Scheiterhaufen.

Als die Destillierkunst perfektioniert wurde, entstanden ganze Aroma-Industrien. Den Namen »Aromatherapie« erfand der Lyoner Chemiker René Maurice Gattefosse im Jahr 1936. Er hatte nach einem schweren Laborunfall seine verletzten Hände spontan in reines Lavendelöl getaucht und dadurch zufällig dessen Heilkraft entdeckt. Nach diesem Vorfall entwickelte er eine umfassende Heilkunde mit ätherischen Ölen.

Damals wie heute werden ätherische Öle am schonendsten durch die Destillation mit Wasserdampf gewonnen. Das Pflanzengewebe quillt im heißen Wasser auf, die Öle werden mit dem Dampf freigesetzt und schlagen sich beim Abkühlen nieder. Ein Verfahren, das ganz schön mühsam sein kann und erklärt, warum manche Öle so teuer sind und ein Liter reines Rosenöl rund 20 000 Euro kosten kann. Eine andere uralte Methode, vor allem bei sehr empfindlichen Blüten angewandt, ist die Extraktion mithilfe tierischer Fette, wie sie im Roman »Das Parfum« benutzt wird, um den Körperduft der toten Mädchen einzufangen (Abbildung 13). Sie findet wegen ihres aufwendigen und teuren Verfahrens heute kaum mehr Verwendung. Stattdessen gewinnt man etwa 80 Prozent der Blütenöle durch Extraktion mit flüchtigen Lösungsmitteln. Öle minderwertiger Qualität werden gern auch mit solchen Lösungsmitteln oder durch den Zusatz synthetischer Aromastoffe gestreckt.

Man unterscheidet auch hier, genau wie bei den Lebensmitteln, zwischen naturreinen, naturidentischen und synthetischen Ölen. Naturreine sind chemisch nicht verändert, durch schonende Verfahren aus reinem Pflanzenmaterial gewonnen, und nur sie sollten in der Therapie zur Anwendung kommen. Doch sind auch diese hochwertigen Extrakte nicht vollständig identisch mit der Aromazusammensetzung in der Pflanze. Schon die Erhitzung auf 100 Grad verändert manche Moleküle und damit den Charakter des ätherischen Öls. Daneben kann man naturidentische Öle erhalten, die aus Stoffen zusammengesetzt sind, die zwar in der Natur vorkommen, jedoch im Labor zusammengemischt wurden. Bei sehr guten Qualitäten wird versucht, exakte Kopien der Naturprodukte herzustellen. Der Duft ist oft nur schwer zu unterscheiden, die Wirkung häufig ähnlich, aber es gibt noch viel zu wenig wissenschaftliche Experimente, bei denen die Wirkungen vergleichend untersucht wurden. Synthetische Öle bestehen aus ganz neuen, im Labor konstruierten Molekülen, die es in der Natur nicht gibt. Sie werden meist nur in der Duftstoffindustrie verwendet und sollten nicht bei der Aromatherapie zum Einsatz kommen. Wie man einen guten Duft von einem schlechten unterscheiden kann? Oft ganz einfach: am Preis.

Zu den beliebtesten und wissenschaftlich am besten untersuchten Wirkungen von ätherischen Ölen gehört ihre Anwendung in der Bädertherapie. Was gibt es Schöneres, als an einem nasskalten Wintertag nach Hause zu kommen, die eisigen Füße und den gestressten Körper in eine Wanne mit warmem Wasser zu legen und den Duft von Lavendel, Zitronenmelisse oder Latschenkiefer zu genießen? Da muss man lange überlegen. Die Aromastoffe ätherischer Öle werden über die gesamte Hautoberfläche aufgenommen, durch die Atemluft in Nase und Lungen transportiert und damit vom Blut in unserem ganzen Körper bis hinauf ins Gehirn verteilt, von wo sie uns Wärme und Wohlbefinden, Entspannung und Beruhigung vermitteln. Muskatellersalbei im Badewasser wirkt entspannend und krampflösend, Melisse wärmt und beruhigt, Eukalyptus oder Minze machen unsere Atemwege frei und lösen den Schleim, Rosmarin und Zitrusöl regen den Kreislauf an, während Lavendel den Blutdruck senkt und Schmerz stillt.

Überhaupt der Lavendel. Er ist ein Alleskönner, der Superstar unter den Heilpflanzen. Gerade erst wurde er wieder gewürdigt und vom Naturheilverein Theophrastus zur Heilpflanze des Jahres 2008 gewählt. Nicht allein, weil er in unserer lauten und hektischen Zeit als Nervenkräutlein bei Schlafstörungen, Nervosität und Krämpfen hilft. Seine beruhigende Wirkung kann Kopfschmerzen und Migräne lindern, bei nervösem Magen und Kreislaufschwäche helfen und er wird sogar gegen Asthma und Herzbeschwerden eingesetzt. Ob als Tee, Öl oder Kräuterkissen – er riecht auch noch gut und vertreibt die Motten aus dem Schrank. Bei pharmakologischen Untersuchungen an den Universitäten von Wien und Sizilien wurden die Wirkungen seines Inhaltsstoffs, des Linalools, bestätigt, man entdeckte sogar, dass Linalool in höheren Dosen einschläfernd wirkt. Was selbst die Forscher überraschte: Die Duftmoleküle gelangten über das Blut in wenigen Minuten ins Gehirn. Sind Riechstoffe also sogar Psychopharmaka? Dafür spricht vieles, sagt die Wissenschaftlerin Eva Heuberger von der Universität Wien. Sie fand heraus, dass die Duftstoffe selbst über die Haut aufgenommen die gleichen sichtbaren Spuren im Gehirn erzeugen wie über die Nase eingesogen.

In den Gehirnzellen üben die Lavendelmoleküle vermutlich eine dämpfende Wirkung auf die wichtigsten erregenden Rezeptoren (NMDA-Kanäle) aus. Die Versuchspersonen fühlten sich wohl und berichteten von deutlich weniger Angstzuständen. Das Ergebnis dieser Studie »könnte ein erster Schritt zum bewussten therapeutischen Einsatz von Düften sein«, fasst Heuberger zusammen.

Macht das den Lavendel so einzigartig? Dass er »nervöse« Rezeptoren beruhigt? Wie verläuft überhaupt der molekulare Wirkungsmechanismus von ätherischen Ölen? Diesen Fragen waren wir schon seit Längerem auf der Spur. In unserem Labor in Bochum führten wir ähnliche Experimente, die andere mit Lavendel machten, mit den Inhaltsstoffen von Jasmin durch, aber diesmal testeten wir den Effekt direkt an den Gehirnzellen. Dafür mussten wir natürlich unsere Ersatzmenschen benutzen, die Mäuse. Neugierig flitzten sie im Käfig herum, als wir mit unseren Duftschälchen ankamen. Doch es dauerte nur ein paar Minuten, bis sie träge wurden, sich in eine Ecke setzten und schließlich einschliefen. Wie sich herausstellte, war ein Inhaltsstoff des Jasmin- und Hopfenöls (Carveol) in der Lage, im Schlafzentrum des Mäusegehirns exakt die gleichen Andockstellen am Schlafrezeptor (GABA-Kanal) zu besetzen wie die schlafauslösende Substanz GABA (Gamma-Amino-Buttersäure). Deren Wirkung konnte Carveol 100fach verstärken – nach dem gleichen Prinzip wirkt übrigens Valium. Für diese interessanten neuen Befunde der Wirkung von ätherischen Ölen erhielten wir den Erfinderpreis 2006 der Ruhr-Universität Bochum.

Die nachweisbaren Erfolge der Aromatherapie haben inzwischen dazu geführt, dass sie sogar in den heiligen Hallen der Schulmedizin akzeptiert wird. Keimtötende Wirkung haben vor allem Phenole, Bestandteil von beispielsweise Thymian, Eukalyptus und Rosmarin. Bei dem ätherischen Öl der Myrtenpflanze stellte man sogar eine starke Wirkung auf den für viele Krankenhäuser problematischen Erreger *Staphylokokkus aureus* fest, die inzwischen in mehreren Studien bestätigt wurde. Im Münchner Universitätsklinikum kommen ätherische Öle zum Einsatz, wo hartnäckige Wunden sich entzündet haben und trotz der üblichen Medikamente nicht heilen wollen.

Vorzugsweise werden die Öle jedoch verwendet, wenn man schonend behandeln will, zum Beispiel bei der Geburt. Schon während der Schwangerschaft helfen entspannende Düfte aus Limetten, Rosmarin und Sandelholz der Frau gegen Übelkeit und Kreislaufschwäche. Später massiert sie den Damm mit Rose, Johanniskraut und Nachtkerzenöl, um ihn geschmeidig zu machen. Für Harmonie im Kreissaal sorgen schließlich etwa Jasmin, Lavendel, Sandelholz, Rose und Ylang-Ylang. Um die Wehen zu fördern, empfehlen Hebammen eine Mischung aus Eisenkraut, Ingwer, Nelke und Zimt, ein Rezept, das sich seit dem Mittelalter bewährt hat.

Nicht nur das Leben, auch das Sterben kann durch Öle erleichtert werden. Das macht die Sache nicht weniger traurig, aber doch womöglich erträglicher. Vor allem Rose, Iris, Lavendel und Majoran sind am Sterbebett gebräuchlich. Bei Patienten, deren Haut mit einer Mischung aus diesen Ölen eingerieben wurde, normalisierten sich die Atmung und der Herzschlag und sie entspannten sich. Ein Angehöriger sagte: »Ein Gefühl von Frieden kehrte in das Zimmer ein, wie es seit Diagnosemitteilung nicht mehr vorhanden war.«

Die meisten Daten über die Wirkung ätherischer Öle stammen von Experimenten in der Zellkultur. Sie beweisen, dass manche Öle tatsächlich die Aufgaben von Arzneimitteln übernehmen können und sowohl gegen Viren und Bakterien als auch gegen Pilze wirksam sind. Ein gutes Beispiel für alle diese Eigenschaften ist das Teebaumöl, das jeder australische Soldat deshalb während des Zweiten Weltkriegs im Notfallgepäck trug. Ähnlich effektiv sind das im Eukalyptus enthaltene Cineol und verschiedene andere Terpene, die vor allem in den Ölen von Nadelhölzern wie Kiefer oder Latschen vorkommen und das Wachstum aller Mikroorganismen hemmen. Kein Wunder also, wenn bei einer Erkältung ein Inhalieren solcher Öle zur schnelleren Heilung der durch Viren und Bakterien verseuchten Nase und Bronchien beiträgt. Und noch eines von Großmutters Rezepten hat durchaus seine Berechtigung: das Schnuppern am 4711-Taschentuch. Denn Bergamotte, der Luftikus unter den Anti-Stress-Ölen und wesentlicher Bestandteil des Wässerchens aus Köln, hat sich als wahrer Lichtbringer für trübe Stunden erwiesen. Untersuchungen an der Universität Mailand ergaben, dass Bergamotte gegen depressive Verstimmungen wirkt und eine angstlösende Wirkung hat. Wem das nicht reicht, der greife zu Muskatellersalbei mit seiner euphorisierenden und aphrodisierenden Wirkung oder zu Neroli aus der Bitterorangenblüte. Lauter wohlriechende Begleiter, um etwas beschwingter durch düstere Wintertage zu wandeln.

Ein sehr praktischer Hinweis stammt von Lübecker Hirnforschern: Niemand braucht mehr mit einem Buch unter dem Kopfkissen zu schlafen. Wie das Team um Björn Rausch herausfand, kann Rosenduft diese unbequeme Maßnahme ersetzen. Die Wissenschaftler nutzten den Duft, um bei ihren Probanden im Schlaf Erinnerungen an Dinge zu wecken, die sie tagsüber bei demselben Geruch gelernt hatten. Die Versuchspersonen mussten sich bei dem Experiment die Position von 15 Kartenpaaren auf einem Computerbildschirm merken, dann wurden sie ins Bett geschickt. Einem Teil von ihnen ließen die Forscher den Rosenduft auch während der Nacht um die Nase wehen, und zwar in der Tiefschlafphase, die anderen schliefen in einem geruchsfreien Raum. Am nächsten Morgen wurde getestet, wie viele Kartenpaare sich die Probanden gemerkt hatten. Die Rosenduft-Gruppe erinnerte sich an 97 Prozent, die Schläfer aus dem duftfreien Raum schafften gerade einmal 85 Prozent. Der Unterschied war statistisch hoch signifikant. Durch die gezielte Reaktivierung der Erinnerung mithilfe des Duftes hatten die Versuchspersonen also während der Nacht tatsächlich weiter gelernt. Ganz neue Aussichten für das »Lernen im Schlaf«, das wir uns alle so wünschen. Vielleicht probieren Sie es mal aus. Oder Sie versuchen eine Mischung ätherischer Öle aus der Apotheke. *Duftschule* heißt da eine, die verspricht, dass sie Kindern hilft, ihre Konzentrations- und Leistungsfähigkeit zu steigern.

Doch Vorsicht: Wie so oft macht die Dosis das Gift – auch natürliche Öle sind nicht immer harmlos. Ihre Haltbarkeit ist sehr begrenzt, vor allem aber sind sie extrem lichtempfindlich. Bei zu hoher Lichteinstrahlung treten Oxydationsprozesse auf, die heilsame Duftmoleküle so verändern, dass sie sich in schädliche Substanzen verwandeln. Zu hohe Konzentrationen können Kopfschmerzen und Übelkeit hervorrufen, zu Reizungen der Haut und phototoxischen Reaktionen führen, die Verbrennungen ähneln. Sie beruhen darauf, dass die Wirkungen der UV-Strahlen auf der Haut durch manche ätherischen Öle verstärkt werden. Deshalb sollte man Parfüms allgemein, vor allem aber Zitrus- sowie Lavendel- und cumarinhaltige Öle nur dann auf die Haut auftragen, wenn man anschließend mindestens zwölf Stunden nicht in die Sonne oder ins Solarium geht.

Die Idee, chemische Pharmaka durch sanfte Öle zu ersetzen, kann gerade für Säuglinge und Kleinkinder gefährlich werden. Schon wenige versehentlich in den Nasen- oder Rachenraum gelangte Tropfen können zu Verkrampfungen des Kehlkopfs und zu Atemstörungen bis hin zum Tod führen. Nach Shampoos und Parfüms rangieren ätherische Öle mittlerweile auf Rang drei jener Haushaltsprodukte, die Vergiftungen bei Kleinkindern verursachen. Eine der natürlichen Aufgaben der Pflanze ist es schließlich, sich vor Feinden zu schützen. Das können Mikroorganismen sein oder hungrige Tiere wie Rehe und Schafe. Oder eben Menschen.

AUSBLICK – DER RICHTIGE RIECHER FÜR DIE ZUKUNFT

Tiernasen im Einsatz für den Menschen

Es ist Oktober im Piemont. Wir stehen auf einer Hügelkette und blicken hinunter ins Tal, das von dem zauberhaften Licht der letzten Sonnenstrahlen erleuchtet wird. In der Ferne sind die schneebedeckten Gipfel der Alpen in ein überwältigendes Orange getaucht und inszenieren ein spektakuläres Naturschauspiel. Doch statt den Anblick gebührend zu genießen, schauen wir alle nur konzentriert zu Boden. Ein ziemlich gewöhnlicher Waldboden, könnte man meinen, wenn sich darin nicht das »weiße Gold des Piemonts« verbergen würde: der Trüffel.

Unsere kleine Gruppe wird geführt von Franco, einem Weinbauern, der sich auf die Trüffelsuche spezialisiert hat. Am Rand eines Weinbergs, wo die knorrigen Eichen stehen und der Wald beginnt, rechnet er uns gute Chancen aus. Denn das begehrte Pilzgewächs, das selbst kein Chlorophyll produziert, lebt in Symbiose mit anderen Pflanzen bis zu 40 Zentimetern unter der Erde, vorzugsweise im Wurzelgeflecht von Kastanien und Eichen. »Die Dinger riechen wie dampfende Trappersocken nach einem Dreimeilenmarsch durch die Mangrovensümpfe in Florida«, bemerkt ein Tourist aus Miami abfällig. Das trifft es recht gut, denn Trüffel stinken nach Skatol und Indol (für Fäkalien typische Moleküle) und vor allem nach dem Steroid Androstenol, dem Sexualpheromon des Ebers. Aus diesem Grund setzt man im französischen Périgord meist Schweine für die Suche ein, das Problem ist nur, dass sie selbst Trüffelliebhaber sind und man alle Mühe hat, ihnen die Köstlichkeit rechtzeitig zu entreißen.

Franco und seine italienischen Kollegen vertrauen lieber

Hunden. Kaum lässt Franco seinen eigens zur Trüffelsuche trainierten Hund von der Leine, fängt der sofort an, hektisch mit der Nase am Boden herumzuschnüffeln, und nimmt schließlich gezielt eine Fährte auf. Als er an einer Stelle stehen bleibt, beginnt Franco dort zu graben. Gebannt starren wir auf das größer werdende Loch in der Erde und sind fast enttäuscht, als er einen walnussgroßen hässlichen Klumpen herausholt und ihn triumphierend in die Luft hält. Dies soll der berühmte Trüffel sein, der »Mozart der Pilze«, das »Viagra für Feinschmecker«? Teuer genug ist die Knolle, zurzeit kostet sie mehr als 3000 Euro pro Kilogramm auf dem berühmten Markt im nahe gelegenen Städtchen Alba. Der Hund hat inzwischen sein Leckerli kassiert und gibt sich desinteressiert. Ein großer Vorteil für die Trüffelsucher: Der gefundene Schatz interessiert einen Hund kulinarisch nicht im Geringsten. Dafür braucht er fast ein Jahr intensive Ausbildung.

Schneller könnte es gehen, wenn eine Erfindung von Corrado Di Natale, einem Professor für Elektronik an der Universität in Rom, eingesetzt würde: eine künstliche Nase, die aus Makromolekülen besteht, an die sich in der Luft herumfliegende Schwebstoffe anlagern. Vor fast zehn Jahren lernte ich (Hanns) im Perigord schon einen Trüffelsucher kennen, der mit einem kleinen, rasenmäherähnlichen Gerät über die Felder fuhr. Auch hier steckte eine künstliche Nase im Inneren, die die eingesaugte Luft analysierte und ähnlich wie bei einem Gaschromatografen ein Duftspektrum aufzeichnete. Stimmte das Analysemuster mit dem vorher in das Gerät eingespeicherten Muster von Trüffelaroma überein, wurde ein Pfeifton ausgelöst. An einem Nachmittag fanden wir auf diese Weise fünf Trüffel.

In der Schweiz werden solche elektronischen Nasen bereits zur Identifizierung von »Schlachtkörpern mit Ebergeruch« benutzt, wie es die eidgenössische Forschungsanstalt für Nutztiere und Milchwirtschaft beschreibt. Das Fleisch kann sowohl Androstenol als auch Skatol und Indol enthalten und deshalb ungenießbar sein, wenn der Eber nicht in jungen Jahren erfolgreich kastriert wurde. Da ungefähr zehn Prozent dieser Operationen misslingen, muss der Tierarzt prüfen, ob die geschlachteten Tiere zum Verzehr geeignet sind.

Was dem Trüffelsucher seine Schweinedamen und Spürhunde, sind dem Minensucher die Ratten (Abbildung 12). Sie verfügen über einen hervorragenden Geruchssinn, zudem sind sie schlau und scheuen sich nicht, zahlreiche Nachkommen in die sterile Welt der Labore zu setzen. Deshalb sind sie dort weitaus beliebter als im richtigen Leben, wo ihr massenhaftes Auftreten selten Anklang findet. Als Testratten werden manche mit ihren Fähigkeiten sogar zu Stars. Wie Lola und Espejo, zwei weiße Ratten, die es in Kolumbien zu Weltruhm brachten. Sie gehören zur ersten Minen-Spürratten-Schwadron des Landes, dessen Felder mit Minen verseucht sind. Vier Jahrzehnte Bürgerkrieg haben ganze Gebiete praktisch unbewohnbar gemacht. »Wir müssen irgendwie reagieren auf den Terrorismus und die Guerilla, die die Landminen überall im Land vergraben«, wird Javier Cifuentes zitiert, Direktor der Sibate Polizeiakademie, in der die Ratten trainiert werden.

Ratten sind nicht nur leichter als Hunde und lösen deshalb keinen Zündmechanismus aus, sie sind auch schneller im Lernen. Ein Jahr braucht ein Hund, bis er Minen findet, vier Monate reichen der Ratte. Eine Zeit, in der Lola und Espejo so reichlich mit Crackern belohnt wurden, wenn sie ein Päckchen TNT erschnüffelten, dass sie ihren großen Einsatz im realen Leben wahrscheinlich gern erfüllen werden. Minensuchgeräte sind für viele betroffene Staaten einfach zu teuer. In Afrika machen sich oft Menschen auf Minenjagd und riskieren dabei ihr Leben. Auch Honigbienen wurden schon als Detektoren eingesetzt. Wenn sie über ein Feld fliegen, um dort Nektar zu sammeln, nehmen sie feinste Partikel auf und damit winzige

Mengen TNT, das aus den Minen sickert. Probleme hatten die Forscher nur mit dem Einsammeln von Proben: Die Bienen flogen ihre ganz eigenen Routen und kümmerten sich in keinster Weise um ihren wissenschaftlichen Auftrag.

Ihre Kolleginnen, die Wespen, scheinen da gelehriger zu sein. Ihnen und ihren feinen Nasen traut man Großes zu. Der amerikanische Biologe Glen Rains von der Universität von Georgia in Tifton (USA) hält sie für geeignet, nicht nur Sprengstoffe und Kadaver ausfindig zu machen, sondern auch den Pilzbefall von Getreide zu identifizieren. Als er vor rund zwölf Jahren mit seinen Forschungen begann und den Anti-Terror-Experten im US-Verteidigungsministerium erklärte, sein Team habe eine »effektive Mehrzweckwaffe« im Kampf gegen den Terror entdeckt, die noch dazu kostengünstig zu haben sei und sich selbst reproduziere, waren die Fachleute zunächst äußerst interessiert. Als der Forscher jedoch enthüllte, er sei dabei, Wespen zu trainieren, reagierten sie völlig entgeistert. Worte wie »Science Fiction« und »grober Unfug« sollen gefallen sein. Äußerst zögerlich ließen sie sich dann doch überzeugen. Alle Kampfstoffe wie Senfgas, Antrax oder das tödliche Sarin haben nämlich einen bestimmten, für Menschen nicht erkennbaren Geruch. Wespen mit ihren hochgradig empfindlichen Geruchsorganen aber können sie orten. Schließlich waren die Militärs so fasziniert von der Idee, dass sie das Projekt sogar finanziell unterstützten.

Wie man Wespen für solche Einsätze trainiert? Ganz einfach: Mit Zuckerwasser und Sirup. »Man kann problemlos Tausende von Wespen innerhalb von wenigen Minuten auf einen bestimmten Stoff konditionieren und hat eine erstaunliche Erfolgsquote, die höher liegt als die von speziell ausgebildeten Spürhunden«, erklärt ein Biologe des Teams. Um die Wespen zu beobachten, bauten die Forscher eine Art Detektor – etwa so groß wie eine Konservendose. Eine winzige Kamera darin hält alle Reaktionen der Wespen fest und gibt die Informationen an einen Laptop weiter. In diesen sogenannten »Wasp Hound« kehren die Tiere nach ihren Spürflügen zurück und liefern ihre Informationen ab.

Doch der Einsatz von Tieren birgt immer ein unkalkulierbares Restrisiko. Der Hund ist krank und mag nicht arbeiten, die Bienen unternehmen einen Ausflug ins Rapsfeld, und die Wespen kehren nicht zurück in ihre Konservendose. Wie viel leichter wäre es da, wenn man die Riechrezeptoren ohne das Tier nutzen könnte – wie bei der künstlichen Trüffelnase.

Elektronische Nasen bei der Arbeit

Die ersten elektronischen Nasen entstanden in den 80er-Jahren. Sie sollten flüchtige Substanzen so präzise aufnehmen wie eine Hunde- oder Rattenschnauze, doch kontrollierter und umfassender einsetzbar sein. Dazu mussten sie einzelne Stoffe, aber auch komplexe Gerüche erkennen, sie sich merken und wieder erkennen können. Im Prinzip sollten sie also funktionieren wie Nase und Gehirn: eine Detektionseinheit nimmt wie die Nase den Geruch wahr, eine zweite, das Äquivalent zum Gehirn, merkt sich das Geruchsmuster und kann es wieder erkennen. Bei einem einzelnen Sensor, der zum Beispiel Kohlenmonoxyd erkennt, ein sehr giftiges, für Menschennasen nicht wahrnehmbares Gas, würde man nicht von einer elektronischen Nase sprechen, sondern von einem Chemodetektor. Aktuell setzen sich die besten elektronischen Nasen aus bis zu 40 Detektoren zusammen, die jeweils spezifische Düfte binden und gemeinsam ein Abbild der Luftprobe erzeugen. Ziemlich armselig immer noch, verglichen mit den 900 Riechrezeptoren der Hundenase, aber ein Anfang.

Als Oberflächen dienen dabei Polymere, Quarze, Metalle oder auch Glasfasern, bei denen sich durch den Duftstoff die elektrische Leitfähigkeit beziehungsweise die Schwingung ändert. Viele große Forschungszentren arbeiten derzeit an der Weiterentwicklung der Technik. Zur Industriereife gelangte bereits ein Nano-Roboter der Universität Basel, der kleiner als eine Ameise ist. Er kann mithilfe eines Laserstrahls die Verbiegung von fingerartigen Sensoren durch Duftmoleküle messen und damit sowohl verschiedene Parfüms als auch Whisky-Sorten unterscheiden. Demnächst soll er sogar in den Weltraum starten, um die Luft von Mond und Mars zu analysieren. Aber er kann sich genauso gut als winziger Roboter durch den menschlichen Körper bewegen und Krankheiten diagnostizieren.

Mehrere wichtige Vorteile zeichnen elektronische Nasen aus: Sie können objektiv und kontinuierlich Geruchsquellen beobachten, ohne dabei müde zu werden oder sich an den Geruchsreiz zu gewöhnen. Außerdem lassen sich elektronische Nasen dort anwenden, wo es für Menschen oder Tiere zu gefährlich wird. In Minenfeldern oder bei der Suche nach Bomben, in Giftmülldeponien, Gefahrstofflagern oder bei der Analyse von extrem unangenehmen Gerüchen, wie Fäkalien, Schwefel oder Fäulnisverbindungen. Will man also prüfen, ob eine Industrieanlage oder ein Klärwerk Dämpfe abgibt, kann man sie zum Schutz der Anwohner durch eine elektronische Nase überwachen. Bei manchen Autos gibt es eine solche Überwachung bereits: Sie schließen die Lüfterklappen, wenn der Wagen im Stau oder im Tunnel steht, und sperren dadurch automatisch die Zuluft von außen. Ihre Sensoren reagieren auf die angesaugten Abgase. Solche Duftsensoren sollen zukünftig auch im Motorraum eingesetzt werden, um Schwelbrände von Kabeln und Benzingeruch aufzuspüren und damit die Sicherheit der Insassen zu verbessern. Über eine wahre Hightech-Nase verfügen heute schon Panzerwagen. Der Kampf- und Spürpanzer Leopard hat eine elektronische Nase, die verhindert, dass er auf Minen, Bomben oder Granaten auffährt, der Spürpanzer Fuchs kann sogar atomare Sprengsätze und Giftgase aufspüren.

Auch in der Qualitätsüberwachung sind die unermüdlichen Ersatznasen bereits im Einsatz, und hier wird sich ihr Arbeitsfeld in den nächsten Jahren sicher noch vergrößern. So entwickelte die Bundesanstalt für Ernährung und Lebensmittel eine elektronische Nase, die das Aroma von Fleisch überwachen kann. Ein ähnliches Gerät entwarf das amerikanische Militär, es wird sogar im Internet für Hobbyköche angeboten. »Sensor fresh« ist in der Lage, rohes Fleisch auf den Befall mit Bakterien zu überprüfen. Verändert sich die Gaszusammensetzung des Fleisches – erhöht sich beispielsweise der Anteil von Schwefelverbindungen –, wird der Beginn des Verwesungsprozesses durch ein Alarmsystem angezeigt. Das handliche und leicht bedienbare Gerät könnte in jedem Supermarkt zum Einsatz kommen und den Verkauf von Gammelfleisch verhindern. Mit dem Scanner an der Ladenkasse kombiniert, würde es die Qualität der Ware überprüfen. Wenn es sich beim Fleisch bewährt hat, kann es in ähnlicher Form später auch für Obst und Gemüse eingesetzt werden. Erste Prototypen prüfen schon verschiedene Erdbeer- und Apfelsorten auf ihr Aroma.

Überall, wo eine gleich bleibende Produktzusammensetzung gefordert ist, können elektronische Nasen sie überwachen. Kaffeetrinker erwarten zum Beispiel, dass ihre Lieblingssorte immer gleich schmeckt. Ein Kaffeeproduzent muss deshalb prüfen, ob die Mischung immer noch so riecht und schmeckt, wie sie ursprünglich konzipiert war. In der Werbung geht er dazu von Sack zu Sack und schnuppert an einer Handvoll Kaffeebohnen, in Wirklichkeit hat er die Arbeit inzwischen an elektronische Nasen delegiert. Auch beim Olivenöl geht es darum, einen hohen Standard zu gewährleisten, den man dem Produkt nicht auf den ersten Blick ansehen kann. Um zu verhindern, dass minderwertiges Öl teuer verkauft wird, lässt man eine Qualitätskontrolle per elektronischer Nase durchführen, die schnelle und zuverlässige Ergebnisse bringt. Bei vielen industriellen Großprozessen kann die frühzeitige Kontrolle einzelner Zutaten außerdem verhindern, dass zum Beispiel durch kleine Mengen verdorbener Eier die gesamte Tagesproduktion von Spätzle vernichtet werden muss. Erkennt man frühzeitig den Schwefelwasserstoffgestank der faulen Eier, kann die Herstellung sofort gestoppt werden.

Ein weiteres Spezialgebiet der Techno-Nasen ist die Konkurrenzanalyse. Welche Duftnoten verwendet Dior in seinem neuen Erfolgsparfüm? Da musste ein Parfümeur früher lange rätseln. Heute identifiziert die elektronische Nase sämtliche Bestandteile in kürzester Zeit, und wer will, kann dann ein Plagiat herstellen, das ganz ähnlich riecht – nur viel billiger ist. Die neueste Erfindung soll künstliche Nasen sogar im Alltag unentbehrlich machen: in Handys eingebaut, melden sie auf Knopfdruck den Mundgeruch ihres Besitzers. Auch Alkoholfahnen werden gnadenlos diagnostiziert. Es reicht ein kurzer Hauch, und Sekunden später weiß man, wie viel Promille man hat. Allerdings ging das Gerät bislang nicht in Serie, weil die Hersteller sich vor dem Imageschaden fürchten, den ein solches »Säuferhandy« mit sich bringt. Ein anderes Modell verspricht »bei Anruf Duft« statt nervig zu klingeln. Man darf gespannt sein, welche Aromen zukünftig aus Hosentaschen steigen und welches Duftchaos in öffentlichen Verkehrsmitteln herrschen wird.

Die NASA benutzt elektronische Nasen inzwischen, um ihre Astronauten im Weltraum zu schützen. An Bord der Raumstation sind sie zum Beispiel von Ammoniak umgeben, der durch Röhren fließt und die Wärme, die Menschen und Elektronik abgeben, nach außen leitet. Ammoniak aber ist ein Gift, das dem Menschen schon gefährlich werden kann, wenn er es noch gar nicht riecht. Hier hilft die elektronische Nase: Sie warnt die Astronauten, sobald das kleinste Leck im System auftritt. Auch wenn ein Feuer ausbricht, entstehen Dämpfe, die der Mensch oft erst bemerkt, wenn es zu spät ist. Die von den Amerikanern liebevoll ENose genannte Technik ist schneller. Sie kann fast jede Komponente oder eine Kombination daraus erkennen. Diese erstaunliche Fähigkeit ermöglichen 16 verschiedene Polymerfilme, die so konstruiert sind, dass sie Elektrizität leiten. Wenn eine Substanz, die in der Luft herumschwirrt, von den Filmen absorbiert wird, dehnen sie sich leicht aus und verändern ihre Leitfähigkeit. Dabei produzieren die Änderungen auf den verschiedenen Polymerfilmen je nach Substanz ein bestimmtes, unterscheidbares Muster. Damit sei die ENose nicht nur im Weltall nützlich, betonen ihre Konstrukteure, sondern könne auch auf der Erde Erstaunliches leisten: Setzt ihr zum Beispiel jemand eine Pepsi vor, erkennt sie sofort, dass es sich dabei mitnichten um eine Coca-Cola handelt.

Von Biosensoren, Nano-Nasen und Schnüffelhefen

Tiernasen beeindrucken die Forscher – und überraschen im Alltag beständig aufs Neue, wiewohl nicht immer zum Vorteil des Menschen. Als hätten sie nur auf unsere Ankunft gewartet, stürzen sich Mücken auf unsere entblößte Haut, kaum dass wir dem Auto entstiegen sind, und machen den Spaziergang zur Verteidigungsschlacht gegen die Plagen der Natur. Zu denen gehören natürlich auch die Zecken, die mit ihrer phänomenalen Nase sofort unseren schwitzenden Körper entdecken. Wespen brauchen nur Minuten, um von weit her den gedeckten Frühstückstisch mit Wurst und Marmelade zu erschnuppern. Und Ameisen versammeln sich zuhauf, um einen noch so kleinen Brotkrümel zu erobern, der unter den Tisch gefallen ist. Sogar im Wasser schaffen es Tiere, eine Riechspur aufzunehmen und zu verfolgen. Seehunde laufen dabei zu wahrer Höchstform auf, wie der Bochumer Meeresbiologe Guido Dehnhardt zeigen konnte. Sein Team zog einen Fisch an einer Angel kreuz und quer und in verschiedenen Höhen durch ein 50 Meter langes Wasserbecken. Minuten später startete der Seehund und folgte exakt der Spur des Fisches.

Die Begeisterung für die Spitzenleistungen tierischer Nasen fand einen neuen Höhepunkt, als es gelang, Hunde so zu trainieren, dass sie durch Schnuppern und Schnüffeln die Krebserkrankungen verschiedener Patienten diagnostizierten (vgl. Kap. »Stinken wie die Pest. Krankheiten und ihr Geruch«). Manche Krankheiten (Magenerkrankungen durch das Bakterium *Helicobacter pylori* oder Milchsäure-Unverträglichkeit) lassen sich durch eine Atemanalyse feststellen. Aber Krebs? Daran hatten bisher nur die Pioniere der Methode geglaubt. Wie der Mediziner Michael Philipps, der im Jahr 2005 auf dem weltweit größten Krebskongress seine erste Studie zur Früherkennung von Brust- und Lungenkrebs vorstellte: In einer Gruppe von über 400 Testpersonen war es gelungen, Lungenkrebs mit über 80 Prozent Sicherheit in der Ausatemluft zu diagnostizieren.

Diese Entdeckung und die Hundeexperimente animierten etliche Forschungsinstitute wie das Fraunhofer Institut und das Institute for Analytical Sciences (ISAS) in Dortmund, die chemischen Signalstoffe in der Atemluft von Patienten gezielt zu suchen. In Zusammenarbeit mit Ärzten einer Lungenklinik soll ein Spektrometer entwickelt werden, das die Krebsmarker in der Atemluft aufspürt. Im Moment sei das Gerät noch in der »Lernphase«, sagen die Ärzte, doch sie sind optimistisch, dass es in einigen Jahren einsatzfähig ist. Dann könnte ein einfaches Pusten in das Spektrometer dem Patienten lästige Blutabnahmen ersparen und bei der Diagnose sowie während der späteren Therapie jederzeit Auskunft über seinen Gesundheitszustand geben. Das von der EU geförderte Projekt BAMOD (Breath-gas Analysis for Molecular-Oriented Detection of Minimal Diseases), das im Jahr 2006 gestartet wurde, nimmt den Lungenkrebs ins Visier. Systematisch wollen die Ärzte zunächst untersuchen, welche Substanzen für eine bösartige Veränderung des Lungengewebes verantwortlich sein könnten. Eine Atemdiagnose hätte gerade für Lungenkrebspatienten große Vorteile, weil die Krankheit lange schmerzfrei verläuft und deshalb oft viel zu spät diagnostiziert wird. Wenn man einen Atemschnelltest hätte, könnte man Risikopatienten auf einfache Weise regelmäßig untersuchen.

Einen anderen Weg, die talentierten Spürnasen zu imitieren, gingen US-Wissenschaftler gemeinsam mit Kollegen der Universität Tübingen. Sie setzten die Gene von Riechrezeptoren der Ratte mitsamt einem Teil ihres Signalweges in Zellen der Bäckerhefe *(Saccharomyces cerevisiae)* ein, einen gut erforschten Modellorganismus. Die Hefe eignet sich für die Experimente besonders gut, weil sie trotz ihres Alters von 100 Millionen Jahren, man glaubt es kaum, bereits Pheromonrezeptoren besitzt. Weibliche Hefezellen geben einen Duft ab, der männliche Zellen anlockt.

Selbst die Aktivierungswege in der Zelle, die ein Verstärkerprotein benutzen und dann den zweiten Botenstoff (cAMP) herstellen, entsprechen den menschlichen Riechzellen. Die Tübinger Forscher haben bei dem Einzeller, der kein Gehirn hat, den Signalweg zusätzlich mit einem Protein verbunden, das bei Anregung grün fluoreszierendes Licht ausstrahlt. Dann suchten die Wissenschaftler nach Rezeptoren, die chemische Waffen detektieren können. Hierbei identifizierten sie OR-226, einen Rattenrezeptor, der den Sprengstoff Dinitrotoluol riechen kann. Bringt man Dinitrotoluol an Hefezellen, denen OR-226 eingebaut wurde, und beobachtet das Ganze unter dem Mikroskop, sieht man ein grünes Leuchten – die Hefe kann plötzlich Sprengstoff riechen.

Auch in unserem Labor in Bochum arbeiten wir daran, diese Riechrezeptoren in Hefen zu produzieren. Eine der Ideen für dieses System ist es, die Zellen anschließend mit einem Flugzeug über einem verminten Gebiet zu versprühen. Wenn sie auf dem Boden landen und grün leuchten, würden sie exakt die

Lage von Minenfeldern dokumentieren. Vielversprechender ist allerdings ein anderes unserer Projekte, das sich mit Riech- und Sehzellen von Fruchtfliegen beschäftigt, denen wir durch genetische Tricks den menschlichen Maiglöckchenrezeptor OR17-4 einschleusten. Der Effekt ist klar: Die Fruchtfliegen versammeln sich zuhauf auf der Maiglöckchenduftquelle. Nun sind Fliegen, die Maiglöckchen entdecken können, zwar für Wissenschaftler eine Sensation, aber kein echter Knaller auf dem Markt. Was sich sofort ändern würde, wenn unser nächster Schritt gelingt: den Fliegen den Sprengstoffrezeptor der Ratte einzubauen. Damit wären viele Probleme gelöst, denn Fliegen kann man – im Gegensatz zu Wespen – vielseitig einsetzen, ohne eine Panik bei Menschen zu provozieren. Man stelle sich nur das Bild vor, wo ein Passagier am Flughafen mit seinem Gepäck unauffällig der Abfertigung zustrebt und urplötzlich von einem Schwarm Fruchtfliegen umzingelt ist. Ein solcher Massenzugriff von Hilfssheriffs enttarnt jeden Bombenbastler und beschert den Sicherheitsbeamten ein leichtes Spiel.

Riechtests und Düfte im Dienst der Gesundheit

Trotz intensiver Forschung und faszinierender Einblicke in unser Denken und Fühlen birgt das menschliche Gehirn noch immer viele Geheimnisse. Wie funktioniert das Sprechen, das Lernen, das Erinnern, das Vergessen?

Erst wenn Teile des Gehirns ausfallen, merken wir, dass etwas nicht stimmt, und reagieren. Meistens zu spät. Das könnte jetzt anders werden, denn es gibt einen kleinen Zugang zum Gehirn, den Ärzte und Wissenschaftler bisher vernachlässigt haben: die Nase. Bei den Riechzellen in unserer Nase handelt es sich ja genau genommen um vorgelagerte Gehirnzellen. Deshalb ist es nicht verwunderlich, dass viele Erkrankungen unseres Gehirns auch die Riechsinneszellen betreffen – und dort sind sie viel früher zu erkennen als im verborgenen Innern unseres Kopfes.

Wir wissen seit einigen Jahren, dass neurodegenerative Erkrankungen sich zuerst durch ein reduziertes Riechvermögen bemerkbar machen. Die genauen Ursachen dafür sind noch nicht eindeutig erforscht, dennoch nutzen viele Kliniken Riechtests für Patienten, die in Verdacht stehen, eine neurodegenerative Erkrankung zu haben. Bereits vor mehr als 15 Jahren wurde am Klinikum in Bogenhausen in München ein Riechfrühtest für Alzheimer Patienten entwickelt. Forscher vom Ruth Medical Center in Chicago konnten im Jahr 2007 den Zusammenhang zwischen nachlassendem Geruchssinn und neurologischen Störungen zum ersten Mal durch eine große Studie belegen. Robert Wilson und seine Kollegen veröffentlichten die Autopsieergebnisse von 129 Teilnehmern einer Gruppe von fast 590 älteren Einwohnern, die sich zehn Jahre zuvor bereit erklärt hatten, ihr Gehirn nach dem Tod histologisch untersuchen zu lassen. In den Jahren der Studie waren sie regelmäßig medizinisch untersucht worden. Dabei wurde auch der »Brief Smell Identification Test« auf zwölf typische Alltagsgerüche (unter anderem Zitrone, Schokolade, Pfeffer, Banane, Seife) durchgeführt. Die Untersuchung zeigt, dass Riechstörungen bereits im Vorstadium der Alzheimerdemenz auftreten und Riechtests zur Verlaufskontrolle hilfreich sind. Nach dem Tod der Teilnehmer stellten die Forscher bei der Autopsie fest: Je weniger Gerüche die Personen zu Lebzeiten identifizieren konnten, desto ausgeprägter waren die degenerativen Veränderungen im Gehirn. Probleme bei der Erkennung von Gerüchen sehen sie deshalb als deutlichen Hinweis auf eine drohende neurologische Krankheit. Das kann eine Alzheimer- oder eine Parkinson-Erkrankung, aber auch ein anderes neurologisches Leiden sein.

In China versuchen Ärzte, diesen Krankheiten durch eine

ganz neue Therapie beizukommen: Patienten werden mit Riechstammzellen behandelt, die man ins Gehirn spritzt, in der Hoffnung, dass sie dort gesunde Gehirnzellen produzieren. Eine Klinik in Peking, die sich darauf spezialisiert hat, kann sich des Ansturms der Leidenden kaum erwehren und verfügt inzwischen sogar über einen eigenen Autobahnzubringer und einen Flughafen. Auch der deutsche Maler Jörg Immendorff, der an der ALS-Krankheit litt, hat sich dort der Riechstammzellentherapie unterzogen – leider ohne Erfolg. Dies gilt für die meisten der dort behandelten Patienten. Hier ist also noch viel Entwicklungsarbeit nötig. Größere Erfolgszahlen in klinischen Studien kann dagegen schon der australische Riechforscher Alan Mackay-Sim vorweisen. Er behandelt mit dieser Methode Patienten mit Querschnittslähmung.

Großes Aufsehen erregte unsere Forschung vor einigen Jahren, als wir im Bochumer Labor erstmals zeigen konnten, dass Riechrezeptoren in Spermien vorkommen (vgl. Kapitel »Spermien im Blütenrausch«). Sollten wir eines Tages die Düfte aller Spermienrezeptoren kennen, ließen sich daraus Riechtests für Männer mit Fertilitätsproblemen entwickeln. Wenn die Nase für einen Geruch blind ist, sind es die Spermien ebenfalls. Sie können dann die Eizelle nicht riechen und werden sie deshalb auch im Reagenzglas bei der *In-vitro*-Fertilisation nicht als befruchtungsfähiges Objekt erkennen. Unfruchtbare Paare, die sich ein Kind wünschen, könnten sich mit diesem Wissen jahrelange, belastende Befruchtungstherapien ersparen, denn die Ärzte wüssten schnell, dass nur eine direkte Injektion der Spermien in die Eizelle der Frau (die sogenannte ICSI-Methode) zum Erfolg führt.

Und je mehr wir über die Befruchtung erfahren, desto eher können wir sie womöglich verhindern. Was wir schon wissen: Man kann den Spermien »die Nase zuhalten«. Schnuppert ein Spermium den Antiduft Undecanal, nützt der Eizelle kein noch so wohlriechendes Maiglöckchenlocken: Das Spermium findet sie nicht. So glauben wir zumindest. Denn praktisch konnten wir bisher nur sehen, dass die Spermien in Gegenwart des Blockers richtungslos durch die Gegend schwimmen, den Test mit der Eizelle dürfen wir aufgrund des Gesetzes zum Embryonenschutz nicht durchführen. Jedes Zusammenbringen von Spermien und Eizellen darf nach deutschem Recht nur erfolgen, wenn damit ein Kind gezeugt werden soll. In unserem Fall wollen wir jedoch das Gegenteil erreichen, nämlich die Zeugung verhindern. Statt einen Duftblocker einzusetzen, wäre auch die Alternative denkbar: den weiblichen Vaginalbereich mit massenhaft Maiglöckchenduft zu überschwemmen und die Spermien auf diese Weise zu verwirren. Solche Experimente dürfen allerdings nur in Holland, Belgien oder Spanien durchgeführt werden. Ob unsere Theorien funktionieren, können wir also nicht prüfen.

Inzwischen belegen Untersuchungen, dass Riechrezeptoren auch in vielen anderen Teilen des Körpers vorkommen, beispielsweise in den Gehirnzellen, in der Prostata, der Haut und im Magen-Darm-Trakt. Und interessanterweise in einigen Tumoren, wie dem Prostatakrebs. Im Kapitel »Riechen ohne Nase« haben wir bereits beschrieben, dass eine Aktivierung des Riechrezeptors in Prostatakrebszellen einen sofortigen Stopp der Zellteilung bewirkt und dies ein sehr viel versprechender, neuer Ansatz sein könnte, um die häufigste Krebserkrankung von Männern in Deutschland zu bekämpfen. Leider vergeht meist ein Jahrzehnt, bis die Präparate auf den Markt kommen.

Mittlerweile haben wir Hinweise, dass der Körper diese natürliche Tumor-Killer-Methode ebenso gegen andere Krebsarten einsetzt, wie den schwarzen Hautkrebs und den Brustkrebs. Damit besteht eine Chance, auch gegen diese Krankheiten entsprechende Therapien zu entwickeln. Warum die Natur das Tumorgewebe mit Riechrezeptoren ausgestattet hat, wissen wir damit allerdings immer noch nicht. Vielleicht handelt es sich um einen Schutzmechanismus von Zellen, die bei entartetem Wachstum eine Art Selbstregulation durchführen, um den Tumor zumindest zeitweise zu unterdrücken. Beim Prostatakarzinom kann man einen solchen Mechanismus beobachten. Es wächst in Zyklen und erzeugt während des Höhepunkts eines Wachstumszyklus größere Mengen von Riechrezeptoren. Warum am Ende der Krebs siegt und auch die Herstellung von Riechrezeptoren ihn nicht eindämmen kann? Noch eine Frage, die es zu erforschen gilt.

Die Nase vorn: Aufbruch in neue Duftwelten

Manche Forschungsergebnisse überraschen die Fachkollegen und erfüllen den Laien mit Ehrfurcht. Bei anderen fragt man sich: Wieso ist da eigentlich niemand früher draufgekommen? Die Nase, die mit ihrem Zugang zum Gehirn Informationen aus dem dunklen Innern liefert und per Riechstörung auf drohende Krankheiten aufmerksam macht, muss doch auch andersherum funktionieren – als Wirkstoffbeschleuniger von außen nach innen. Wie jeder Kokser und Klebstoffschnüffler weiß, wirken manche Drogen durch die Nase besonders schnell, und wer die Spritze scheut, kann sich auf diesem Weg ohne Umschweife das Gehirn wegblasen. Dass dieser Weg genauso für sinnvolle Zwecke genutzt werden kann, damit beschäftigen sich jetzt immer mehr Pharmakologen. Nasensprays mit Insulin für Diabetiker gibt es schon, aber erst kürzlich wurde entdeckt, dass womöglich auch Wirkstoffe gegen Hirnschäden nach einem Schlaganfall oder gegen krankhaftes Übergewicht durch die Nase aufgesogen werden können. Das hätte mehrere Vorteile. Die Medikamente müssten nicht mehr gespritzt, geschluckt oder als lästige Zäpfchen verabreicht werden, und die Substanzen bräuchten nicht mehr säureresistent zu sein. Um den aggressiven Attacken der Salzsäure im Magen standzuhalten, bekommen alle Pillen bisher eine Anti-Säure-Ausstattung, die allerdings bei manchen Patienten zu unerwünschten Nebenwirkungen führt.

Das Nasenspray, das von dem Forscher Howard Weiner an der Harvard Medical School in Boston entwickelt wurde, soll sogar gegen Alzheimer wirksam sein. Es enthält eine neue Wirkstoffkombination, von der er hofft, dass sie zur Auflösung der für die Krankheit typischen Eiweißablagerungen im Gehirn führt. Die oben erwähnten unerwünschten Nebenwirkungen können vermieden werden, weil das Medikament von den Riechzellen durch die Blut-Hirn-Schranke, eine Schutzbarriere, mitten ins Gehirn transportiert wird. Während manche intranasale Präparate, wie das gegen Hirnschäden nach einem Schlaganfall, noch lange Studien durchlaufen müssen, könnte es Impfstoffe, die über die Nase aufgenommen werden, schon bald geben.

Dicksein und Diäten wären längst ein Thema der Vergangenheit, wenn es endlich einmal gelänge, den richtigen Appetitblocker zu erfinden. Den Ist-mir-alles-schnuppe-Antiduft gegen Schokolade, Marzipan und Gummibärchen, mit dem die Nase unbehelligt von all den verlockenden Gerüchen bliebe. Der umgekehrte Weg, als Ersatz für das Lieblingsessen die Aromen im Überfluss anzubieten, hat leider nicht funktioniert. Die US-Wissenschaftlerin Susan Schiffmann versuchte es mit Mundsprays. Das »Pommesspray« und seine Alternativen, die Geschmacksvariationen »Chips«, »Schoko« und »Erdnüsse«, sollten den Appetit auf solche Kalorienbomben umgehend zügeln. Aber so leicht ließ sich der Körper nicht überlisten. Im Gegenteil. Beim Geschmack all der Leckereien lief den Probanden das Wasser im Mund zusammen, und sie bekamen noch mehr Hunger. Außerdem erfüllten die Sprays nicht die Erwartung an knackige Chips, knusprige Pommes und zartschmelzende Schokolade: Sie hatten einfach nicht die richtige

Konsistenz. Also doch: Warten auf die Nasenblocker gegen leidige Dickmacher.

Von solchen Antidüften könnten auch Weinliebhaber profitieren. Sie müssten nie mehr einen teuren Wein wegschütten, weil er »korkelt«. Der unangenehme Geruch stammt nämlich von einem einzigen Duftstoff, dem Trichloranisol, den es auszuschalten gilt. Ein weiteres wirkungsvolles Einsatzgebiet wären die vielen unliebsamen Gerüche im Haushalt, allen voran in der Toilette. Statt der ebenso scheußlich riechenden Klosteine würde ein ins Porzellan eingebauter Blocker das Problem auf wundersame Weise lösen.

Voraussetzung für all diese Visionen: Man muss unter den 350 Riechrezeptoren zuerst den richtigen herausfinden. Gegen Schweißgeruch zum Beispiel den, der auf Buttersäure oder Fettsäuren reagiert – eine Fleißarbeit für emsige Forscher und vor allem teuer! Wenn man ihn gefunden hat, ließe sich der entsprechende Blocker direkt in die Wäsche einbauen. Anti-Mief-Outfits, die ohne Duftblocker funktionieren, gibt es bereits, entwickelt von Forschern am Deutschen Textilforschungsinstitut in Krefeld. Deren Taktik lautet: stinkende Moleküle umschließen und unschädlich machen. Und zwar mit Cyclodextrinen. Das sind ringförmige Zuckermoleküle, die fest in den Kleiderfasern verankert werden und die Gerüche einkapseln können. Sie werden in Hemden und Anzügen, Unterwäsche, Socken und Berufskleidung verwendet. »Da kann jemand in einer Großküche arbeiten oder rauchend in der Pommes-Bude stehen, sein Sakko riecht hinterher immer noch frisch«, sagt der Erfinder der Methode Hans-Jürgen Buschmann.

Jetzt sollen die Cyclodextrine zusätzlich genutzt werden, um Kosmetika in die Textilien einzubauen. Womöglich kann man also bald T-Shirts mit duftender Körperlotion oder Unterwäsche mit Bräunungsmitteln kaufen. Auch die cleveren Klamotten »Smartgarment« sollen uns mit allerlei Zusatzfunktionen und sinnlichen Erlebnissen überraschen. Neben einer Ausrüstung mit Vitaminen für Sweatshirts und einem Knackigkeitsfaktor, der das Ausleiern von Badeanzügen verhindern soll, denken die Entwickler an subtile Aromen für Yoga-Outfits und an Hemden mit Limonenduft – für den sportlichen Frischekick. »Wir arbeiten mit winzigen Kapseln, von denen viele Hundert auf einen Stecknadelkopf passen würden«, erklärt Bob Kirkwood, dessen Firma Invista die Textilien plant. Durch die Bewegung des Körpers werden die Kapseln nach und nach zerrieben und setzen ihren Duft frei. An die 30 Waschgänge würde so ein Limonenduft selbst in der Waschmaschine aushalten, glauben seine Erfinder, die weniger Probleme in der Technik als in der Zulassung solcher Produkte sehen, weil sie auch immer beweisen müssen, dass die neuen Stoffe gesundheitlich unbedenklich sind.

Je mehr künstliche Düfte Einzug in unseren Alltag erhalten, desto mehr bemühen sich Forscher, sie individuell einsetzbar und manipulierbar zu machen. Haben wir nicht Gerätschaften aller Art, die uns jederzeit Bilder und Töne ins Haus liefern? Warum also nicht endlich auch Düfte nach Wunsch? Bitte einmal Meeresbrise! Bitte einmal Apfelkuchen, so wie Großmutter ihn machte!

Diesem Traum sind japanische Tüftler jetzt einen Schritt näher gekommen. Sie entwickelten einen Geruchsrekorder. Er besteht aus 15 elektronischen Nasen, die einen Duft in einzelne Komponenten zerlegen und die Informationen abspeichern. Wird der Geruch später abgerufen, vermengt das Gerät aus einer Batterie von 96 Duftsubstanzen streng nach Rezept kleine Tropfen der richtigen Zutaten im passenden Verhältnis und erhitzt und verdampft sie, bis der Duft von Orangen entsteht. Oder von Zitronen, Melonen, Bananen oder Äpfeln. »Wir können sogar sagen, ob es sich um einen grünen oder roten Apfel handelt«, erklärt stolz Pakpum Somboon, einer der Erfinder vom Tokyo Institute of Technology. Damit könne man zukünftig an Gewürzen oder Parfüms schnuppern, bevor man sie online bestellt. Auch zur Diagnose von Krankheiten wäre das Gerät womöglich hilfreich. Man könnte von Patienten, die in abgelegenen Gebieten oder Krisenzonen leben, den Blut- oder Uringeruch aufzeichnen und zur Untersuchung in ein Labor schicken. Ob und wann der Duftrekorder in den Handel kommt, ist aber noch unklar.

Nicht der schönste und eleganteste Duft, sondern der ekligste Geruch von allen interessiert seit vielen Jahren Militärexperten in den USA und in Israel. Ihr Ziel ist es, einen so extremen Gestank zu finden und im Gefecht einzusetzen, dass die Soldaten der gegnerischen Truppe vor Übelkeit davonlaufen und den Kampf aufgeben. Im August 2004 gaben israelische Sicherheitsoffiziere bekannt, dass Israel eine Stinkbombe zum Einsatz gegen Palästinenser entwickelt. Sie basiert nach Zeitungsberichten auf einer chemisch synthetisierten Variante des Stinktiergeruchs. Die Waffe soll eine derart penetrante Wirkung haben, dass Kleidungsstücke über Jahre danach stinken. Einige Prototypen existieren bereits, und die eigenen Soldaten rücken bei Tests mit Gasmasken ins Feld, um sich zu schützen. Bisher gab es allerdings noch keinen öffentlich gewordenen Einsatz. Für das gegnerische Lager wären da natürlich Antidüfte interessant: Würde man die Armee mit diesen Blockern ausstatten, würde der Effekt der Stinkbombe verpuffen.

Auch am biometrischen Verfahren der individuellen Dufterkennung arbeiten die Experten der Armee weiter. Das Schnüffelprojekt basiert auf der Erkenntnis, dass der Geruch jedes Menschen so einzigartig ist wie sein genetischer Fingerabdruck. Wenn man diesen Geruch einmal speichert, kann man ihn immer wieder abrufen. Ganz nach DDR-Manier könnte man Geruchskonserven anlegen, um Verdächtige schon aus der Distanz zu erkennen. Ein Stück vom Turban Osama Bin Ladens würde reichen, ihn in einer Berghöhle aufzuspüren. Im Krieg gegen den Terror würden solche Gerüche natürlich nicht mehr in Weckgläsern verwahrt, sondern digital gespeichert. Ein

Geruchsregister aller Bewohner eines Landes – der Albtraum jedes Datenschützers. Man könnte erkennen, »wie alt jemand ist, welchen Geschlechts und welche Krankheiten er hat«, erklärt Gary Beauchamp, Direktor des Monell Center in Philadelphia, das die Schnüffelforschung in den USA betreibt. Noch haben wir keine Sensoren, die so etwas können, noch brauchen wir gewaltige Sprünge in der Technik, wie der Fachmann sagt. »Aber daran wird massiv gearbeitet. Die Zeit dieser Technik ist gekommen.«

Kein Zweifel: Militärisch haben diese Leute die Nase vorn. Und wer die Nase vorn hat, ist dabei zu gewinnen. Das kann ein Politiker bei der Präsidentschaftswahl sein, ein Sportler in der Zielgeraden oder Asien in der Weltwirtschaft. Doch wie immer ist die Umgangssprache auch in puncto Nase sehr plakativ und keineswegs geeignet, die subtilen Vorgänge, die bei der Aktivierung menschlicher Riechrezeptoren entstehen, nur annähernd sensibel genug zu erfassen. Riechen ist nun einmal kein Kampfsport und definiert sich nicht per Sieg oder Niederlage, sondern fällt eher unter die kontemplativen Tätigkeiten, die sich oft unmerklich und immer ganz individuell vollziehen. Sie haben nichts mit den Superlativen eines Wettkampfes zu tun, eher mit den kleinen Geheimnissen des Alltags.

Die menschliche Nase ist eine aufmerksame Beobachterin, der selten eine Duftnuance entgeht. Deshalb wird es für Maschinen immer schwer sein, sie zu ersetzen. Welcher Apparat könnte die vielen Parfümnoten und ihre emotionalen Botschaften erspüren, die ein Parfümeur riecht? Welche Maschine den Wein wie ein Winzer schmecken? Da ist die Nase unschlagbar und die Sorge eines Weinbauern um sein »wertvollstes Organ« durchaus verständlich. Aus Angst um seine Nase habe er jahrelang schlaflose Nächte verbracht, erklärte der französische Winzer Ilja Gort, Preisträger vieler Weinwettbewerbe. »Viele Menschen denken, Weinmachen habe mit guten Geschmacksknospen zu tun – aber eigentlich machen wir alles mit der Nase«. Im Frühjahr 2008 endlich erlöste ihn die Versicherung Lloyd's of London von seinen Albträumen: Sie versicherte seine Nase für fünf Millionen Euro. Nicht ohne sie vorher untersucht zu haben: »Sie war weit über dem Durchschnitt.« Und nicht ohne Auflagen: Monsieur Gort darf in Zukunft weder Ski laufen noch boxen und schon gar nicht Feuer spucken. Dafür weiß die Welt nun endlich, was eine gute Nase wert sein kann!

ANHANG

Riechtest

1. Wie gut kann ich riechen?

Ob Sie eine Supernase sind, eher mittelmäßig oder sogar schlecht riechen, können Sie mit den ersten vier Aufgaben schnell und einfach herausfinden. Wenn Sie noch mehr über Ihre Nase erfahren wollen, finden Sie im zweiten Teil zusätzliche Experimente. Am besten machen Sie den Test mit Freunden oder der Familie. Dann ist die Sache unterhaltsamer und auch spannender, weil Sie nicht wissen, welche Düfte Sie erwarten.

2. Wie gut kann meine Nase Düfte erkennen?

Aufgabe 1
Unten finden Sie Riechbeispiele aus den Duftklassen von John Amoore (s. Kap. »Die Last der Wissenschaftler und die Lust der Dichter«). Aus jeder der Klassen wählen Sie einen Gegenstand aus, geben ihn in je ein kleines Gläschen oder einen Pappbecher und decken ihn ab. Zum Selbsttesten müssen Sie die Duftproben jetzt blind miteinander vertauschen und dann mit geschlossenen Augen versuchen, die sieben Gegenstände zu identifizieren.

Klasse	**Gegenstände**
1. Blumig	Rose, Nelke, Freesie
2. Fruchtig	Orange, Pfirsich, Erdbeere
3. Würzig	Basilikum, Zimt, Dill,
4. Ätherisch	Apfel, Birne, Tomate

5. Stechend	Senf, Zwiebel, Meerrettich
6. Kampferartig	Eukalyptusöl, Menthol (lose als Minze erhältlich)
7. Natur	Wachs, Leder, Holz, Seife, Gummiband

Aufgabe 2
Sie nehmen einen Apfel, eine Birne, einen Kohlrabi und eine rohe Kartoffel, schälen sie und schneiden sie in gleich große Schnitze, die Sie bunt gemixt auf einem Teller anrichten. Die Versuchsperson versucht jetzt herauszufinden, was sie isst. Zuerst mit geschlossenen Augen und zugehaltener Nase, dann nur noch mit geschlossenen Augen.

3. Wie empfindlich ist meine Nase?

Hier wird getestet, ob Ihre Nase naturreinen Saft von Fruchtsaftgetränken unterscheiden kann. Unser Beispiel: Orangensaft. Sie können aber auch jeden anderen Saft nehmen.

Aufgabe 3
Bereiten Sie zwei Gläser mit den beiden Säften vor und testen Sie mit geschlossenen Augen, ob Sie beide am Geruch unterscheiden und identifizieren können.

Aufgabe 4
Für den zweiten Teil des Tests nehmen Sie bitte den frischen Orangensaft und verdünnen ihn 1:10 mit stillem Wasser. Das heißt, Sie nehmen 10 ml Saft und 90 ml Wasser. Dann verdünnen Sie die entstandene Mischung wieder 1:10 mit Wasser. Fahren Sie so fort, bis Sie keinen Orangenduft mehr riechen können. Wie oft haben Sie verdünnt?

Lösung

Supernase: Wer in den ersten drei Experimenten alle Gegenstände erkannt hat und im vierten den Orangenduft noch nach mindestens vier Verdünnungen riechen konnte.

Gute Nase: Wer in den ersten beiden Experimenten acht der elf Gegenstände erkannt hat, den reinen vom künstlichen Orangensaft unterscheiden und den Orangenduft noch nach drei Verdünnungen riechen konnte.

Normalriecher: Wer sechs von den elf Gegenständen erkannt hat, den reinen aber nicht mehr vom künstlichen Orangensaft unterscheiden, den Orangenduft aber noch nach mindestens zwei Verdünnungen riechen konnte.

Schlechter Riecher: Wer nur fünf oder weniger Gegenstände erkannt hat, den reinen vom künstlichen Orangensaft nicht unterscheiden konnte und schon bei der zweiten Verdünnung die Orange nicht mehr gerochen hat. Wir empfehlen Ihnen: Lesen Sie unsere Tipps auf der folgenden Seite, üben Sie ein paar Wochen und wiederholen Sie dann die Experimente.

Zusätzliche Experimente

1. Wie riecht die Familie? Wie riechen Freunde?

Die etwas intimere Variante des Ratespiels: Gebraucht werden dazu getragene T-Shirts oder andere Kleidungsstücke der Familienmitglieder. Zusätzlich kann jeder Teilnehmer sein Lieblingsparfüm mitbringen und auf ein Blatt Papier aufsprühen. Mit verbundenen Augen wird nun reihum geraten, zu wem die Kleidungsstücke und die Parfüms gehören.

2. Wie rieche ich?

Wer wissen will, wie er selbst für einen anderen riecht, kann folgende Tricks anwenden:

- Die Zunge mit einem Tuch abreiben und dann am Tuch riechen.
- Die Zähne mit Zahnseide reinigen und daran riechen.
- Die Rückseite der Hand anhauchen und den eigenen Atem riechen.
- Mit einem Taschentuch die Achselhöhle auswischen, um den Schweißgeruch wahrzunehmen.

3. Adaptation: Nach welcher Zeit kann ich einen Duft nicht mehr riechen?

Wie lange müssen Sie an einem Parfüm schnuppern, bis Sie seinen Duft nicht mehr wahrnehmen? Gibt es Unterschiede zwischen verschiedenen Parfüms?

4. Wie wirkt sich die Temperatur auf einen Duft aus?

Nehmen Sie ein paar Erdbeeren, Himbeeren oder ein Stück Käse. Ändert sich das Aroma bei Raumtemperatur, in tiefgekühltem oder erwärmtem Zustand?

Auf dem Weg zur Supernase – Wie Sie Ihren Geruchssinn trainieren können

Sie haben beim Test eher mittelmäßig abgeschnitten und möchten Ihre Nase verfeinern? Kein Problem, wenn Sie sich pro Tag ein paar Minuten Zeit dafür nehmen. Zwei Minuten morgens und abends reichen schon aus, um nach ein paar Wochen erste Erfolge zu erleben.

Wählen Sie zunächst ein Lebensmittel aus, das Sie gern mögen. Eine Orange? Einen Apfel? Riechen Sie intensiv an der Schale. Schließen Sie die Augen und stellen Sie sich die Orange oder den Apfel bildlich vor. Dann beißen Sie in die geschälte Frucht und lassen die Süße, das vielfältige Aroma auf Ihre Geschmacksnerven wirken. Essen Sie langsam, spüren Sie, wie sich die Konsistenz und die Aromen beim Kauen verändern, welcher Geschmack im Mund bleibt, wenn Sie den Bissen verschluckt haben.

Wenn Sie darin fit sind, bekannte Lebensmittel am Duft zu erkennen, können Sie sich zu den Fortgeschrittenen rechnen und sich an unbekannte Lebensmittel wagen. Gibt es im Supermarkt Früchte, frische Kräuter und Gemüsesorten, die Sie noch nicht kennen? Kaufen Sie ein paar davon und testen Sie sie zu Hause.

Eine weitere Schwierigkeitsstufe sind Geruchs- und Geschmacksmischungen. Können Sie riechen und schmecken, welche Kräuter eine Frischkäsemischung enthält? Schmecken Sie die feine Wacholdernote in der Leberwurst? Welche Zutaten enthält die Suppe?

Vergleichen Sie Gerüche: Wie duftet eine Rose? Und ein Veilchen? Finden Sie Worte für Ihr Empfinden: Vielleicht duftet die eine kräftig und frisch, die andere eher sanft, fein und verführerisch? Ein dankbares Objekt für Nase und Gaumen sind verschiedene Weinsorten. Als erfindungsreicher Weinkenner werden Sie bald den fruchtig-aromatischen vom weichenausdrucksvollen Rotwein unterscheiden können und überall auf Bewunderung stoßen.

Auch im Restaurant kann man unbemerkt das Riechen und Schmecken trainieren: Nehmen Sie sich Zeit, versuchen Sie, die Gewürze, Kräuter und Küchentricks des Kochs zu entdecken. So können Sie Ihre Sinneseindrücke schärfen und werden gleichzeitig bewusster, langsamer und wahrscheinlich weniger essen. Was wiederum zusätzliche Vorteile für Ihre Figur mit sich bringt.

Literaturhinweise

(Die Literatur wir in der Reihenfolge ihrer Verwendung genannt.)

Einleitung

Zimmer, Dieter E., »Riechen«, in *ZEIT-Magazin*, 44, 1987

Ebberfeld, Ingelore, Botenstoffe der Liebe, Münster 2005

Nach Corbin, Alain, Pesthauch und Blütenduft. Eine Geschichte des Geruchs, Berlin 1984

Le Guérer, Annik, Die Macht der Gerüche. Eine Philosophie der Nase, Stuttgart 1992

Verdier, Yvonne, Drei Frauen. Das Leben auf dem Dorf, Stuttgart 1982

Die Macht der Düfte

»Sense and Sensibility«, in *The Century Magazine,* 66, 1908

Watson, Lyall, Der Duft der Verführung. Das unbewusste Riechen und die Macht der Lockstoffe, Frankfurt/Main 2001

Gschwind, Jürgen, Repräsentation von Düften, Augsburg 1998

Bormann, Kai, »Wohlgerüche in der islamischen Literatur«, in *Dragoco Report* 4/2000

Rovesti, Paolo, In Search of Perfumes Lost, Venedig 1980

Morris, Edwin. T., Düfte. Die Kulturgeschichte des Parfums, Düsseldorf 1993

Ohloff, Günther, Irdische Düfte – Himmlische Lust, Basel 1992

Lohse-Jasper, Renate, Parfum. Eine sinnliche Kulturgeschichte, Berlin 2005

Wieshammer, Rainer-Maria, Der 5. Sinn: Düfte als unheimliche Verführer, Rott am Inn 1995

Hatt, Hanns, Dem Rätsel des Riechens auf der Spur. Grundlagen der Duftwahrnehmung. Hörbuch, Köln 2006

Kügler, Joachim, (Hrsg.), Die Macht der Nase – Zur religiösen Bedeutung des Duftes, Stuttgarter Bibelstudien, Stuttgart 2000

**Wunderwerk Nase:
Wie das Riechen funktioniert**

Süskind, Patrick, Das Parfum, Zürich 1985

Henglein, Martin, Die heilende Kraft der Wohlgerüche und Essenzen, München 1985
Tomasi di Lampedusa, Guiseppe, Der Leopard, München 2004
»Für jeden Duft ein Antiduft?«, in *Senses. The Symrise Magazine,* I/2005
Buck, L., Axel, R., »A novel multigene family may encode odorant receptors: A molecular basis for odor reception«, in *Cell,* 65, 1991
Zufall, F., Hatt, H., Firestein, S., »Rapid application and removal of second messengers to cyclic nucleotide-gated channels from olfactory epithelium«, in *Proceedings of the National Academy of Sciences,* 90, 1993
Weyand, I., Godde, M., Hatt, H., et al., »Cloning and functional expression of a cyclic-nucleotide-gated channel from mammalian sperm«, in *Nature,* 368, 1994
Wetzel, Ch.H., Oles, M., Hatt, H., et al., »Specificity and sensitivity of a human olfactory receptor functionally expressed in human embryonic kidney 293 cells and *Xenopus laevis* oocytes«, in *Journal of Neuroscience,* 19, 1999
Hatt, H., »Chemosensibilität, Geruch und Geschmack«, in: Dudel, J., Menzel, R., Schmidt, R. F., (Hrsg.), Neurowissenschaft. Vom Molekül zur Kognition, Berlin/Heidelberg/New York 2001
Spehr, M., Gisselmann, G., Hatt, H., et al., »Identification of a testicular odorant receptor mediating human sperm chemotaxis«, in *Science,* 299, 2003
Hatt, H., »Immer der Nase nach«, in *Gehirn und Geist,* 5, 2004
Spehr, M., Hatt, H., »hOR17-4 as a potential therapeutic target«, in *Drug News Perspect,* 17, 2004
Spehr, M., Schwane, K., Hatt, H., et al., »Dual capacity of a human olfactory receptor«, in *Current Biology,* 14, 2004
Hatt, H., Spehr, M., »Spermien auf duftenden Spuren«, in *DFG-Forschung,* 29, 2004
Neher, E., Sakmann, B., Single-channel currents recorded from membrane of denervated frog muscle fibres in *Nature*, 260, 1976
Freitag, J., Krieger, J., Strotmann, J., Breer, H., Two classes of olfactory receptors in Xenopus laevis, in *Neuron* 15, 1995
Hatt, H., Geschmack, in: Schmidt, R. F., Schaible, H.-G., (Hrsg.), Neuro- und Sinnesphysiologie, Heidelberg 2005
Prinz zu Waldeck, C., Frings, S., »Die molekularen Grundlagen der Geruchswahrnehmung. Wie wir riechen, was wir riechen«, in *Biologie in unserer Zeit,* 5, 2005
Hatt, H., Geruch, in: Schmidt, R. F., Schaible, H.-G., (Hrsg.), Neuro- und Sinnesphysiologie, Heidelberg 2006
Hatt, H., »Multifunktionelle Bedeutung von Riechrezeptoren. Von der

Grundlagenforschung zur Anwendung«, in: *Bayern Innovativ – Nanotechnologie in Bayern,* 2007
Mombaerts, P., Axonal Wiring in the Mouse Olfactory System, in *Annual Review of Cell and Developmental Biology*, 22, 2006
Hatt, H., Geschmack und Geruch, in: Schmidt, R. F., Lang, F., (Hrsg.), Physiologie des Menschen, Berlin/Heidelberg/New York 2007

Kannst du mich riechen?

Suckut, Siegfried (Hg.), Wörterbuch der Staatssicherheit. Definitionen zur »politisch-operativen Arbeit«, Berlin 2001
»Schnüffeln im Wortsinne«, in *Spiegel,* 32/1990
»Innere Sicherheit: Der Duft des Terrors«, in *Spiegel,* 21/2007
Stoddard, Michael D., The Scented Ape: The Biology and Culture of Human Odour, Cambridge 1990
Penn, Dustin J., et al., »Individual and gender fingerprints in human body odour«, in *Journal of the Royal Society Interface,* 29, 2006
Bökemeier, Rolf, »Küssen Eskimos mit der Nase?«, in *Neue Züricher Zeitung,* Folio 07, 2004
Nin, Anaïs, Das Delta der Venus, Bern/München/Wien 1992
Kundera, Milan, Die unerträgliche Leichtigkeit des Seins, München 2004
Hirschhausen, Eckart von, »Schlauer schwitzen«, in *Stern,* 4/2006
Bilkó A., et al., »Transmission of food preference in the rabbit: the means of information transfer«, in *Physiology & Behaviour,* 56, 1994
Menella, Julie A., et al., »Prenatal and Postnatal Flavor Learning by Human Infants«, in *Pediatrics,* 6, 2001
Sullivan, S., Birch, L. L., »Infant dietary experience and acceptance of solid foods«, in *Pediatrics,* 2, 1994
Smith, T.D., et al., Growth-deficient vomeronasal organs in the naked mole-rat (Heterocephalus glaber), in *Brain Research*, 1132, 2007
Skinner, J. D., et al., »Children's food preferences: a longitudinal analysis«, in *Journal of the American Dietetic Association,* 102, 2002
Cooke, L. J., et al., »Demographic, familial and trait predictors of fruit and vegetable consumption by pre-school children«, in *Public Health Nutrition,* 7, 2004
Nicklaus, S., et al., »A prospective study of food preferences in children«, in *Food Quality and Preference,* 15, 2004
Schaal, Benoît, in: »Wie ein Baby die Welt sieht«, ARTE Dokumentation 1./2. Mai 2006
Porter, Richard H., Winberg, Jan, »Unique salience of maternal breast odors for newborn infants«, in *Neuroscience and Biobehavioral Review,* 23, 1999

Cernoch, Jennifer M., Porter, Richard H., et al., »Maternal recognition of neonates through olfactory cues«, in *Physiology & Behaviour,* 30, 1983
Cernoch, Jennifer M., Porter, Richard H., »Recognition of maternal axillary odours by infants«, in *Child Development,* 56, 1985
Hudson, Robyn, Distel, Hans, »The flavor of life: perinatal development of odor and taste preferences«, in *Schweizerische Medizinische Wochenschrift,* 6. Februar 1999
Kaufmann, G. W., Siniff, D. B., Reichle, R., »Colonial behaviour of Wedell seals at Hutton Cliffs, Antarctica«, in *Rapports du Conseil Permanent International pour l'Exploration de la Mer,* 169, 228, 1975
Baldwin, B. A., Shillito, E. E., »The effects of ablation of the olfactory bulbs on parturition and maternal behaviour in Soay sheep«, in *Animal Behaviour,* 1974
Porter, Richard H., et al., »Odor signatures and kin recognition«, in *Physiology & Behaviour,* 34, 455, 1985
Gall, James, Weisfeld, Glenn E., et al., »Family Smell«, in *New Scientist,* 15.6.2001
Roberts, Craig S., et al., »Body Odor Similarity in Noncohabiting Twins«, in *Chemical Senses,* 30 (8) 2005
Weisfeld, Glenn E., et al., »Possible olfaction-based mechanisms in human kin recognition and inbreeding avoidance«, in *Journal of Experimental Child Psychology,* 85, 2003
Shepher, J., Incest: A Biosocial View, New York 1983, nach Watson, a.a.O., S. 122
Classen, Constance, Worlds of Sense: Exploring the Senses in History and Across Cultures, London 1995
Hugo, Victor, Die Elenden, Bd. 2, Leipzig 1923
Orwell, George, Der Weg nach Wigan Pier, Zürich 1982
Toller, Steve van, Dodd, George H., (ed.), Perfumery: The Psychology and Biology of Fragrance, London/New York 1988
Javlicek, Jan, Lenochova, Pavlina, »The Effect of Meat Consumption on Body Odor Attractiveness«, in *Chemical Senses,* 31, 2006
Brodsky, Joseph, Flucht aus Byzanz, München 1988
Enzensberger, Hans Magnus, Der Untergang der Titanic, Frankfurt/Main 1978
Hudson, Robyn, et al., »Differences in perception of everyday odours: A Japanese-German cross-cultural study«, in *Chemical Senses,* 23, 1998
Classen, C., Howes, D., Synnott, A., Aroma: The Cultural History of Smell, London 1994

Schleidt, Margret, »Riechend in der Welt: Die Bedeutung von Gerüchen in verschiedenen Kulturen«, in: Das Riechen, Schriftenreihe, Göttingen 1995
Vogelsanger, Cornelia, »Der Geruch des Fremden«, in *Neue Zürcher Zeitung,* 13.12.1994
Schleidt, Margret, »Pleasure and disgust: Memories and associations of pleasant and unpleasant odours in Germany and Japan«, in *Chemical Senses,* 13, 1988
Eberle, Ute, »Die Duftwelt im Gehirn«, in *Bild der Wissenschaft,* 4/2004
Wedekind, C., Seebeck, T., et al., »The intensity of human body odors and the MHC: Should we expect a link?« in *Evolutionary Psychology,* 4, 2006

Liebesgeflüster auf Chemisch

Grammer, K., Fink, B., Neave, N., »Human Pheromones and Sexual Attraction«, in *European Jounral of Obstetrics & Gynecology and Reproductive Biology,* 111/2, 2005
Baldwin, I.T., et al., Volatile Signaling in Plant-Plant Interactions: »Talking Trees« in the Genomics Era, in *Science* 311, 2006
Nin, Anaïs, Trunken vor Liebe. Intime Geständnisse, Bern/München/Wien 1993, S. 83
Schlink, Bernhard, Der Vorleser, Zürich 1997
Ebberfeld, Ingelore, Botenstoffe der Liebe. Über das innige Verhältnis von Geruch und Sexualität, Münster 2005
Kaupp, U.B., et al., The signal flow and motor response controlling chemotaxis of sea urchin sperm, in *Nature Cell Biology*, 5, 2003
Meier-Jakobsen, Angela, Jetzt nicht, Schatz. Die größten Lustkiller, FIT FOR FUN online 2007
Hurton, Andrea, Erotik des Parfums, Frankfurt 1994
Willer, Monika, Goodewill, Susanne, Hatt, Hanns, »Olfactory Sensitivity of Humans in Sleep«, in *Chemical Senses,* 1992
Maiworm, R., Hatt H., et al., »Effect of Human Associated Odors on Dream Content and Sleep Quality«, in *Chemical Senses,* 1996
Maiworm, R., Hatt H., et al., »Effect of Hexenoic Acid and Vaginal Secretion on Dream Content and Sleep Quality«, in *Chemical Senses,* 1997
Euler, Harald A., Wie Männer und Frauen riechen, Universität Kassel 2007
Savic, I., Berglund, H., Lindström, P., »Brain response to putative pheromones in homosexual men«, in *Proceedings of the National Academy of Sciences,* 102, 2005
Martins, Y., Preti, G., et al., »Preference for Human Body Odors Is Influenced by Gender and Sexual Orientation«, in *Psychological Science,* 16, 2005

Zons, Achim, »Die Sache mit der Leidenschaft. Nachforschungen über Männer und Frauen«, in *Süddeutsche Zeitung,* 24.11.2005

Grammer, Karl, »Männer und Frauen und Fingerlängen«, in *Der Männerarzt,* 3, 2006

Li, Xiao-Hong, Zufall, Frank, et al., »MHC class peptides as chemosensory signals in the vomeronasal organ«, in *Science,* 306, 2004

Eklund, A. C., Belchak, M. M., et al., »Polymorphisms in the HLA-linked olfactory receptor genes in the Hutterites«, in *Human Immunology,* 61, 2000

McClintock, Martha K., et al., »Paternally inherited HLA alleles are associated with women's choice of male odor«, in *Nature Genetics,* 30, 2002

Beauchamp, G. K., Yamazaki, K., »Chemical signalling in mice«, in *Biochemical Society Transactions,* 31, 2003

Ruther, J., Reinicke, A., Hilker, M., »Make love not war. Identification of the sex pheromone of the forest chockchafer Melolontha hippocastani«, in *Oecologie,* 128, 2001

Wyatt, T. D., Pheromones and Animal Behaviour: Communication by Smell and Taste, Cambridge 2003

Hölldobler, B., Wilson, E. O., Ameisen. Die Entdeckung einer faszinierenden Welt, Birkhäuser Verlag, Basel 2001

Wilson, E.O., Bossert, W. H., »Chemical communication among animals«, in *Recent Progress in Hormone Research,* 19, 1963

Vandenbergh, J. G., et al., »Partial isolation of a pheromone accelerating puberty in female mice«, in *Journal of Reproduction and Fertility,* 43, 1975

Whitten, W. K., »Occurence of anoestrus in mice caged in groups«, in *Journal of Endocrinology,* 18, 1959

Bruce, H. M., »An exteroceptive block to pregnancy in the mouse«, in *Nature,* 184, 1959

Keverne, E. B., »Pheromonal influences on the endocrine regulation of reproduction«, in *Trends in Neurosciences,* 6, 1983

Yamazaki, K., Beauchamp, S. K., et al., »Recognition of H2 types in relation to the blocking of pregnancy in mice«, in *Science,* 221, 1983

Kirk-Smith, M.D., Booth, D. A., »Effects of androstenone on choice of location in other's presence«, in: Van der Starre, H., Olfaction and Taste 7, London 1980

Clark, T., »Whose pheromone are you?«, in *World Medicine,* 1978

Monti-Bloch, L., Grosser, B. I., et al., »Behavioral effect of androsta-4,16-dien-3-one«, in *Chemical Senses,* 23, 1998

Maiworm, R. E., Langthaler, W., »Human communication by odours – the influence of body odour on the opposite sex«, in: Frosch, P. J., Johansen,

J. D., White, I. R., Fragrances: Beneficial and Adverse Effects, New York 1997
Cutler, W. B., et al., »Pheromonal influences on sociosexual behaviour in men«, in *Archives of Sexual Behaviour,* 27, 1998
Kirk-Smith, M. D., et al., »Human social attitudes affected by androstenol«, in *Research Communications in Psychology, Psychiatry and Behaviour,* 3, 1978
Wysocki, C. J., Meredith, M., »The vomeronasal system« in: Finger, T. E., Silver, W. L., (eds.), Neurobiology of Taste and Smell, 1987
Savic, I., Berglund H., et al., »Smelling of odorous sex-hormone-like compounds causes sex-differentiated hypothalamic activations in humans«, in *Neuron,* 31, 2001
Gulyás, B., Kéri, S., et al., »The putative peromone androstadienone activates cortical fields in the human brain related to social cognition«, in *Neurochemistry International,* 44, 2004
Preti, G., Wysocki, C. J., et al., »Male axillary extracts contain pheromones that affect pulsatile secretion of luteinizing hormone and mood in women recipients«, in *Biology of Reproduction,* 68, 2003
Ruysch, F., Thesaurus Anatomicus, Vol III, Amsterdam 1703
Knecht, M., Witt, M., et al., »Das vomeronasale Organ des Menschen«, in *Der Nervenarzt,* 74, 2004
Leinders-Zufall, T., Breer, H., et al., »MHC class I-peptides as chemosensory signals in the vomeronasal organ«, in *Science,* 306, 2004
»Drogenpfad ins Gehirn. David Berliner will jedem Menschen sein individuelles Parfum kreieren«, in *Focus* 30/1994
Ohloff, Günther, Düfte. Signale der Gefühlswelt, Zürich 2004
Preti, G., Wysocki, C. J., »Human pheromones: releasers or primers-fact or myth«, in: Johnson, R. E., Müller-Schwarze, D., Sorenson, P. W., (eds): Advances in Chemical Signals in Vertebrates, New York 1999
Wyart, C., et al., »Smelling a single component of male sweat alters levels of cortisol in women«, in *Journal of Neuroscience,* 27, 2007
Spehr, M., Spehr, J., et al., »Parallel processing of social signals by the mammalian main and accessory olfactory systems«, in *Cellular and Molecular Life Sciences,* 13, 2006
Chen, D., Katdare, A., Lucas, N., »Chemosignals of fear enhance cognitive performance in humans«, in *Chemical Senses,* 10, 2006
Li, Wen, Howard, James D., et al., »Aversive Learning Enhances Persetual and Cortical Discrimination of Indiscriminable Odor Cues«, in *Science,* 319, 2008
Holst, Dietrich von, »Auswirkungen sozialer Kontakte bei Säugetieren«, in *Biologie in unserer Zeit,* 24, 2005

Fallada, Hans, Bauern, Bonzen und Bomben, Reinbek 1993

Singh, Devendra, Bronstad, Matthew, »Female Body Odour Is a Potential Cue to Ovulation«, in *Biological Sciences,* 268, 2001

Kuuskasjärvi, S., et al., »Attractiveness of women's body odors over the menstrual cycle: the role of oral contraceptives and receiver sex«, in *Behavioral Ecology,* 4, 2004

Flegr, Jaroslav, et al., Charles-Universität, Prag, in *Ethology,* 112, 2006

Doty, R. L., »Reproductive endocrine influences upon human nasal chemoreception: a review«, in: Doty, R. L., (ed.), Mammalian Olfaction, Reproductive Processes and Behaviour, New York, 1976

Globus, G. G., Cohan, H. B., »Human vaginal odours«, in *Science,* 192, 1976

Sokolov, J. J., et al., »Isolation of substances from human vaginal sexretios previously shown to pheromones in higher primates«, in *Archives of Sexual Behaviour,* 5, 1976

Miller, Geoffrey, Tybur, Joshua M., Jordan, Brent D., »Ovulatory cycle effects on tip earnings by lap dancers: economic evidence for human estrus?«, in *Evolution and Human Behaviour,* 28, 2007

McClintock, Martha, »Menstrual synchrony and suppression«, in *Nature,* 229, 1971

Preti, George, et al., »Human axillary secretions influence women's menstrual cycles: the role of donor extracts of females«, in *Hormones and Behavior,* 20, 1986

Jellinek, Stephan J., »Parfums als Signale«, in *Dragoco Report,* 5, 1995

Grammer, Karl, et al., »Human pheromomes and sexual attraction«, in *European Journal of Obstetrics & Gynecology and Reproductive Biology,* 118, 2005

Filsinger, E. E., Monte, W. C., »Sex history, menstrual cycle, and psychophysical ratings of alpha androstenone, a possible human sex pheromone«, in *The Journal of Sex Research,* 22, 1986

Havlicek, Jan, Roberts, S. Craig, Flegr, Jaroslav, »Women's preference for dominant male odour: Effects of menstrual cycle and relationship status«, in *Biology Letters,* DOI: 10.1098, 2005

Wedekind, Carl, et al., »MHC-dependent mate preferences in humans« in *Proceedings: Biological Sciences,* 260, 1995

Vollrath, F., Milinski, M., »Fragrant Genes help Damenwahl«, in *Trends in Ecology and Evolution,* 10, 1995

Hatt, Hanns, »Doppelfunktion von Riechrezeptoren in Nase und Spermien«, in *Bioforum,* 12, 2004

Spehr, M., Schwane, K., et al., »Dual capacity of a human olfactory receptor«, in *Current Biology,* 14, 2004

Marx, Vivien, Das Samenbuch, Fischer 1999

Spehr, M., Gisselmann G., et al., »Identification of a testicular odorant receptor mediating human sperm chemotaxis«, in *Science,* Vol. 299, 2003

Hatt, Hanns, »Immer der Nase nach«, in: *Gehirn & Geist,* 5, 2004

Monti-Bloch, L., Jennings-White, C., et al., »The human vomeronasal system«, in *Psychoneuroendocrinology,* 19 1994

Wedekind, Claus, Dustin, Penn, »MHC genes, body odours, and odour preferences«, in *Nephrology Dialysis Transplantation,* 15, 2000

Seer, Ilka, »Duftgeflüster: Die chemische Sprache der Insekten«, in *Innovations report,* 4, 2001

Knecht, M., Witt, M., et al., »Das vomeronasale Organ des Menschen«, in *Nervenarzt,* 74, 2003

Grammer, Karl, Fink, Bernhard, Neave, Nick, »Human pheromones and sexual attraction«, in *European Journal of Obstetrics & Gynecology and Reproductive Biology,* 118, 2005

Fink, B., Sövegjarto, O., »Pheromone, Körpergeruch und Partnerwahl«, in *Gynäkologe,* 39, 2006

Boehm, Thomas, Zufall, Frank, »MHC peptides and the sensory evaluation of genotype«, in *Trends in Neurosciences,* 29, 2006

Witt, M., Hummel, T., »Vomeronasal versus olfactory epithelium: Is there a cellular basis for human vomeronasal perception?«, in *International Review of Cytology,* 248, 2006

Die geheimen Verführer

Proust, Marcel, Briefe zum Werk, Frankfurt/Main, 1964

Hartmann, Andreas, Zungenglück und Gaumenqualen. Geschmackserinnerungen, München 1994

Gottfried, Jay, et al., »Remembrance of Odors Past: Human Olfactory Cortex in Cross-Modal Recognition Memory«, in *Neuron*, 42, 2004

Araujo, Ivan E. de, Rolls, Edmund T., Velazco, Maria Inés, Margot, Christian, Cayeux, Isabelle, »Cognitive Modulation of Olfactory Processing«, in *Neuron* 46, 2005

Warhol, Andy, Die Philosophie des Andy Warhol von A bis B und zurück, München 1991

Morché, Pascal, »Duftmarken des Erfolgs«, in *Frankfurter Allgemeine Sonntagszeitung*, 4. 12. 2005

Baron, R. A., »Self-presentation in job interviews: When there can be too much of a good thing«, in *Journal of Applied Social Psychology*, 16, 1986

Jellinek, Paul, Die psychologischen Grundlagen der Parfümerie, Neuauflage, Hg. J. Stephan Jellinek, Heidelberg 1994

Tachikawa, K., Daibo, I., »Psychological Research on Fragrance (2). Influence of Fragrance on Personal Space«, in *Journal of Society Chemists*, Japan, 34, 2000

Hirsch, A.R., Allen, E.T., Busse, A.M., Hoogeveen, J.R. »The Effects of Odor on Weight Perception«, in *Chemical Senses*, 28, 2003

Hirsch, A.R., Gruss, J.J., »Human Male Sexual Response to Olfactory Stimuli«, in *Journal of Neurological Orthopaedic Medicine and Surgery*, 19, 1999

Hirsch, A.R., Gruss, J., »Various Aromas Found to Enhance Male Sexual Response«, auf www.smellandtaste.org, Smell & Taste Treatment and Research Foundation, 2006

Milinski, M., Wedekind, C., »Evidence for MHC-correlated perfume preferences in humans«, in *Behavioral Ecology*, 12, 2001

Jellinek, J. Stephan, Parfum. Der Traum im Flakon, München 1992

Cutler, W.B., et al., »Pheromonal influences on sociosexual behaviour in men«, in *Archives of Sexual Behaviour,* 27, 1998

Monti-Bloch, L., et al., »Modulation of serum testosterone and autonomic function through stimulation of the male human vomeronasal organ (VNO) with pregna-4, 20-diene-3,6-dione«, in *The Journal of Steroid Biochemistry and Molecular Biology,* 65, 1998

McCoy, N.L., Pitino, L., »Pheromonal influences on sociosequal behaviour in young woman«, in *Physiology & Behaviour,* 75, 2002

Winman, Anders, »Do perfume additives termed human pheromones warrant being termed pheromones?«, in *Physiology &Behavior,* 82, 2004

Ohloff, Günther, Düfte. Signale der Gefühlswelt, Zürich 2004

Jellinek, J. Stephan, »Menschliche Pheromone: ein Durchbruch in der Parfümerie?«, in *Dragoco Report,* 1/1999

Dowideit, Martin, »Botschaft für die Nase«, in *Welt am Sonntag,* 26, 2007

Lindstrom, Martin, »Multi-Sensory Branding – Die Welt der Sinne revolutioniert das Marketing der Zukunft«, in *Senses. The Symrise Magazine,* II/2005

Schönfeld, Julia, Olfaktorisches Marketing, Bachelor Thesis, FH Business&Information Technology School Iserlohn, 2007

Knoblich, Hans, et al., Marketing mit Duft, 2003

Herwig, Oliver, »Riech und arm«, in *Süddeutsche Zeitung,* 10.10.2006

»Bleifuß durch Brotgeruch«, in *Senses. The Symrise Magazine,* I/2006

Hehn, Patrick, »Der Duft der Marke«, in *Absatzwirtschaft,* Science Factory 3/2006

Stöhr, Anja, Wirkung von olfaktorischen Reizen am Point of Sale, Dissertation Paderborn 1996

Neider, Caroline, »Weniger Rechtschreibfehler dank Zitronenduft«, Deutschlandfunk 13.9.2007

»Wenn Angenehmes zur Last werden kann«, Umweltbundesamt, Hintergrundpapier April 2006

Le Guérer, Annik, Die Macht der Gerüche. Eine Philosophie der Nase, Stuttgart 1992

Lohse-Jasper, Renate, Parfum. Eine sinnliche Kulturgeschichte, Berlin 2005

Alles Geschmackssache

Heath, Tom P., et al., »Human Taste Thresholds Are Modulated by Serotonin and Noradrenalin«, in *Journal of Neuroscience,* 26, 2006

Huang, Angela L., Chen, Xiaoke, et al., »The cells and logic for mammalian sour taste detection«, in *Nature,* 442, 2006

Venkatachalam, K., Montell, C., »TRP channels«, in *Annual Review of Biochemistry,* 76, 2007

Behrendt, H. J., Germann, T., Gillen, C., Hatt, H., Jostock, R., »Characterization of the mouse cold-menthol receptor TRPM8 and vanilloid receptor type-1 VR1 using a fluorometric imaging plate reader (FLIPR) assay«, in *British Journal of Pharmacology,* 141, 2004

Szallasi, A., Cortright, D. N., et al., »The vanilloid receptor TRPV1: 10 years from channel cloning to antagonist proof-of-concept«, in *Nature Reviews Drug Discovery,* 6, 2007

Vogt-Eisele, A. K., Weber, K., Sherkheli, M. A., Vielhaber, G., Panten, J., Gisselmann G., Hatt, H., »Monoterpenoid agonists of TRPV3«, in *British Journal of Pharmacology,* 151, 2007

Lyndon, Davies, Aroma-Perspektiven, in »Geschmack Sache«, Schriftenreihe Forum Band 6, Göttingen 1996

Pollmer, Udo, Warmuth, Susanne, Lexikon der populären Ernährungsirrtümer, Frankfurt 2007

Goris, Eva, Unser kläglich Brot. Gute Ernährung kommt nicht aus der Tüte, München 2007

»Siebeck isst«, in *Die Zeit*, Nr. 22/2005

Grimm, Hans-Ulrich, Die Ernährungslüge. Wie uns die Lebensmittelindustrie um den Verstand bringt, München 2003

Geschmacksentwicklung bei Kindern: Gourmet schon vor der Geburt?«, in *Senses. The Symrise Magazine,* IV/2006

»Ernährungstrends der Zukunft«, in *Senses. The Symrise Magazine,* III/2006

Moran, Magdalene M., Xu, Haoxing, Clapham, David E., »TRP ion channels in the nervous system«, in *Current Opinion in Neurobiology,* 14, 2004

Ramsey, I. Scott, Delling, Markus, Clapham, David E., »An introduction to TRP channels«, in *Annual Review of Physiology,* 68, 2006

Chandrashekar, Jayaram, Hoon, Mark A., Ryba, Nicholas J.P., Zuker, Charles S., »The receptors and cells for mammalian taste«, in *Nature,* 444, 2006

Montell, Craig, Caterina, Michael J., »Thermoregulation: Channels that are cool to the core«, in *Current Biology,* 17, 2007

Flitsch, Wilhelm, Wein. Verstehen und genießen, Berlin/Heidelberg 1994

Duftdiagnosen, Krankheiten und Therapien

Kosmetikrichtlinie 76-768-EWG, 2003

Ökotest-Ratgeber Kosmetik und Wellness 5, 13. 6. 2005

Schnuch, A., et al., »Contact allergy to fragrances«, in *Contact Dermatitis,* 50, 2004

Breit, Reinhard, Festvortrag Krefelder Hautschutztag 2004, Tagungsband

Sacks, Oliver, Der Mann, der seine Frau mit einem Hut verwechselte, Reinbek 2003

Ebberfeld, Ingelore, »Anosmie, Leben ohne Geruchssinn«, in *Dragoco Report,* 45, 6/1998

Hummel, T., Vennemann, M., Berger, K., Die Prävalenz von Riech- und Schmeckstörungen in der Allgemeinbevölkerung. Eine Untersuchung in der Dortmunder Gesundheitsstudie, Deutsche Gesellschaft für Hals-Nasen-Ohren-Heilkunde, Kopf- und Hals-Chirurgie. 78. Jahresversammlung der Deutschen Gesellschaft für Hals-Nasen-Ohren-Heilkunde, Kopf- und Hals-Chirurgie e.V.. München, 16.–20.05.2007. Düsseldorf: German Medical Science GMS Publishing House; 2007

Porter, Jess, Sobel, Noam, et al., »Mechanisms of scent-tracking in humans«, in *Nature Neuroscience,* 10, 2006

Hansen, R., Glass, L., »Über den Geruchssinn in der Schwangerschaft«, in *Klinische Wochenschrift,* 1996

Dosa, David M., »A Day in the Life of Oscar the Cat«, in *New England Journal of Medicine,* 357, 2007

Hammerle, Beatrix, Die Kraft der Düfte und die Macht der Gerüche, 1995

McCulloch, Michael, Jezierski, Tadeusz, et al., »Diagnostic Accuracy of Canine Scent Detection in Early- and Late-Stage Lung and Breast Cancers«, in *Integrative Cancer Therapies,* 5, 2006

Willis, Carolyn M., Church, Susannah M., et al., »Olfactory detection of human bladder cancer by dogs: proof of principle study«, in *British Medical Journal,* 329, 2004

Buchbauer, G., »Über die biologische Wirkungen von Duftstoffen und ätherischen Ölen«, in *Wiener Medizinische Wochenschrift,* 22, 2004

Werner, Monika, Braunschweig, Ruth von, Praxis Aromatherapie, Stuttgart 2006

Rausch, B., Gais, S., et al., »Odor cues during slow wave sleep prompt declarative memory consolidation«, in *Science,* 315, 2007
Hatt, H., Geruch und Geschmack, in: Hierholzer, K., Schmidt, R.F., (Hrsg.), Pathophysiologie des Menschen, 1991
Hummel, T., »Therapie von Riechstörungen«, in *Laryngo-Rhino-Otologie,* 82, 2003
Hummel, T., Landis, B. N., et al., »Ursachen, Diagnostik und Therapie von Riechstörungen«, in *HNO-Praxis heute,* 24, 2004
Hänsel, Rudolf, Sticher, Otto, Aromatherapie: Biologische und psychodynamische Wirkungen von Aromastoffen, in: Hänsel/Sticher, Pharmakognosie – Phytopharmazie, Berlin/Heidelberg 2007
Straff, W., »Anwendung von Duftstoffen. Was ist mit den Nebenwirkungen?« in *Bundesgesundheitsblatt,* 12, 2005
Welg-Lüssen, A., »Therapieoptionen bei Riech- und Schmeckstörungen. Gestörte Riech- und Schmeckfunktion«, in *Laryngo-Rhino-Otologie,* 84, 2005

Ausblick – Der richtige Riecher für die Zukunft

»Ratten erschnüffeln Minen«, *Spiegel* online, 20. 4. 2006
Radhika, Venkat, Proikas-Cezanne, Tassula, et al., »Chemical sensing of DNT by engineered olfactory yeast strain«, in *Nature Chemical Biology,* 75, 2007
Wilson, R. S., Arnold, S. E., et al., »The relationship between cerebral Alzheimer's disease pathology and odour identification in old age«, in *Journal of Neurology and Neurosurgery and Psychiatry,* 2007, und *Archives of General Psychiatry,* 2007
Marks, Paul, »Record now and smell-back later«, in *New Scientist,* 1. 7. 2006
»›Fingerabdrücke‹ im Atem – Suche nach Krankheits-Signalen in der Ausatemluft von Patienten«, in *Informationsdienst Wissenschaft,* 24. 5. 2006
Weiner, Howard, »A Nasal Vaccine for Alzheimer Disease«, in *Journal of Clinical Investigation,* 2005

Bildnachweis

1, 11: National Geographic
2, 3, 5, 6, 8, 10: Hanns Hatt
7: Louis Psihoyos/Agentur Focus
9: Frank Geisler/medicalpicture
12: www.apopo.org
13: ullstein bild – KPA – 90061
14: ullstein bild – Imagebroker.net – imagebroker.net/Karlheinz/Irlm

Der Verlag hat sich bemüht, alle Rechtegeber zu berücksichtigen und korrekt wiederzugeben. Gegebenenfalls erbitten wir Hinweise an den Verlag.

Achtung!
Klassik Radio
löst Träume aus.
▸ Klassik Hits 06:00 bis 18:00 Uhr
▸ Filmmusik 18:00 bis 20:00 Uhr
▸ New Classics 20:00 bis 22:00 Uhr
▸ Klassik Lounge ab 22:00 Uhr
Alle Frequenzen unter www.klassikradio.de
klassik radio
Bleiben Sie entspannt.